Web前端开发技术 丛书

JavaScript与jQuery
网页前端开发与设计

◎ 周文洁 编著

U0378340

清华大学出版社

北京

内 容 简 介

本书从零开始讲解 JavaScript 与 jQuery 技术，全书以项目为驱动，循序渐进、案例丰富。全书共分13 章，主要内容包括 4 个部分。第一部分是概述篇，即第 1 章，内容主要有 JavaScript 与 jQuery 的简介、发展史和特点，以及开发工具的选择。第二部分是 JavaScript 技术篇，包括第 2～5 章的内容。这 4 章循序渐进地介绍了 JavaScript 入门、JavaScript 数据类型与运算符、JavaScript 语句与函数、JavaScript DOM和 BOM。第三部分是 jQuery 技术篇，包括第 6～12 章的内容。这 7 章由浅入深地介绍了 jQuery 入门、jQuery选择器与过滤器、jQuery 事件、jQuery 特效、jQuery HTML DOM、jQuery 遍历、jQuery AJAX 技术。第四部分是综合篇，即第 13 章，其中提供了 3 个完整的项目实例，包括图片轮播、手动切换图片、AJAX天气预报查询功能的设计与实现，综合应用了全书所学知识，让读者所学即所用。

本书可作为高校计算机相关专业 JavaScript 和 jQuery 课程的实践教材，也可作为学习 JavaScript 和jQuery 开发的自学教材或培训教材。

图书在版编目（CIP）数据

JavaScript 与 jQuery 网页前端开发与设计 / 周文洁编著. —北京：清华大学出版社，2018（2023.6重印）（Web 前端开发技术丛书）

ISBN 978-7-302-50092-6

Ⅰ. ①J… Ⅱ. ①周… Ⅲ. ①JAVA 语言-程序设计 Ⅳ. ①TP312.8

中国版本图书馆 CIP 数据核字（2018）第 095105 号

责任编辑：魏江江　王冰飞
封面设计：刘　键
责任校对：徐俊伟
责任印制：宋　林

出版发行：清华大学出版社
　　　　网　　　址：http://www.tup.com.cn, http://www.wqbook.com
　　　　地　　　址：北京清华大学学研大厦 A 座　　　邮　　编：100084
　　　　社 总 机：010-83470000　　　邮　　购：010-62786544
　　　　投稿与读者服务：010-62776969，c-service@tup.tsinghua.edu.cn
　　　　质量反馈：010-62772015，zhiliang@tup.tsinghua.edu.cn
　　　　课件下载：http://www.tup.com.cn，010-62795954
印 装 者：三河市科茂嘉荣印务有限公司
经　　销：全国新华书店
开　　本：185mm×260mm　　　印　　张：23.25　　　字　　数：562 千字
版　　次：2018 年 7 月第 1 版　　　印　　次：2023 年 6 月第 11 次印刷
印　　数：19501～21500
定　　价：59.50 元

产品编号：073580-02

前言
Preface

JavaScript 和 HTML、CSS 一起被称为"Web 前端开发的三大技术"，该技术目前几乎被所有的主流浏览器支持，也应用于市面上绝大部分网站中。随着 JavaScript 的广泛使用，基于 JavaScript 的框架也层出不穷。jQuery 是 JavaScript 框架中的优秀代表，也是目前网络上使用范围最广泛的 JavaScript 函数库。

本书从零开始讲解 JavaScript 与 jQuery 技术，全书以项目为驱动，循序渐进、案例丰富，既可作为 JavaScript、jQuery 初学者的入门教程，也可为具有一定 Web 前端基础的读者进一步学习提供参考。

全书分 13 章，主要内容包括以下 4 个部分。

第一部分是概述篇，即第 1 章，内容主要有 JavaScript 与 jQuery 的简介、发展史和特点，以及开发工具的选择。

第二部分是 JavaScript 技术篇，包括第 2~5 章的内容。这 4 章循序渐进地介绍了 JavaScript 入门、JavaScript 数据类型与运算符、JavaScript 语句与函数、JavaScript DOM 和 BOM。

第三部分是 jQuery 技术篇，包括第 6~12 章的内容。这 7 章由浅入深地介绍了 jQuery 入门、jQuery 选择器与过滤器、jQuery 事件、jQuery 特效、jQuery HTML DOM、jQuery 遍历、jQuery AJAX 技术。

第四部分是综合篇，即第 13 章，其中提供了 3 个完整的项目实例，包括图片轮播、手动切换图片、AJAX 天气预报查询功能的设计与实现，综合应用了全书所学知识，让读者所学即所用。

本书精选的相关例题共 136 个，均在浏览器中调试通过。考虑到旧版浏览器的兼容性，本书选用的 jQuery 版本为 1.12.3，使用该版本的相关源代码允许向下兼容 IE6~IE8、Opera 12.1x、Safari 5.1 等浏览器。

本书还提供了电子资源供读者下载，包括例题源代码、课后习题答案、教学 PPT 与教学大纲。

最后，在此郑重感谢清华大学出版社的魏江江主任为本书的出版所付出的辛勤劳动，特别感谢敬爱的周泉先生和任萱女士对本书的出版给予的倾力帮助，感谢家人和朋友们给予的关心和鼓励，同时也要感谢我的丈夫刘嵩先生多年来对我的工作的一贯支持。

　　愿本书能够对读者学习 Web 前端新技术有所帮助，并真诚地欢迎读者批评指正。希望能与读者朋友们共同学习成长，在浩瀚的技术之海不断前行。

作　者

2018 年 3 月

目录
Contents

资源下载

第一部分　概　述　篇

第二部分　JavaScript 技术篇

第三部分 jQuery 技术篇

第四部分　综合篇

第一部分　概述篇

第1章

绪论

本章是全书的绪论部分，主要介绍 JavaScript、jQuery 概述以及 Web 开发工具的选择。JavaScript 和 HTML、CSS 一起被称为"Web 前端开发的三大技术"，当今所有的浏览器都支持 JavaScript，无须额外安装第三方插件；而 jQuery 是一个轻量级的跨平台 JavaScript 函数库，它化简了 JavaScript 代码的复杂度，其语法能让用户更方便地选取和操作 HTML 元素、处理各类事件、实现 JavaScript 特效与动画，并且能为不同类型的浏览器提供更便捷的 API 用于 AJAX 交互。

本章学习目标：
- 了解 JavaScript 的概念与特点；
- 了解 jQuery 的概念与特点；
- 掌握任意一款 Web 开发工具。

1.1 JavaScript 概述

1.1.1 JavaScript 简介

JavaScript 是一种轻量级的直译式编程语言，基于 ECMAScript 标准（注：一种由 ECMA 国际组织通过 ECMA-262 标准化的脚本程序语言）。通常在 HTML 网页中使用 JavaScript 为页面增加动态效果和功能。JavaScript 和 HTML、CSS 一起被称为"Web 前端开发的三大技术"，目前 JavaScript 已经广泛应用于 Web 开发，市面上绝大多数网页都使用了 JavaScript 代码，可以说当今所有的浏览器都支持 JavaScript，无须额外安装第三方插件。

1.1.2 JavaScript 起源

JavaScript 最早是在 1995 年由网景（Netscape）公司的 Brendan Eich 用了十天时间开发出来的，用于当时的网景导航者（Netscape Navigator）浏览器 2.0 版。最初这种脚本语言的官方名称为 LiveScript，后来应用于网景导航者浏览器 2.0B3 版的时候正式更名为 JavaScript。更名的原因是因为当时网景公司与 Sun 公司开展了合作，网景公司的管理层希望在他们的浏览器中增加对 Java 技术的支持。此名称容易让人误以为该脚本语言是和 Java 语言有关，但实际上该语言的语法风格与 Scheme 更为接近。

1.1.3 JavaScript 和 Java

因为名称相近，JavaScript 常被误以为和 Java 有关，但事实上它们无论从概念还是从设计都是毫无关联的两种语言。JavaScript 是网景通信公司的 Brendan Eich 发明的一种轻量级语言，主要应用于网页开发，无须事先编译；而 Java 是由 Sun 公司的 James Gosling 发明的一种面向对象程序语言，根据应用方向又可分为 J2SE（Java2 标准版）、J2ME（Java2 微型版）和 J2EE（Java2 企业版）3 个版本，需要先编译再执行。JavaScript 是为了让非程序开发者快速上手使用的语言，而 Java 是更高级、更复杂的一种面向专业程序开发者的语言，比 JavaScript 的难度大、应用范围更广。

1.1.4　JavaScript 的特点

1．脚本语言

JavaScript 是一种直译式的脚本语言，无须事先编译，可以在程序运行的过程中逐行解释使用。该语言适合非程序开发人员使用。

2．简单性

JavaScript 具有非常简单的语法，其脚本程序面向非程序开发人员。HTML 前端开发者都有能力为网页添加 JavaScript 片段。

3．弱类型

JavaScript 无须定义变量的类型，所有变量的声明都可以用统一的类型关键字表示。在运行过程中，JavaScript 会根据变量的值判断其实际类型。

4．跨平台性

JavaScript 语言是一种 Web 程序开发语言，它只与浏览器的支持情况有关，与操作系统的平台类型无关。目前，JavaScript 可以在无须安装第三方插件的情况下被大多数主流浏览器完全支持，因此 JavaScript 程序在编写后可以在不同类型的操作系统中运行，适用于个人计算机、笔记本式计算机、平板式计算机和手机等各类包含浏览器的设备。

5．大小写敏感

JavaScript 语言是一种大小写敏感的语言，例如字母 a 和 A 会被认为是不同的内容。同样，在使用函数时也必须严格遵守大小写的要求使用正确的方法名称。

1.2　jQuery 概述

1.2.1　jQuery 简介

jQuery 这个名称来源于 JavaScript 和 Query（查询）的组合，是一个轻量级的跨平台 JavaScript 函数库，拥有 MIT 软件许可协议。目前，主流浏览器基本上都支持 jQuery。jQuery 秉承 "write less,do more（写的更少，做的更多）" 的核心理念，其语法能让用户更方便地选取和操作 HTML 元素、处理各类事件、实现 JavaScript 特效与动画，并且能为不同类型的浏览器提供更便捷的 API 用于 AJAX 交互。jQuery 也能让开发者基于 JavaScript 函数库开发新的插件。jQuery 通用性和可扩展性相结合，它的出现改变了人们对 JavaScript 的使用方式。

1.2.2　jQuery 的发展史

jQuery 最早是在 2006 年 1 月由一位美国的软件工程师 John Resing 在纽约 BarCamp（注：一种国际研讨会网络，由参与者互相分享 Web 技术）上发布的，John Resing 既是 jQuery 的创造者，也是 jQuery JavaScript 函数库的核心开发者。最初的 jQuery 1.0 版正式发布于

2006 年 4 月 26 日，经历多次升级，2017 年 3 月发布的 jQuery 3.2.1 版为当前的最新版本。目前，jQuery 由 Timmy Willison 所领导的开发团队负责进行维护。

截至 2015 年，jQuery 已成为网络上使用范围最广泛的 JavaScript 函数库。根据 Libscore（注：一个在线 JavaScript 函数库收集统计平台，通过网络爬虫跟踪抓取流量排名最高的前一百万个网站上的 JavaScript 函数库并统计排名）的最新统计数据得出结论，目前流量排名最高的百万个网页中超过 69% 都在使用 jQuery（如图 1-1 所示），其中比较著名的网站有百度、腾讯、淘宝、新浪、Twitter、eBay、Linkedln 等。

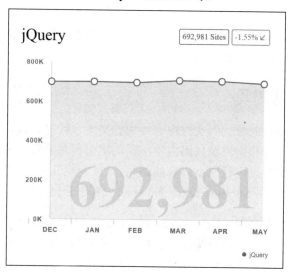

图 1-1　jQuery 在最流行的百万个网站中的使用情况
（数据来源：Libscore，2017 年 10 月 4 日）

1.2.3　jQuery 的特点

1．轻量级封装

网页使用 jQuery 所需要引用的 JS 文件约有 32KB，几乎不会影响页面的加载速度。

2．化简 JavaScript

jQuery 的选择器化简了 JavaScript 查找 DOM 对象的代码复杂度，基本上只需要一行代码就可以查找各种 HTML 元素或更改指定元素的 CSS 样式。

3．兼容 CSS3

兼容 CSS3 的选择器语法规则，可以根据元素的样式快速查找 HTML 元素。

4．跨浏览器支持

jQuery 支持目前所有的主流浏览器，例如 IE、Firefox、Safari、Opera、Chrome 等，因此开发者不用担心浏览器的兼容性问题。

1.2.4　jQuery 的版本比较

目前 jQuery 共有 3 种版本，解释如下。

- jQuery 1.x 版本：该版本是使用最为广泛的 jQuery 版本，适用于绝大多数 Web 前端项目开发，兼容性较高。该版本未来不会再增加新的功能，官网只做 BUG 维护。其最终版为 2016 年 5 月发布的 jQuery 1.12.4 版。

- jQuery 2.x 版本：该版本与之前的 1.x 系列有一样的 API，但是不支持 IE6～IE8，因此使用人数相对较少。该版本未来同样不会再增加新的功能，官网只做 BUG 维护。其最终版为 2016 年 5 月发布的 jQuery 2.2.4 版。由于 IE8 目前仍然比较普及，建议用户下载 1.x 系列。除非能确保没有任何用户使用 IE6～IE8 版本来访问程序，再去使用 2.x 系列版本。

- jQuery 3.x 版本：该版本是目前最新的 jQuery 版本，最近一次是在 2017 年 3 月发布的 jQuery 3.2.1 版。该版本只支持 IE9+、Opera 最新版，以及其他主流浏览器的最新版及前一版。

需要注意的是，如果需要兼容 IE6～IE8、Opera 12.1x 或者 Safari 5.1 等旧版本的浏览器，官方建议使用 jQuery 1.12.x。

1.3 Web 开发工具

JavaScript 和 jQuery 的源代码文件内容均为纯文本，计算机操作系统中自带的写字板或记事本工具就可以打开和编辑源代码内容，因此本书不对开发工具作特定要求，使用任意一款纯文本编辑器均可以进行网页内容的编写。这里介绍几款常用的网页开发工具软件，例如 Adobe Dreamweaver、Sublime Text、Notepad++和 EditPlus。

1.3.1 Adobe Dreamweaver

Adobe Dreamweaver 是一款所见即所得的网页编辑器，中文名称为"梦想编织者"或"织梦"。该软件最初的 1.0 版是在 1997 年由美国的 Macromedia 公司发布的，后来该公司于 2005 年被 Adobe 公司收购。Dreamweaver 也是当时第一套针对专业 Web 前端工程师所设计的可视化网页开发工具，整合了网页开发与网站管理的功能。

Dreamweaver 支持 HTML5/CSS3 源代码的编辑和预览功能，最大的优点是可视化性能带来的直观效果，开发界面可以分屏为代码部分和预览视图（如图 1-2 所示），在开发者修改代码部分时预览视图会随着修改内容实时变化。

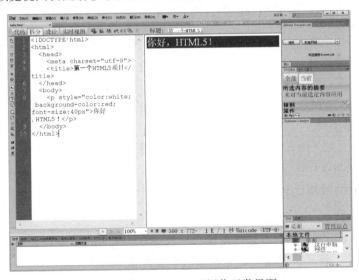

图 1-2 Dreamweaver 可视化开发界面

Dreamweaver 也有它的弱点，由于不同浏览器存在兼容性问题，Dreamweaver 的预览视图难以达到与所有浏览器完全一致的效果。如需考虑跨浏览器兼容问题，预览画面仅能作为辅助参考。

1.3.2　Sublime Text

Sublime Text 的界面布局非常有特色，它支持文件夹导航图和代码缩略图效果（如图 1-3 所示）。该软件支持多种编程语言的语法高亮显示，也具有代码自动完成提示功能。该软件还具有自动恢复功能，如果在编程过程中意外退出，在下次启动该软件时文件会自动恢复关闭之前的编辑状态。

图 1-3　Sublime Text 开发界面

1.3.3　Notepad++

Notepad++的名称来源于 Windows 系列操作系统自带的记事本 Notepad，在此基础上多了两个加号，立刻有了质的飞跃。这是一款免费开源的纯文本编辑器（如图 1-4 所示），具有完整中文化接口并支持 UTF-8 技术。由于它具有语法高亮显示、代码折叠等功能，因此也非常适合作为计算机程序的编辑器。

1.3.4　EditPlus

EditPlus 是由韩国的 Sangil Kim（ES-Computing）公司发布的一款文字编辑器，支持HTML、CSS、JavaScript、PHP、Java 等多种计算机程序的语法高亮显示与代码折叠功能。其中最具特色的是 EditPlus 具有自动完成功能，例如在 CSS 源文件中输入字母 b 加上空格就会自动生成 border:1px solid red 语句（如图 1-5 所示）。开发者可以自行编辑快捷键所代表的代码块，然后在开发过程中使用快捷方式让 EditPlus 自动完成指定代码内容。

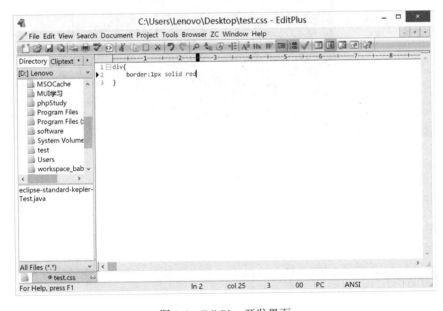

图 1-4　Notepad++开发界面

图 1-5　EditPlus 开发界面

1.4　本章小结

　　本章首先介绍了 JavaScript 基础知识，包括 JavaScript 简介、起源、JavaScript 与 Java 的不同之处以及 JavaScript 的特点；其次详细介绍了 jQuery 背景知识，包括 jQuery 简介、发展史和特点；最后介绍了 4 款 Web 开发工具，分别是 Adobe Dreamweaver、Sublime Text、

Notepad++以及 EditPlus。

习题 1

1．什么是 JavaScript？它有哪些特点？

2．JavaScript 与哪两种技术被称为"Web 前端开发的三大技术"？

3．什么是 jQuery？它有哪些特点？

4．jQuery 有哪几个版本？如果需要兼容旧版本浏览器（例如 IE6～IE8），选择哪个版本更好？

第二部分　JavaScript 技术篇

第2章

JavaScript 入门

本章主要内容是 JavaScript 基础知识，包括 JavaScript 的实现原理、使用方式、语法规则，以及变量的声明与命名规范等内容。

本章学习目标：

- 了解完整 JavaScript 实现的组成部分；
- 掌握 JavaScript 的使用方式；
- 掌握 JavaScript 的基本语法规则；
- 掌握 JavaScript 的变量声明与命名规范。

2.1 JavaScript 的实现

完整 JavaScript 的实现由以下 3 个部分组成。

- ECMAScript：核心标准。
- DOM：文档对象模型。
- BOM：浏览器对象模型。

1．ECMAScript

ECMAScript 是 JavaScript 的核心标准，它描述了该语言的语法和基本对象。

2．DOM

DOM 指的是 Document Object Model（文档对象模型），它是 HTML 的应用程序接口。DOM 将整个 HTML 页面看作是由各种节点层级构成的结构文档。

3．BOM

BOM 指的是 Browser Object Model（浏览器对象模型），可以对浏览器窗口进行访问和操作处理。该模型最早是由 IE3 与 Netscape Navigator 3.0 提供的，目前所有的主流浏览器都支持 BOM，但是会有各自独立的实现内容。

2.2 JavaScript 的使用

JavaScript 有两种使用方式：一是在 HTML 文档中直接添加代码；二是将 JavaScript 脚本代码写到外部的 JavaScript 文件中，然后在 HTML 文档中引用该文件的路径地址。这两种使用方式的效果完全相同，用户可以根据使用率和代码量选择相应的开发方式。例如有多个网页文件需要引用同一段 JavaScript 代码，可以写在外部文件中进行引用，以减少代码冗余。

2.2.1 内部 JavaScript

JavaScript 代码可以直接写在 HTML 页面中，只需使用<script>首尾标签嵌套即可。相关 HTML 代码的语法格式如下。

```
<script>
  //JavaScript 代码
</script>
```

这里使用 JavaScript 代码中的 alert()方法制作一个简单的示例。

```
<script>
  alert("Hello JavaScript!");
</script>
```

该语句表示打开网页后弹出一个对话框，显示的文字内容为"Hello JavaScript!"。

【例 2-1】 内部 JavaScript 的简单应用

在 HTML5 页面中使用内部 JavaScript 代码弹出对话框。

```
1.  <!DOCTYPE html>
2.  <html>
3.    <head>
4.      <meta charset="utf-8">
5.      <title>内部 JavaScript 的简单应用</title>
6.    </head>
7.    <body>
8.      <h3>内部 JavaScript 的简单应用</h3>
9.      <hr/>
10.     <!--JavaScript 代码部分-->
11.     <script>
12.         alert("Hello JavaScript!");
13.     </script>
14.   </body>
15. </html>
```

运行结果如图 2-1 所示。

图 2-1 内部 JavaScript 的简单应用效果

【代码说明】

本例在<body>首尾标签之间使用<script>标签插入了一行简单的 JavaScript 代码，用于弹出对话框并显示提示语句。当前为 Chrome 浏览器的运行效果，不同浏览器的对话框样式稍有不同。

内部 JavaScript 代码可位于 HTML 网页的任何位置，例如放入<head>或者<body>首尾标签中均可。同一个 HTML 网页也允许在不同位置放入多段 JavaScript 代码。为了保证页面代码的可读性，通常把 JavaScript 代码放在同一个位置，例如页面的底部或者<head>首尾标签中。

2.2.2　外部 JavaScript

如果选择将 JavaScript 代码保存到外部文件中，则只需要在 HTML 页面的<script>标签中声明 src 属性即可，此时外部文件必须是 JavaScript 类型文件（简称 JS 文件），即文件的扩展名为.js。相关 HTML 代码的语法格式如下。

```
<script src="JavaScript 文件 URL"></script>
```

以本地 js 文件夹中的 myFirstScript.js 文件为例，在 HTML 页面中的引用方法如下。

```
<script src="js/myFirstScript.js"></script>
```

引用语句放在<head>或<body>首尾标签中均可，与在<script>标签中直接写脚本代码的运行效果完全一样。

【例 2-2】　外部 JavaScript 的简单应用

在 HTML5 页面中引用外部 JS 文件弹出对话框。

```
1.  <!DOCTYPE html>
2.  <html>
3.   <head>
4.    <meta charset="utf-8">
5.    <title>外部 JavaScript 的简单应用</title>
6.    <!--外部 JavaScript 文件引用的部分-->
7.    <script src="js/myFirstScript.js"></script>
8.   </head>
9.   <body>
10.   <h3>外部 JavaScript 的简单应用</h3>
11.   <hr/>
12.  </body>
13. </html>
```

其中，外部 myFirstScript.js 文件的内容如下。

```
alert("来自一个外部 JS 文件的问候：你好！");
```

运行结果如图 2-2 所示，当前为 Chrome 浏览器的运行效果，不同浏览器的对话框样式稍有不同。

图 2-2 外部 JavaScript 的简单应用效果

【代码说明】

本例在<head>首尾标签之间对外部 JS 文件 myFirstScript.js 进行了引用，该方法的运行效果与内部 JS 代码的完全一样。不同之处在于，在外部 JS 文件中直接写 JavaScript 相关代码即可，无须使用<script>首尾标签。

2.3 JavaScript 的语法

2.3.1 JavaScript 中的大小写

在 JavaScript 中大小写是严格区分的，无论是变量、函数名称、运算符和其他语法都必须严格按照要求的大小写进行声明和使用。例如变量 hello 和变量 HELLO 会被认为是完全不同的内容。

2.3.2 JavaScript 中的分号

很多编程语言（例如 C、Java 和 Perl 等）都要求每句代码的结尾使用分号（;）表示结束，而 JavaScript 的语法规则对此比较宽松，如果一行代码的结尾没有分号也是可以被正确执行的。例如：

```
var x=99;
或
var x=99
```

以上均为正确的语法格式，在没有使用分号结束的时候 JavaScript 会把该行代码的折行看作结束标志。但是考虑到浏览器的兼容性，建议不要省略代码结尾的分号，以免部分浏览器不能正常显示。

2.3.3 JavaScript 中的注释

为了提高程序代码的可读性，JavaScript 允许在代码中添加注释。注释仅用于对代码进行辅助提示，不会被浏览器执行。JavaScript 有两种注释方式，即单行注释和多行注释。

单行注释用双斜杠（//）开头，可以自成一行，也可以写在 JavaScript 代码的后面。例如：

```
//该提示语句自成一行
alert("Hello JavaScript!");
或
alert("Hello JavaScript!"); //该提示语句写在 JavaScript 代码的后面
```

　　多行注释使用/*开头，以*/结尾，在这两个符号之间的所有内容都会被认为是注释内容，均不会被浏览器执行。例如：

```
/*
  这是一个多行注释
  在首尾符号之间的所有内容都被认为是注释
  均不会被浏览器执行
*/
alert("Hello JavaScript!");
```

　　注：这两种注释符号仅可在 JavaScript 代码中使用，其使用范围是所有外部 JS 文件以及<script>和</script>标签之间。

　　利用注释内容不会被执行的特点，在调试 JavaScript 代码时如果希望暂停某一句或几句代码的执行，可以使用单行或多行注释符号将需要禁用的代码做成注释。例如：

```
//alert("Hello JavaScript1");
//alert("Hello JavaScript2");
alert("Hello JavaScript3");
```

　　此时第 1、2 行的 JavaScript 代码由于最前面添加了单行注释符号，所以不会被执行。在调试完成后去掉注释符号，代码即可恢复运行。

2.3.4　JavaScript 中的代码块

　　和 Java 语言类似，JavaScript 语言也使用一对大括号标识需要被执行的多行代码。例如：

```
var x=9;
if(x<10){
    x=10;
    alert(x);
}
```

　　对于上述代码，在 if 条件成立时会执行大括号里面的所有代码。

2.4　JavaScript 变量

2.4.1　变量的声明

　　JavaScript 是一种弱类型的脚本语言，无论是数字、文本还是其他内容，统一使用关键字 var 加上变量名称进行声明，其中关键字 var 来源于英文单词 variable（变量）的前 3 个字母。用户可以在声明变量的同时对其指定初始值；也可以先声明变量，再另行赋值。例如：

```
var x=2;
var msg="Hello JavaScript!";
var name;
```

常见变量的赋值为数字、文本形式。当变量的赋值内容为文本时，需要使用引号（单引号、双引号均可）括住内容；当为变量赋值为数字的时候，内容不要加引号，否则会被当作字符串处理。

JavaScript 也允许使用一个关键字 var 同时定义多个变量。例如：

```
var x1, x2, x3; //一次定义了 3 个变量名称
```

同时定义的变量类型可以不一样，并且可以为其中部分或全部变量进行初始化。例如：

```
var x1=2, x2="Hello", x3;
```

由于 JavaScript 变量是弱类型的，因此同一个变量可以用来存放不同类型的值。例如可以声明一个变量初始化时用来存放数值，然后将其更改为存放字符串，代码如下。

```
var x=99;     //初始化时变量 x 存放的是数值 99
x="Hello";   //将变量 x 更改为存放字符串"Hello"
```

这段代码从语法上来说没有任何问题，但是为了保持良好的编程习惯不建议使用此种做法，应该将变量用于保存相同类型的值。

变量的声明不是必需的，可以不使用关键字 var 声明直接使用。例如：

```
msg1="Hello"
msg2="JavaScript";
msg=msg1+" "+msg2;
alert(msg); //运行结果为显示 Hello JavaScript
```

上述代码中的 msg1、msg2 和 msg 均没有使用关键字 var 事先声明就直接使用了，这种写法也是有效的。当程序遇到未声明过的名称时会自动使用该名称创建一个变量并继续使用。

【例 2-3】 JavaScript 变量的简单应用

在 JavaScript 中使用关键字声明变量并使用。

```
1.    <!DOCTYPE html>
2.    <html>
3.      <head>
4.        <meta charset="utf-8">
5.        <title>JavaScript 变量的简单应用</title>
6.      </head>
7.      <body>
8.        <h3>JavaScript 变量的简单应用</h3>
9.        <hr/>
10.       <script>
11.          //声明变量 msg
12.          var msg="Hello JavaScript!";
13.          //在 alert()方法中使用变量 msg
14.          alert(msg);
```

```
15.        </script>
16.      </body>
17. </html>
```

运行效果如图 2-3 所示。

图 2-3　JavaScript 变量的简单应用效果

【代码说明】

本例在 JavaScript 代码部分使用关键字 var 声明了变量 msg，并将其应用于 alert()方法中，浏览器会根据变量名称找到其所对应的值并显示出来。需要注意的是，如果声明的变量没有赋值，则本例中 alert(msg)的显示内容会变成 undefined（未定义）。

2.4.2　变量的命名规范

一个有效的变量命名需要遵守以下两条规则。

- 首位字符必须是字母（A～Z、a～z）、下画线（_）或者美元符号（$）；
- 其他位置上的字符可以是下划线（_）、美元符号（$）、数字（0～9）或字母（A～Z、a～z）。

例如：

```
var hello;        //正确
var _hello;       //正确
var $hello;       //正确
var $x_$y;        //正确
var 123;          //不正确，首位字符必须是字母、下画线或者美元符号
var %x;           //不正确，首位字符必须是字母、下画线或者美元符号
var x%x;          //不正确，中间的字符不能使用下画线、美元符号、数字或字母以外的内容
```

常用的变量命名方式有 Camel 标记法、Pascal 标记法和匈牙利类型标记法等。

- Camel 标记法：又称为驼峰标记法，该方法声明的变量首字母为小写，其他单词以大写字母开头。例如 var myFirstScript、var myTest 等。
- Pascal 标记法：该方法声明的变量所有单词的首字母均大写。例如 var MyFirstScript、var MyTest 等。
- 匈牙利类型标记法：该方法是在 Pascal 标记法的基础上为变量加一个小写字母的前缀，用于提示该变量的类型，如 i 表示整数、s 表示字符串等。例如 var sMyFirstScript、

var iMyTest 等。

事实上，只要是符合变量命名规范的写法都可以被正确执行，以上标记法仅为开发者提供参考，从而形成良好的编程风格。

2.4.3 JavaScript 关键字和保留字

JavaScript 遵循 ECMA-262 标准中规定的一系列关键字规则，这些关键字不能作为变量或者函数名称。JavaScript 关键字共计 25 个，如表 2-1 所示。

表 2-1   JavaScript 关键字一览表

JavaScript 关键字				
break	case	catch	continue	default
delete	do	else	finally	for
function	if	in	instanceof	new
return	switch	this	throw	try
typeof	var	void	while	with

如果使用了上述关键字作为变量或者函数名称会引起报错。

在 ECMA-262 中还规定了一系列保留字，它们是为将来的关键字保留的单词，同样不可以作为变量或者函数的名称。JavaScript 保留字共计 31 个，如表 2-2 所示。

表 2-2   JavaScript 保留字一览表

JavaScript 保留字				
abstract	boolean	byte	char	class
const	debugger	double	enum	export
extends	final	float	goto	implements
import	int	interface	long	native
package	private	protected	public	short
static	super	synchronized	throws	transient
volatile				

如果使用了上述保留字作为变量或者函数名称会被认为是使用了关键字，从而一样引起报错。

2.5 本章小结

本章为 JavaScript 的基础知识入门，首先介绍了 JavaScript 的实现原理，包括 ECMAScript、DOM 和 BOM 的概念；其次介绍了 JavaScript 的使用方法，分为内部和外部两种模式；然后介绍了 JavaScript 的语法规则，包括大小写、分号、注释和代码块；最后介绍了 JavaScript 变量的概念，包括变量的声明、命名规范以及关键字和保留字。

习题 2

1. 在 HTML 页面中直接插入 JavaScript 代码的正确做法是使用何种标签？
2. 给出引用 JavaScript 外部脚本的正确写法。

3．以下哪一个属于 JavaScript 注释的正确写法？

（1）<!--被注释掉的内容-->

（2）//被注释掉的内容

（3）"被注释掉的内容"

4．以下哪些变量的声明是不正确的？

（1）var test;

（2）var 123test;

（3）var $test;

（4）var _test;

（5）var double;

第3章

JavaScript 数据类型与运算符

本章主要内容是 JavaScript 数据类型与运算符，主要包括基本数据类型、对象、类型转换、运算符的用法。

本章学习目标：
- 掌握 JavaScript 的基本数据类型与对象类型；
- 掌握 JavaScript 类型转换方法；
- 掌握 JavaScript 运算符的使用。

3.1 JavaScript 基本数据类型

JavaScript 有 5 种原始类型，分别是 Number（数字）、Boolean（布尔值）、String（字符串）、Null（空值）和 Undefined（未定义）。

JavaScript 提供了 typeof 方法用于检测变量的数据类型，该方法会根据变量本身的数据类型给出对应名称的返回值。其语法格式如下。

```
typeof 变量名称
```

对于指定的变量使用 typeof 方法，其返回值是提示数据类型的文本内容，常见 5 种情况，如表 3-1 所示。

表 3-1　typeof 方法的常见返回值一览表

返　回　值	示　　例	解　　释
undefined	var x; alert(x);	该变量未赋值
boolean	var x = true; alert(x);	该变量为布尔值
string	var x = "Hello"; alert(x);	该变量为字符串
number	var x = 3.14; alert(x);	该变量为数值
object	var x = null; alert(x);	该变量为空值或对象

3.1.1　Undefined 类型

所有 Undefined 类型的输出值都是 undefined。若需要输出的变量从未声明过，或者使用关键字 var 声明过但是从未进行赋值，此时会显示 undefined 字样。例如：

```
alert(y); //返回值为 undefined，因为变量 y 之前从未使用关键字 var 进行声明
或
var x;
alert(x); //返回值也是 undefined，因为未给变量 x 赋值
```

【例 3-1】　JavaScript 基础数据类型 Undefined 的简单应用

```
1.  <!DOCTYPE html>
2.  <html>
3.     <head>
4.         <meta charset="utf-8">
5.         <title>JavaScript 变量之 Undefined 类型</title>
6.     </head>
7.     <body>
8.         <h3>JavaScript 变量之 Undefined 类型</h3>
9.         <hr/>
10.        <script>
11.            //声明变量 msg
12.            var msg;
13.            //在 alert()方法中使用变量 msg
14.            alert(msg);
15.        </script>
16.     </body>
17. </html>
```

运行效果如图 3-1 所示。

图 3-1　JavaScript 基础数据类型 Undefined 的简单应用效果

【代码说明】

本例使用关键字 var 声明了变量 msg，但未对其进行初始赋值就直接使用 alert(msg)方法要求在对话框中显示该变量内容。由图 3-1 可见，此时显示出来的结果为 undefined。

3.1.2 Null 类型

null 值表示变量的内容为空，可用于初始化变量，或者清空已经赋值的变量。例如：

```
var x=99;
x=null;
alert(x);  //此时返回的值是 null 而不是 99
```

【例 3-2】 JavaScript 基础数据类型 Null 的简单应用

```
1.   <!DOCTYPE html>
2.   <html>
3.     <head>
4.       <meta charset="utf-8">
5.       <title>JavaScript 变量之 Null 类型</title>
6.     </head>
7.     <body>
8.       <h3>JavaScript 变量之 Null 类型</h3>
9.       <hr/>
10.      <script>
11.        //声明变量 msg
12.        var msg=99;
13.         //将变量 msg 赋值为 null
14.         msg=null;
15.        //在 alert()方法中使用变量 msg
16.        alert(msg);
17.      </script>
18.    </body>
19. </html>
```

运行效果如图 3-2 所示。

图 3-2　JavaScript 基础数据类型 Null 的简单应用效果

【代码说明】

本例使用关键字 var 声明了变量 msg 并将其赋值为 null，然后使用 alert(msg)方法要求在对话框中显示该变量内容。由图 3-2 可见，此时显示出来的结果为 null。

3.1.3　String 类型

在 JavaScript 中 String 类型用于存储文本内容，又称为字符串类型。在为变量进行字符串赋值时需要使用引号（单引号或双引号均可）括住文本内容。例如：

```
var country='China';
或
var country="China";
```

与 JavaScript 不同的是，在 Java 中使用单引号声明单个字符、使用双引号声明字符串，而在 JavaScript 中没有区分单个字符和字符串，因此两种声明方式任选一种都是有效的。

如果字符串内容本身也需要带上引号，则用于包围字符串的引号不可以和文本内容中的引号相同。如果字符串本身带有双引号，则使用单引号包围字符串，反之亦然。例如：

```
var dialog='Today is a gift, that is why it is called "Present".';
或
var dialog="Today is a gift, that is why it is called 'Present'. ";
```

此时字符串内部的引号会默认保留字面的样式。

String 对象中包含了一系列方法，常用方法如表 3-2 所示。

表 3-2　JavaScript String 对象常见方法一览表

方　法　名	解　　　释
charAt()	返回指定位置上的字符
charCodeAt()	返回指定位置上的字符的 Unicode 编码
concat()	连接字符串
indexOf()	正序检索字符串中指定内容的位置
lastIndexOf()	倒序检索字符串中指定内容的位置
match()	返回匹配正则表达式的所有字符串
replace()	替换字符串中匹配正则表达式的指定内容
search()	返回匹配正则表达式的索引值
slice()	根据指定位置节选字符串片段
split()	把字符串分割成字符串数组
substring()	根据指定位置节选字符串片段
toLowerCase()	将字符串中的所有字母都转换为小写
toUpperCase()	将字符串中的所有字母都转换为大写

1．字符串长度

在字符串中每一个字符都有固定的位置，其位置从左往右进行分配。这里以单词 HELLO 为例，其位置规则如图 3-3 所示。

图 3-3　字符位置对照图

首字符 H 从位置 0 开始，第 2 个字符 L 是位置 1，以此类推，直到最后一个字符 O 的位置是字符串的总长度减 1。

用户可以使用 String 对象的属性 length 获取字符串的长度。例如：

```
var s="Hello";
var slen=s.length; //返回值是变量 s 的字符串长度，即 5
```

【例 3-3】 JavaScript 获取字符串长度的简单应用

```
1.  <!DOCTYPE html>
2.  <html>
3.    <head>
4.      <meta charset="utf-8">
5.      <title>JavaScript 获取字符串长度</title>
6.    </head>
7.    <body>
8.      <h3>JavaScript 获取字符串长度</h3>
9.      <hr/>
10.     <script>
11.        //声明变量 msg
12.        var msg="Hello JavaScript!";
13.        //获取字符串长度
14.         var len=msg.length;
15.        alert("Hello JavaScript!的字符串长度为："+len);
16.     </script>
17.   </body>
18. </html>
```

运行效果如图 3-4 所示。

图 3-4　JavaScript 获取字符串长度的简单应用效果

【代码说明】

本例使用关键字 var 声明了变量 msg 并将其赋值为"Hello JavaScript!"，然后使用字符串类型的 length 属性获取其字符长度并使用 alert()方法显示出来。由图 3-4 可见，此时显示出来的结果为 17，因为空格和感叹号各算 1 个字符位置，所以总长度为 5+1+10+1=17。

2．获取字符串中的单个字符

在 JavaScript 中可以使用 charAt()方法获取字符串指定位置上的单个字符，其语法结构如下。

```
charAt(index)
```

其中，index 处填写需要获取的字符所在位置。

例如：

```
var msg="Hello JavaScript";
var x=msg.charAt(0); //表示获取 msg 中的第 1 个字符，返回值为 H
```

如果需要获取指定位置上单个字符的字符代码，可以使用 charCodeAt()方法，其语法结构如下。

```
charCodeAt(index)
```

其中，index 处填写需要获取的字符所在位置。

例如：

```
var msg="Hello JavaScript";
var x=msg.charCodeAt(0); //表示获取 msg 中的第 1 个字符的字符代码，返回值为 72
```

【例 3-4】　JavaScript 获取字符串中单个字符的应用

```
1.  <!DOCTYPE html>
2.  <html>
3.    <head>
4.      <meta charset="utf-8">
5.      <title>JavaScript 获取字符串中的单个字符</title>
6.    </head>
7.    <body>
8.      <h3>JavaScript 获取字符串中的单个字符</h3>
9.      <hr/>
10.     <script>
11.       //声明变量 msg
12.       var msg="Hello JavaScript";
13.       //获取字符串中的单个字符
14.       var letter=msg.charAt(10);
15.       //获取字符串中单个字符的代码
16.       var code=msg.charCodeAt(10);
17.       alert("Hello JavaScript 在第 10 位上的字符为："+letter+"\n 其字符代
                码为："+code);
18.     </script>
19.   </body>
20. </html>
```

运行效果如图 3-5 所示。

图 3-5　JavaScript 获取字符串中单个字符的应用效果

【代码说明】

本例使用关键字 var 声明了变量 msg 并将其赋值为"Hello JavaScript"，然后使用字符串类型的 charAt()方法获取其中第 10 位上的字符，并且用 charCodeAt()方法获取该字符的代码，最后用 alert()方法将结果显示出来。由图 3-5 可见，此时显示出来的结果为 S，其对应的字符代码为 83。alert()方法中的\n 为转义字符，表示换行。

3．连接字符串

在 JavaScript 中可以使用 concat()方法将新的字符串内容连接到原始字符串上，其语法结构如下。

```
concat(string1, string2,...,stringN);
```

该方法允许带有一个或多个参数，表示按照从左往右的顺序依次连接这些字符串。

例如：

```
var msg="Hello";
var newMsg=msg.concat(" JavaScript");
alert(newMsg); //返回值为"Hello JavaScript"
```

用户也可以直接使用加号（+）进行字符串的连接，其效果相同，上述代码可改为如下。

```
var msg="Hello";
var newMsg=msg+" JavaScript";
alert(newMsg); //返回值为"Hello JavaScript"
```

【例 3-5】　JavaScript 连接字符串的简单应用

```
1.    <!DOCTYPE html>
2.    <html>
3.        <head>
4.            <meta charset="utf-8">
5.            <title>JavaScript 连接字符串</title>
6.        </head>
7.        <body>
```

```
8.          <h3>JavaScript 连接字符串</h3>
9.          <hr/>
10.         <script>
11.             //声明变量 s1、s2、s3
12.             var s1="Hello";
13.             var s2="Java";
14.             var s3="Script";
15.             //连接字符串
16.             var msg=s1.concat(s2, s3);
17.             alert(msg);
18.         </script>
19.     </body>
20. </html>
```

运行效果如图 3-6 所示。

图 3-6　JavaScript 连接字符串的简单应用效果

【代码说明】

本例在 JavaScript 中首先声明了 3 个字符串变量，即 s1、s2 和 s3，然后对 s1 使用 concat() 方法连接 s2 和 s3 形成新的变量 msg，最后使用 alert()语句测试输出变量 msg 的效果。由图 3-6 可见，变量 msg 为变量 s1、s2 和 s3 的连接。

本例也可以直接使用加号（+）连接 3 个变量实现同样的效果，写成 var msg = s1+s2+s3。注意使用 concat()方法只会连接形成新的返回值，不会影响变量 s1 的初始内容。

4．查找字符串是否存在

使用 indexOf()和 lastIndexOf()方法可以查找原始字符串中是否包含指定的字符串内容，其语法格式如下。

```
indexOf(searchString, startIndex)
或
lastIndexOf(searchString, startIndex)
```

其中，searchString 参数位置填入需要用于对比查找的字符串片段，startIndex 参数用于指定搜索的起始字符，该参数内容如果省略则按照默认顺序搜索全文。

indexOf()和 lastIndexOf()方法都可以用于查找指定内容是否存在，如果存在，其返回值为指定内容在原始字符串中的位置序号；如果不存在，则直接返回-1。它们的区别在于indexOf()是从序号 0 的位置开始正序检索字符串内容，而 lastIndexOf()是从序号最大值的位置开始倒序检索字符串内容。

【例 3-6】 JavaScript 检测字符串是否存在的简单应用

分别使用 indexOf()与 lastIndexOf()方法查找字符串中是否包含指定的字母。

```
1.   <!DOCTYPE html>
2.   <html>
3.     <head>
4.         <meta charset="utf-8">
5.         <title>JavaScript 检测字符串是否存在</title>
6.     </head>
7.     <body>
8.         <h3>JavaScript 检测字符串是否存在</h3>
9.         <hr/>
10.        <p>查找字母 y 在字符串"Happy Birthday"中的位置</p>
11.        <script>
12.            //声明变量 msg
13.            var msg="Happy Birthday";
14.            //检测字符 y 存在的位置（正序）
15.            var firstY=msg.indexOf("y");
16.            //检测字符 y 存在的位置（倒序）
17.            var lastY=msg.lastIndexOf("y");
18.            alert('indexOf("y"): '+firstY+'\nlastIndexOf("y"): '+lastY);
19.        </script>
20.    </body>
21. </html>
```

运行效果如图 3-7 所示。

图 3-7 JavaScript 检测字符串是否存在的简单应用效果

【代码说明】

本例在 JavaScript 中声明了变量 msg 作为测试样例，并检测其中字母 y 存在的位置，分别使用 indexOf() 和 lastIndexOf() 方法进行正序和倒序检测并获取返回值，最后使用 alert() 方法输出返回结果。

由图 3-7 可见，对于同一个字母 y 使用 indexOf() 和 lastIndexOf() 方法获取位置的结果不同，正序查找的结果为 4，倒序查找的结果为 13。原因是原字符串 msg 中包含了不止一个字母 y，而这两个方法会返回在字符串中查找到的第 1 个符合条件的字符位置，因此结果不同。需要注意的是，JavaScript 是大小写敏感的脚本语言，因此如果本例查找大写字母 Y 会获取返回值-1，表示该字符不存在。

5. 查找与替换字符串

在 JavaScript 中使用 match()、search() 方法可以查找匹配正则表达式的字符串内容。

match() 方法的语法格式如下。

```
match(regExp)
```

在参数 regExp 的位置需要填入一个正则表达式，例如 match(/a/g) 表示全局查找字母 a，后面的小写字母 g 是英文单词 gobal 的首字母简写，表示全局查找，其返回值为符合条件的所有字符串片段。关于正则表达式的更多用法，读者可查阅本章 3.2 节中的相关内容。

search() 方法的语法格式如下。

```
search(regExp)
```

在参数 regExp 的位置同样需要填入一个正则表达式，不同之处在于 search() 方法的返回值是符合匹配条件的字符串索引值。

在 JavaScript 中使用 replace() 方法可以替换匹配正则表达式的字符串内容。

replace() 方法的语法格式如下。

```
replace(regExp, replaceText)
```

在参数 regExp 的位置需要填入一个正则表达式，在参数 replaceText 的位置填入需要替换的新的文本内容。例如 replace(/a/g,"A") 表示把所有的小写字母 a 都替换为大写形式。该方法的返回值是已经替换完毕的新字符串内容。

【例 3-7】　JavaScript 查找与替换字符串

分别使用 match()、search() 与 replace() 方法查找与替换字符串。

```
1.   <!DOCTYPE html>
2.   <html>
3.     <head>
4.       <meta charset="utf-8">
5.       <title>JavaScript 查找与替换字符串</title>
6.     </head>
7.     <body>
8.       <h3>JavaScript 查找与替换字符串</h3>
9.       <hr/>
```

```
10.          <p>用于查找和替换的字符串为"Happy New Year 2016"</p>
11.          <script>
12.              //声明变量msg
13.              var msg="Happy New Year 2016";
14.              //检测字符y是否存在
15.              var result1=msg.search(/y/);
16.              //全局查找数字
17.              var result2=msg.match(/\d/g);
18.              //将小写字母a全部替换为大写字母A
19.              var result3=msg.replace(/a/g,"A");
20.              alert('search(/y/g): '+result1+'\nmatch(/\\d/g): '+result2+
                 '\nreplace(/a/g,"A"): '+result3);
21.          </script>
22.      </body>
23. </html>
```

运行效果如图 3-8 所示。

图 3-8　JavaScript 查找与替换字符串

【代码说明】

本例在 JavaScript 中声明了变量 msg 作为测试样例，分别使用 match()、search()与 replace()方法查找和替换字符串，最后使用 alert()方法输出全部的返回结果。

由图 3-8 可见，search()方法可获取指定内容的所在索引位置，而 match()方法是把符合条件的所有字符串以逗号隔开的形式全部展现出来。其中，\d 表示数字 0～9 的任意一个字符，/g 表示全局查找。replace()方法将原字符串中所有的小写字母 a 均替换成大写字母的形式。如果没有加全局字符 g，则只会替换其中第 1 个小写字母 a。

6．获取字符串片段

在 JavaScript 中可以对字符串类型的变量使用 slice()和 substring()方法截取其中的字符串片段。

slice ()方法的语法格式如下。

```
slice(start, end)
```

其中，start 参数位置填写需要截取的字符串的第 1 个字符位置，end 参数位置填写需要截取字符串的结束位置（不包括该位置上的字符），如果 end 参数省略，则默认填入字符串长度。如果填入的属性值为负数，表示从字符串的最后一个位置开始计算，例如–1 表示倒数第 1 个字符。

substring()方法的语法格式如下。

```
substring(start, end)
```

与 slice()方法的语法结构类似，其中 start 参数位置填写需要节选的字符串的第 1 个字符位置，end 参数位置填写需要节选字符串的结束位置（不包括该位置上的字符）。同样，如果 end 参数省略，则默认填入字符串长度。

当参数均为非负数时，substring()与 slice()方法获取的结果完全一样，只有当参数值存在负数情况时这两个方法才会有所不同：substring()方法会忽略负数，直接将其当作 0 来处理；而 slice()方法会用字符串长度加上该负数值，计算出对应的位置。

例如：

```
var msg="happy";                    //该字符串长度为 5 位
var result1=msg.substring(1, -1);   //返回值为 h
var result2=slice(1, -1);           //返回值为 app
```

其中，substring(1, –1)会忽略负数，直接当作 0 来对待，因此实际运行的是 substring(1, 0)方法。由于此时结束位置比开始位置靠前，JavaScript 会自动对调位置转换成 substring(0, 1)方法，最终获得返回值 h；而 slice(1,–1)会将负数加上字符串长度换算成 slice(1,4)方法，因此最终获得返回值 app。

【**例 3-8**】 JavaScript 获取字符串片段的简单应用

分别使用 substring()与 slice()方法获取字符串片段。

```
1.    <!DOCTYPE html>
2.    <html>
3.      <head>
4.        <meta charset="utf-8">
5.        <title>JavaScript 获取字符串片段</title>
6.      </head>
7.      <body>
8.        <h3>JavaScript 获取字符串片段</h3>
9.        <hr/>
10.       <p>分别使用 substring()和 slice()方法节选字符串"Happy Birthday"</p>
11.       <script>
12.           //声明变量 msg
13.           var msg="Happy Birthday";
14.           //使用 substring 节选指定位置范围的字符串
15.           var result1=msg.substring(0,5);
16.           //使用 slice 节选指定位置范围的字符串
17.           var result2=msg.slice(0,-9);
```

```
18.            alert('substring(0,5): '+result1+'\nslice(0,-9): '+result2);
19.        </script>
20.    </body>
21. </html>
```

运行效果如图 3-9 所示。

图 3-9   JavaScript 获取字符串片段的简单应用效果

【代码说明】

本例在 JavaScript 中声明了变量 msg 作为字符串测试样例，其中字符串内容为"Happy Birthday"，共计 14 个字符位置，分别使用 substring(0,5)和 slice(0,−9)方法进行字符串节选，最后使用 alert()方法输出返回结果。

由图 3-9 可见，substring(0,5)方法获取了从第 0 位开始到第 5 位结束（不包括第 5 位本身）的所有字符。slice(0,−9)方法因为带有负数−9，表示倒数第 9 位字符，将其加上字符串长度换算后得到 slice(0,5)，在没有负数的情况下与 substring(0,5)效果完全相同，因此得到同样的结果。

7. 字符串大小写转换

在 JavaScript 中可以对字符串类型的变量使用 toLowerCase()和 toUpperCase()方法转换其中存在的大小写字母，toLowerCase()表示将所有字母转换为小写，toUpperCase()表示将所有字母转换为大写。

【例 3-9】 JavaScript 字符串大小写转换

对字符串分别使用 toLowerCase()和 toUpperCase()方法进行大小写转换。

```
1.  <!DOCTYPE html>
2.  <html>
3.      <head>
4.          <meta charset="utf-8">
5.          <title>JavaScript 字符串大小写转换</title>
6.      </head>
7.      <body>
8.          <h3>JavaScript 字符串大小写转换</h3>
9.          <hr/>
```

```
10.          <p>将字符串"Merry Christmas"分别转换为全大写和全小写的形式。</p>
11.          <script>
12.              //声明变量msg
13.              var msg="Merry Christmas";
14.              //将字符串转换为全大写形式
15.              var upper=msg.toUpperCase();
16.              //将字符串转换为全小写形式
17.              var lower=msg.toLowerCase();
18.              alert('全大写: '+upper+'\n全小写: '+lower);
19.          </script>
20.      </body>
21. </html>
```

运行效果如图 3-10 所示。

图 3-10　JavaScript 字符串大小写转换的效果

8．转义字符

在前面的例题中可以看到 alert()方法中带有\n 符号，表示换行，这种符号称为转义字符。与 C 语言、Java 语言相似，在 JavaScript 中 String 类型也包含一系列转义字符，具体情况如表 3-3 所示。

表 3-3　**JavaScript 常用转义字符对照表**

转 义 字 符	含　　　义
\n	换行
\t	空一个 Tab 格，相当于 4 个空格
\b	空格符
\r	回车符
\f	换页符
\\	反斜杠
\'	单引号
\"	双引号
\0nnn	八进制代码 nnn 表示的字符，n 是 0～7 中的一个八进制数字，范围是 000～377
\xnn	十进制代码 nn 表示的字符，n 是 0～F 中的一个十六进制数字，范围是 00～FF
\unnn	十六进制代码 nnn 表示的字符，n 是 0～F 中的一个十六进制数字

【例 3-10】 JavaScript 转义字符的简单应用

```
1.  <!DOCTYPE html>
2.  <html>
3.    <head>
4.      <meta charset="utf-8">
5.      <title>JavaScript 转义字符的简单应用</title>
6.    </head>
7.    <body>
8.      <h3>JavaScript 转义字符的简单应用</h3>
9.      <hr/>
10.     <script>
11.         alert("双引号 \"\n 单引号 \'");
12.     </script>
13.   </body>
14. </html>
```

运行效果如图 3-11 所示。

图 3-11 JavaScript 转义字符的简单应用效果

3.1.4 Number 类型

在 JavaScript 中使用 Number 类型表示数字,其数字可以是 32 位以内的整数或 64 位以内的浮点数。例如:

```
var x = 9;
var y = 3.14;
```

Number 类型还支持使用科学记数法、八进制和十六进制的表示方式。

1. 科学记数法

对于极大或极小的数字也可以使用科学记数法表示,格式如下。

```
数值 e 倍数
```

上述格式表示数字后面跟指数 e 再紧跟乘以的倍数,其中数值可以是整数或浮点数,倍数允许为负数。例如:

```
var x1=3.14e8;
var x2=3.14e-8;
```

变量 x1 表示的数是 3.14 乘以 10 的 8 次方，即 314000000；变量 x2 表示的数是 3.14 乘以 10 的-8 次方，即 0.0000000314。

【例 3-11】　JavaScript 科学记数法的简单应用

```
1.  <!DOCTYPE html>
2.  <html>
3.      <head>
4.          <meta charset="utf-8">
5.          <title>JavaScript 科学记数法</title>
6.      </head>
7.  <body>
8.          <h3>JavaScript 科学记数法</h3>
9.          <hr/>
10.         <script>
11.             var x1=3e6;
12.             var x2=3e-6;
13.             alert('3e6='+x1+'\n3e-6='+x2);
14.         </script>
15.     </body>
16. </html>
```

运行效果如图 3-12 所示。

图 3-12　JavaScript 科学记数法的简单应用效果

2. 八进制与十六进制数

在 JavaScript 中，Number 类型也可以用于表示八进制或十六进制的数。

八进制的数需要用数字 0 开头，后面跟的数字只能是 0～7（八进制字符）中的一个。例如：

```
var x=010; //这里相当于十进制的 8
```

十六进制的数需要用数字 0 和字母 x 开头，后面跟的字符只能是 0～9 或 A～F（十六进制字符）中的一个，大小写不限。例如：

```
var x=0xA; //这里相当于十进制的 10
或
```

```
var x=0xa; //等同于 0xA
```

虽然 Number 类型可以使用八进制或十六进制的赋值方式，但是在执行代码时仍然会将其转换为十进制结果。

【例 3-12】 JavaScript 八进制与十六进制数

```
1.  <!DOCTYPE html>
2.  <html>
3.      <head>
4.          <meta charset="utf-8">
5.          <title>JavaScript 八进制与十六进制数</title>
6.      </head>
7.      <body>
8.          <h3>JavaScript 八进制与十六进制数</h3>
9.          <hr/>
10.         <script>
11.             //八进制数
12.             var x1=020;
13.             //十六进制数
14.             var x2=0xAF;
15.             alert('八进制数 020='+x1+'\n 十六进制数 0xAF='+x2);
16.         </script>
17.     </body>
18. </html>
```

运行效果如图 3-13 所示。

图 3-13　JavaScript 八进制与十六进制数的输出结果

【代码说明】

本例为变量 x1 赋值了 0 开头的数字代表八进制数，为变量 x2 赋值了 0x 开头的数字代表十六进制数，并使用 alert()语句将其显示在消息提示对话框中。由图 3-13 可见，最终显示结果会自动转换为十进制数。注意，如果需要正常表示十进制整数，则不要使用数字 0 开头，以免被误认为是八进制数。

3. 浮点数

如果要定义浮点数，必须使用小数点，并且小数点后面至少跟一位数字。例如：

```
var x=3.14;
var y=5.0;
```

即使小数点后面的数字为 0 也被认为是浮点数类型。

如果浮点数类型的小数点前面的整数位为 0，可以省略。例如：

```
var x=.15; //等同于 0.15
```

浮点数可以使用 toFixed()方法规定小数点后保留几位数，其语法格式如下。

```
toFixed(digital)
```

其中，参数 digital 换成小数点后需要保留的位数即可。例如：

```
var x=3.1415926;
var result=x.toFixed(2); //返回值为 3.14
```

该方法遵循四舍五入的规律，即使进位后小数点后面只有 0 也会保留指定的位数。例如：

```
var x=0.9999;
var result=x.toFixed(2); //返回值为 1.00
```

需要注意的是，在 JavaScript 中使用浮点数进行计算有时会产生误差。例如：

```
var x=0.7 + 0.1;
alert(x);//返回值会变成 0.7999999999999999，而不是 0.8
```

这是由于表达式使用的是十进制数，但实际的计算是转换成二进制数进行计算再转回十进制结果的，在此过程中可能会损失精度。此时使用自定义函数将两个加数都乘以 10 进行计算后再除以 10 还原。

【例 3-13】 JavaScript 浮点数类型的简单应用

```
1.    <!DOCTYPE html>
2.    <html>
3.      <head>
4.        <meta charset="utf-8">
5.        <title>JavaScript 浮点数类型的简单应用</title>
6.      </head>
7.      <body>
8.        <h3>JavaScript 浮点数类型的简单应用</h3>
9.        <hr/>
10.       <p>
11.          浮点数的加法运算。
12.       </p>
13.       <script>
```

```
14.        //直接将两数相加
15.        var result1=0.7+0.1;
16.        //将浮点数转换成整数后相加再还原
17.        var result2=(0.7*10+0.1*10)/10;
18.        //输出结果
19.        document.write("0.7+0.1="+result1+"<br>(0.7*10+0.1*10)/10="+result2);
20.        </script>
21.    </body>
22. </html>
```

运行效果如图 3-14 所示。

JavaScript浮点数类型的简单应用

浮点数的加法运算。

0.7+0.1=0.7999999999999999
(0.7*10+0.1*10)/10=0.8

图 3-14   JavaScript 浮点数类型的简单应用效果

【代码说明】

本例用于测试两个浮点数在进行算术运行时导致的误差，并给出了解决办法。事实上，目前 JavaScript 尚不能解决该问题，必须手动将浮点数放大 10 的倍数成为整数再进行计算才能避免误差，未来也可以使用自定义函数处理此类问题。

4. 特殊 Number 值

在 JavaScript 中，Number 类型还有一些特殊值，如表 3-4 所示。

表 3-4   **JavaScript 中 Number 类型的特殊值**

特 殊 值	解 释
Infinity	正无穷大，在 JavaScript 中使用 Number.POSITIVE_INFINITY 表示
-Infinity	负无穷大，在 JavaScript 中使用 Number.NEGATIVE_INFINITY 表示
NaN	非数字，在 JavaScript 使用 Number.NaN 表示
Number.MAX_VALUE	数值范围允许的最大值，大约等于 1.8e308
Number.MIN_VALUE	数值范围允许的最小值，大约等于 5e-324

1）Infinity

Infinity 表示无穷大，有正、负之分。当数值超过了 JavaScript 允许的范围时就会显示为 Infinity（超过上限）或-Infinity（超过下限）。例如：

```
var x=9e30000;
alert(x); //因为该数字已经超出上限，返回值为 Infinity
```

在比较数字大小时，无论原数据值为多少，认为结果为 Infinity 的两个数相等，同样两个-Infinity 也是相等的。例如：

```
var x1=3e9000;
var x2=9e3000;
alert(x1==x2);  //判断变量 x1 与 x2 是否相等，返回值为 true
```

上述代码中变量 x1 与 x2 的实际数据值并不相等，但是由于它们均超出了 JavaScript 可以接受的数据范围，因此返回值均为 Infinity，从而在判断是否相等时会返回 true（真）。

在 JavaScript 中使用数字 0 作为除数不会报错，如果正数除以 0 返回值就是 Infinity，负数除以 0 返回值为-Infinity，特殊情况"0 除以 0"的返回值为 NaN（非数字）。例如：

```
var x1=5/0;     //返回值是 Infinity
var x2=-5/0;    //返回值是-Infinity
var x3=0/0;     //返回值是 NaN
```

Infinity 不可以与其他正常显示的数字进行数学计算，返回结果均是 NaN。例如：

```
var x=Number.POSITIVE_INFINITY;
var result=x+99;
alert(result);  //返回值为 NaN
```

【例 3-14】　JavaScript 特殊值 Infinity 的应用

```
1.  <!DOCTYPE html>
2.  <html>
3.     <head>
4.        <meta charset="utf-8">
5.        <title>JavaScript 特殊值 Infinity</title>
6.     </head>
7.     <body>
8.        <h3>JavaScript 特殊值 Infinity</h3>
9.        <hr/>
10.       <script>
11.          var x1=2e9000;
12.          var x2=-2e9000;
13.          var result=x1+x2;
14.          alert("x1(2e9000)="+x1+"\nx2(-2e9000)="+x2+"\nx1+x2="+result);
15.       </script>
16.    </body>
17. </html>
```

运行效果如图 3-15 所示。

2）NaN

NaN 表示的是非数字（Not a Number），该数值用于表示数据转换成 Number 类型失败的情况，从而无须抛出异常错误。例如将 String 类型转换为 Number 类型。NaN 因为不是真正的数字，不能用于进行数学计算，并且即使两个数值均为 NaN，它们也不相等。

图 3-15　JavaScript 特殊值 Infinity 的输出结果

例如将英文单词转换为 Number 类型会导致转换结果为 NaN，具体代码如下。

```
var x="red";
var result = Number(x); //返回值为 NaN，因为没有对应的数值可以转换
```

JavaScript 还提供了用于判断数据类型是否为数值的方法 isNaN()，其返回值是布尔值。当检测的数据无法正确转换为 Number 类型时返回真（true），其他情况返回假（false）。
　　其语法规则如下。

```
isNaN(变量名称)
```

例如：

```
var x1="red";
var result1=isNaN(x1);  //返回值是真（true）

var x2="999";
var result2=isNaN(x2);  //返回值是假（false）
```

【例 3-15】　JavaScript 特殊值 NaN 的应用

```
1.   <!DOCTYPE html>
2.   <html>
3.       <head>
4.           <meta charset="utf-8">
5.           <title>JavaScript 特殊值 NaN</title>
6.       </head>
7.       <body>
8.           <h3>JavaScript 特殊值 NaN</h3>
9.           <hr/>
10.          <script>
11.              var x1="hello";
12.              var x2=999;
13.              var result1=Number(x1);
```

```
14.         alert('x1(hello)不是数字：'+isNaN(x1)+'\nx2(999)不是数字：'+isNaN(x2)
              +'\nx1 转换为数字的结果为：'+result1);
15.       </script>
16.     </body>
17. </html>
```

运行效果如图 3-16 所示。

图 3-16　JavaScript 特殊值 NaN 的输出结果

3.1.5　Boolean 类型

布尔值（Boolean）在很多程序语言中被用于进行条件判断，其值只有两种——true（真）和 false（假）。

布尔类型的值可以直接使用单词 true 或 false，也可以使用表达式。例如：

```
var answer=true;
var answer=false;
var answer=(1>2);
```

其中，1>2 的表达式不成立，因此返回结果为 false（假）。

【例 3-16】　JavaScript Boolean 类型的简单应用

```
1.  <!DOCTYPE html>
2.  <html>
3.    <head>
4.      <meta charset="utf-8">
5.      <title>JavaScript Boolean 类型的简单应用</title>
6.    </head>
7.    <body>
8.      <h3>JavaScript Boolean 类型的简单应用</h3>
9.      <hr/>
10.     <script>
11.       var x1=Boolean("hello");
12.       var x2=Boolean(999);
13.       var x3=Boolean(0);
```

```
14.                var x4=Boolean(null);
15.                var x5=Boolean(undefined);
16.                alert("hello:"+x1+"\n999:"+x2+"\n0:"+x3+"\nnull:"+x4+"
                   \nundefined:"+x5);
17.        </script>
18.    </body>
19. </html>
```

运行效果如图 3-17 所示。

图 3-17　JavaScript Boolean 类型的简单应用效果

3.2　JavaScript 对象类型

在 JavaScript 中对象类型分为 3 种，即本地对象、内置对象和宿主对象。本地对象（native object）是 ECMAScript 定义的引用类型；内置对象（built-in object）指的是无须实例化可以直接使用的对象，其实也是特殊的本地对象；宿主对象（host object）指的是用户的机器环境，包括 DOM 和 BOM。

3.2.1　本地对象

1．Array 对象

在 JavaScript 中可以使用数组（Array）类型在单个变量中存储一系列的值。例如：

```
var mobile=new Array();
mobile [0]="苹果";
mobile [1]="三星";
mobile [2]="华为";
```

数组是从 0 开始计数的，因此第 1 个元素的下标是[0]，后面每新增一个元素下标加 1。使用 Array 类型存储数组的特点是无须在一开始声明数组的具体元素数量，可以在后续代码中陆续新增数组元素。

如果一开始就可以确定数组的长度，即其中的元素不需要后续动态加入，可以直接写成如下形式。

```
var mobile=new Array("苹果", "三星", "华为");
或
var mobile=["苹果", "三星", "华为"];
```

此时数组元素之间使用逗号隔开。

Array 对象还包含了 length 属性，可以用于获取当前数组的长度，即数组中元素的个数。如果当前数组中没有包含元素，则 length 值为 0。例如：

```
var mobile=["苹果", "三星", "华为"];
var x=mobile.length; //这里 x 值为 3
```

Array 对象还包含了一系列方法用于操作数组，常用方法如表 3-5 所示。

表 3-5　**JavaScript Array 对象的常用方法**

方 法 名 称	解　　释
concat(array1,array2, …, arrayN)	用于在数组末尾处连接一个或者多个新的数组或数组元素。其中参数 array1 为必填内容，后面的参数个数不限，均为可选内容。参数内容可以是数组或数组元素的值
join(separator)	把数组中的所有元素用指定的分隔符进行分割，并在同一个字符串中显示出来。其中 separator 参数表示指定的自定义分隔符。该参数为可选内容 0，在不填写的情况下默认用逗号分隔
pop()	删除数组中的最后一个元素，并返回该元素的值。如果数组内容是空的，则该方法返回 undefined，并且不进行操作
push(element1, element2,…,elementN)	在数组的结尾处插入一个或者多个元素，并返回最新数组长度。其中参数 element1 为必填内容，表示至少添加一个元素，后面的参数个数不限，均为可选内容
reverse()	用于将数组中的所有元素倒序重组。该方法会直接更改原始数组，而不是生成一个新的数组
shift()	删除数组中的第 1 个元素，并返回该元素的值。如果数组内容为空，则该方法返回 undefined，并且不进行操作
slice(start, end)	用于返回数组中指定了开始与结束范围的一系列元素。其中参数 start 为必填内容，表示从第几个元素开始选取；参数 end 为可选内容，表示选取到第几个元素结束，并且不包括该元素本身。如果没有指定 end 参数，则一直选取到数组的最后一个元素结束。如果这两个参数填写了负数，则表示从数组末尾开始计算个数。例如-1 表示最后一个元素，-2 表示倒数第 2 个元素，以此类推
toString()	用于把数组元素显示在同一个字符串中，并且用逗号分隔，相当于没有指定分隔符的 join()方法的使用
unshift(element1,…, elementN)	在数组的开头插入一个或多个元素，并返回最新数组长度。其中参数 element1 为必填内容，表示至少添加一个元素，后面的参数个数不限，均为可选内容

【例 3-17】　JavaScript Array 对象的简单应用

```
1.  <!DOCTYPE html>
2.  <html>
3.      <head>
4.          <meta charset="utf-8">
```

```
5.          <title>JavaScript Array 对象的简单应用</title>
6.      </head>
7.      <body>
8.         <h3>JavaScript Array 对象的简单应用</h3>
9.         <hr/>
10.        <script>
11.        //使用 new Array()构建数组对象
12.        var students=new Array();
13.        students[0]="张三";
14.        students[1]="李四";
15.        students[2]="王五";
16.
17.        //直接声明数组对象
18.        var mobile=["Nokia","HTC","iPhone"];
19.        alert(students+"\n"+mobile);
20.        </script>
21.      </body>
22. </html>
```

运行效果如图 3-18 所示。

图 3-18　JavaScript Array 对象的简单应用效果

【代码说明】

本例分别使用了两种不同的声明方式创建数组，并在最后使用 alert()语句在弹出的提示框中显示这两个数组的内容。由图 3-18 可见，两种声明方式均可成功使用 Array 对象创建数组，并对数组元素进行赋值。

2．Date 对象

在 JavaScript 中使用 Date 对象处理与日期、时间有关的内容，有 4 种初始化方式，列举如下。

```
//表示获取当前的日期与时间
new Date();
//使用表示日期时间的字符串定义时间，例如填入 May 10, 2000 12:12:00
new Date(dateString);
//使用从 1970 年 1 月 1 日到指定日期的毫秒数定义时间，例如填入 1232345
```

```
new Date(milliseconds);
//自定义年、月、日、时、分、秒和毫秒，时、分、秒和毫秒参数省略时默认为 0
new Date(year, month, day, hours, minutes, seconds, milliseconds);
```

　　用户可以通过 Date 对象的一系列方法分别获取指定的内容，Date 对象的常用方法如表 3-6 所示。

表 3-6　**JavaScript Date 对象的常用方法**

方 法 名 称	解　　释
Date()	获取当前的日期和时间
getDate()	获取 Date 对象处于一个月里面的哪一日（1～31）
getDay()	获取 Date 对象处于星期几（0～6），其中 0 表示星期日
getMonth()	获取 Date 对象处于几月份（0～11），其中 0 表示一月份
getFullYear()	获取 Date 对象的完整年份（4 位数）
getHours()	获取 Date 对象的小时（0～23）
getMinutes()	获取 Date 对象的分钟（0～59）
getSeconds()	获取 Date 对象的秒（0～59）
getTime()	返回 1970 年 1 月 1 日至今经历的毫秒数
setDate()	重新设置 Date 对象中的日期，精确到天
setFullYear()	重新设置 Date 对象中的年份，年份必须为 4 位数的完整表达
setHours()	重新设置 Date 对象中的小时（0～23）
setMinutes()	重新设置 Date 对象中的分钟（0～59）
setMonth()	重新设置 Date 对象中的月份（0～11）
setSeconds()	重新设置 Date 对象中的秒（0～59）
setTime()	重新以 1970 年 1 月 1 日至今经历的毫秒数设置 Date 对象
toDateString()	将 Date 对象的日期部分转换为字符串
toLocaleDateString()	根据本地时间格式将 Date 对象的日期部分转换为字符串
toLocaleTimeString()	根据本地时间格式将 Date 对象的时间部分转换为字符串
toLocaleString()	根据本地时间格式将 Date 对象的日期和时间转换为字符串
toUTCString()	根据世界时间格式将 Date 对象的日期和时间转换为字符串

【例 3-18】 JavaScript Date 对象的简单应用

```
1.  <!DOCTYPE html>
2.  <html>
3.    <head>
4.      <meta charset="utf-8">
5.      <title>JavaScript Date 对象的简单应用</title>
6.    </head>
7.    <body>
8.      <h3>JavaScript Date 对象的简单应用</h3>
9.      <hr/>
10.     <script>
11.     //获取当前日期时间对象
12.     var date=new Date();
```

```
13.         //获取年份
14.         var year=date.getFullYear();
15.         //获取月份
16.         var month=date.getMonth()+1;
17.         //获取天数
18.         var day=date.getDate();
19.         //获取星期
20.         var week=date.getDay();
21.         alert("当前是"+year+"年"+""+month+"月"+day+"日，星期"+week);
22.     </script>
23.   </body>
24. </html>
```

运行效果如图 3-19 所示。

图 3-19　　JavaScript Date 对象的简单应用效果

【代码说明】

本例声明了当前的日期时间对象 date，然后分别获取其中的年、月、日与星期，并使用 alert()语句在弹出的提示框中显示组合内容。由于月份的取值范围是 0～11，因此如果要显示实际月份，需要将获取到的月份值再进行加 1 处理。

3. RegExp 对象

RegExp 对象表示正则表达式（regular expression），通常用于检索文本中是否包含指定的字符串，其语法格式如下。

```
new RegExp(pattern [, attributes])
```

参数解释如下。

- pattern：该参数为字符串形式，用于规定正则表达式的匹配规则或填入其他正则表达式。
- attributes：该参数为可选参数，可以包含属性值 g、i 或者 m，分别表示全局匹配、不区分大小写匹配与多行匹配。

例如：

```
var pattern=new RegExp([0-9], g);
```

上述代码表示声明了一个用于全局检索文本中是否包含数字 0～9 的任意字符的正则

表达式。

它还有一种简写形式，格式如下。

```
/pattern/[attributes]
```

前面用于全局检索数字 0~9 的正则表达式声明可修改为如下内容。

```
var pattern=/[0-9]/g;
```

两种写法效果完全相同，需要注意参数 attributes 均仅适用于参数 pattern 为匹配规则字符串的情况。如果参数 pattern 填写的是其他正则表达式，则参数 attributes 必须省略不写。

JavaScript 中常用的正则表达式如表 3-7 所示。

表 3-7　JavaScript 中常用的正则表达式

括号表达式	解　　释
[0-9]	查找 0~9 的数字
[a-z]	查找从小写字母 a 到小写字母 z 之间的字符
[A-Z]	查找从大写字母 A 到大写字母 Z 之间的字符
[A-z]	查找从大写字母 A 到小写字母 z 之间的字符
[abc]	查找括号之间的任意一个字符
[^abc]	查找括号内字符之外的所有内容
(red|blue|green)	查找"|"符号间隔的任意选项内容
量词表达式	**解　　释**
n+	查找任何至少包含一个 n 的字符串
n*	查找任何包含 0 个或多个 n 的字符串
n?	查找任何包含 0~1 个 n 的字符串
n{X}	查找包含 X 个 n 的字符串
n{X,Y}	查找包含 X 或 Y 个 n 的字符串
n{X,}	查找至少包含 X 个 n 的字符串
n$	查找任何以 n 结束的字符串
^n	查找任何以 n 开头的字符串
?=n	查找任何后面紧跟字符 n 的字符串
?!n	查找任何后面没有紧跟字符 n 的字符串
元　字　符	**解　　释**
.	查找除了换行符与行结束符以外的单个字符
\w	查找单词字符。w 表示 word（单词）
\W	查找非单词字符
\d	查找数字字符。d 表示 digital（数字）
\D	查找非数字字符
\s	查找空格字符。s 表示 space（空格）
\S	查找非空格字符
\n	查找换行符
\f	查找换页符
\r	查找回车符
\t	查找制表符

元 字 符	解 释
\xxx	查找八进制数字 xxx 对应的字符，如果没有找到则返回 null。例如\130 表示的是大写字母 X
\xdd	查找十六进制数字 dd 对应的字符，如果没有找到则返回 null。例如\x58 表示的是大写字母 X
\uxxxx	查找十六进制数字 xxxx 对应的 Unicode 字符，如果没有找到则返回 null。例如\u0058 表示的是大写字母 X

注：量词表达式中的 n 可以替换成其他任意字符。

在 RegExp 对象创建完毕后有两种方法用于检索文本，如表 3-8 所示。

表 3-8　JavaScript 中 RegExp 对象的方法

方 法 名	解 释
exec()	该方法适用于具有参数的情况，每次运行都按照顺序从文本中找到对应的字符串，直到全部找完，再次运行会返回 null 值
test()	用于检索文本中是否包含指定的字符串

1）exec()方法的应用

exec()方法用于检索文本中匹配正则表达式的字符串内容，其语法格式如下。

```
RegExpObject.exec(string)
```

该方法如果找到了匹配内容，其返回值为存放有检索结果的数组；如果未找到任何匹配内容，则返回 null 值。

例如：

```
var pattern=new RegExp("e");        //检索文本中是否包含小写字母 e 的正则表达式
var result1=pattern.exec("Hello "); //返回值为 e，因为字符串中包含小写字母 e
var result2=pattern.exec("Hello "); //返回值为 null，因为字符串后续内容中不包含小
                                    //写字母 e
```

如果查到的内容较多，可以使用 while 循环语句进行检索。例如：

```
var s="Hello everyone";             //初始字符串
var pattern=new RegExp("e");        //检索文本中是否包含小写字母 e 的正则表达式
var result;                         //用于获取每次的检索结果
//while 循环
while((result=pattern.exec(s))!=null){
   alert(result);                   //输出本次检索结果
}
```

关于 while 循环的更多内容可查阅第 4 章的 4.2 节。

【例 3-19】 JavaScript 正则表达式 exec()方法的简单应用

使用 exec()匹配符合正则表达式的字符串。

```
1.   <!DOCTYPE html>
2.   <html>
3.       <head>
4.           <meta charset="utf-8">
5.           <title>JavaScript 正则表达式 exec()方法的应用</title>
6.       </head>
7.       <body>
8.           <h3>JavaScript 正则表达式 exec()方法的应用</h3>
9.           <hr/>
10.          <p>原始字符串为："Happy New Year 2016"</p>
11.          <script>
12.          //原始字符串
13.          var s="Happy New Year 2016";
14.          //定义正则表达，用于全局检索字母 N 是否存在
15.          var pattern=/N/g;
16.          //第一次匹配结果
17.          var result1=pattern.exec(s);
18.          //第二次匹配结果
19.          var result2=pattern.exec(s);
20.          alert("第一次匹配结果:"+result1+"\n 第二次匹配结果:"+result2);
21.          </script>
22.      </body>
23.  </html>
```

运行效果如图 3-20 所示。

图 3-20　JavaScript 正则表达式 exec()方法的应用效果

2）test()方法的应用

test()方法用于检测文本中是否包含指定的正则表达式内容，返回值为布尔值，其语法格式如下。

```
RegExpObject.test(string)
```

其中，RegExpObject 指的是自定义的 RegExp 对象；参数 string 指的是需要被检索的文本内容。如果文本中包含该 RegExp 对象指定的内容，返回值为 true，否则返回值为 false。

该方法只用于无参数的情况，并且只检索一次，一旦检索到了就停止并提供返回值。
例如：

```
var pattern=new RegExp("e");          //检索文本中是否包含小写字母 e 的正则表达式
var result=pattern.test("Hello ");  //返回值为 true，因为字符串中包含小写字母 e
```

【例 3-20】 JavaScript 正则表达式 test()方法的应用
使用 test()匹配符合正则表达式的字符串。

```
1.   <!DOCTYPE html>
2.   <html>
3.       <head>
4.           <meta charset="utf-8">
5.           <title>JavaScript 正则表达式 test()方法的应用</title>
6.       </head>
7.       <body>
8.           <h3>JavaScript 正则表达式 test()方法的应用</h3>
9.           <hr/>
10.          <p>原始字符串为："Happy New Year 2016"</p>
11.          <script>
12.          //原始字符串
13.          var s="Happy New Year 2016";
14.          //定义正则表达式，用于全局检索字母 N 是否存在
15.          var pattern=/N/g;
16.          //匹配结果
17.          var result=pattern.test(s);
18.          alert("查找字母 N 的匹配结果:"+result);
19.          </script>
20.      </body>
21. </html>
```

运行效果如图 3-21 所示。

图 3-21　JavaScript 正则表达式 test()方法的应用效果

4．Object 对象

在 JavaScript 中所有类型都是对象，例如字符串、数字、数组等，这些可以带有属性和方法的变量称为对象。例如 String 对象包含了 length 属性用于获取字符串长度，也包含了 substring()、indexOf()等方法用于处理字符串。

属性是与对象相关的值，方法是对象可执行的动作。例如将学生作为现实中的对象，具有学号、姓名、班级、专业等属性值，也可以具有选课、学习和考试等行为动作。

在 JavaScript 中创建 student 对象的写法如下。

```
var student=new Object();
student.name="张三";            //姓名
student.id="2016010212";        //学号
student.major="计算机科学与技术"; //专业
//学习方法
student.study=function(){
    alert("开始学习");
};
```

上述代码为 student 对象添加了 name、id 和 major 属性以及 study()方法，分别用于表示学生的姓名、学号、专业属性和学习的行为动作。对象名称为自定义，其内部的属性和方法均可以根据实际需要自定义名称与数量。

获取对象中的指定属性有两种方法：一是对象变量名称后面加点（.）和属性名称（对象名.属性名）；二是对象变量名称后面使用中括号和引号包围属性名称（对象名["属性名"]）。

这里仍然以上面的 student 对象为例，获取其中学生姓名的写法如下。

```
var result=student.name;
或
var result=student["name"];
```

另外还可以用该方法直接修改对象中的属性值，例如将之前的学生姓名"张三"换成新内容"李四"。

```
student.name="李四";
alert(student.name); //此时的输出结果不再是张三，而是修改后的李四
```

【例 3-21】 JavaScript Object 对象的简单应用
创建自定义名称的 Object 对象。

```
1.  <!DOCTYPE html>
2.  <html>
3.    <head>
4.        <meta charset="utf-8">
5.        <title>JavaScript Object 对象的简单应用</title>
6.    </head>
7.    <body>
```

```
8.            <h3>JavaScript Object 对象的简单应用</h3>
9.            <hr/>
10.           <p>
11.               自定义 ticket 对象表示电影票信息。
12.           </p>
13.           <script>
14.               //自定义 JavaScript 对象 ticket 表示电影票
15.               var ticket=new Object();
16.               //电影票主题
17.               ticket.topic="海底总动员";
18.               //电影票时间
19.               ticket.time="2016 年 10 月 1 日 14:30";
20.               //电影票价格
21.               ticket.price="25 元";
22.               //电影票座位号
23.               ticket.seat="8 排 6 号";
24.               alert("电影主题: "+ticket.topic+"\n 电影时间: "+ticket.time+"\n
              电影票价格: "+ticket.price+"\n 座位号: "+ticket.seat);
25.           </script>
26.       </body>
27. </html>
```

运行效果如图 3-22 所示。

图 3-22　JavaScript Object 对象的简单应用效果

3.2.2　内置对象

1. Global 对象

在 JavaScript 中 Global 对象又称为全局对象，其中包含的属性和函数可以用于所有的本地 JavaScript 对象。Global 对象的全局属性和方法分别如表 3-9 和表 3-10 所示。

表 3-9　**Global** 对象的全局属性一览表

属 性 名 称	解　　释
Infinity	表示正无穷大的数值，在数值超过了 JavaScript 规定的范围时使用
java	表示引用的一个 java 包，是 Packages.java 的简写
NaN	表示非数值（Not a Number），通常在其他类型转换成 Number 类型时使用
Packages	表示 JavaPackage 对象，是所有 java 包的根
undefined	表示未声明或未赋值的变量值

表 3-10　**Global** 对象的全局方法一览表

属 性 名 称	解　　释
decodeURI()	解码 URI
decodeURIComponent()	解码 URI 组件
encodeURI()	把字符串编码为 URI
encodeURIComponent()	把字符串编码为 URI 组件
escape()	对字符串进行编码
eval()	将 JavaScript 字符串转换为脚本代码
getClass()	返回 Java 对象的类
isFinite()	判断某个值是否为无穷大
isNaN()	判断值是否为数字
Number()	把对象的值转换为数字类型
parseInt()	把字符串转换为整数
parseFloat()	把字符串转换为浮点数
String()	把对象的值转换为字符串类型
unescape()	对使用 escape()编码的字符串进行解码

2．Math 对象

在 JavaScript 中 Math 对象用于数学计算，无须初始化创建，可以直接使用关键字 Math 调用其所有的属性和方法。Math 对象的常用属性和常用方法分别如表 3-11 和表 3-12 所示。

表 3-11　**Math** 对象的常用属性

属 性 名 称	解　　释
E	返回算术常量 e（约为 2.718）
LN2	返回 log 以算术常量 e 为底的 2 的对数（约为 0.693）
LN10	返回 log 以算术常量 e 为底的 10 的对数（约为 2.302）
LOG2E	返回 log 以 2 为底的算术常量 e 的对数（约为 1.414）
LOG10E	返回 log 以 10 为底的算术常量 e 的对数（约为 0.434）
PI	返回圆周率 π 的值（约为 3.1415926）
SQRT1_2	返回数字 2 的平方根的倒数（约为 0.707）
SQRT2	返回数字 2 的平方根（约为 1.414）

表 3-12　**Math** 对象的常用方法

方法名称	解　　释	使 用 示 例	示例中 **result** 的值
abs(x)	返回数字的绝对值	var x =−100; var result = abs(x);	100

方法名称	解　释	使 用 示 例	示例中 **result** 的值
ceil(x)	使用进一法返回整数值，即舍去小数点和后面的所有内容，整数部分加 1	var x = 3.1415; var result = ceil(x);	4
cos(x)	返回数字的余弦值，x 指的是弧度值	var x = Math.PI/2; var result = cos(x);	0
floor(x)	使用去尾法返回整数值，即舍去小数点和后面的所有内容，整数部分不变	var x = 3.1415; var result = floor(x);	3
max(x,y)	返回两个数之间的最大值	var x = 2, y = 3; var result = max(x, y);	3
min(x,y)	返回两个数之间的最小值	var x = 2, y = 3; var result = min(x, y);	2
pow(x,y)	返回 x 的 y 次方	var x = 2, y = 3; var result = pow(x, y);	8
random()	返回[0,1)的随机数	var result = random();	0～1 的随机浮点数
round(x)	返回数字四舍五入后的整数	var x = 3.1415; var result = round(x);	3
sin(x)	返回数字的正弦值，x 指的是弧度值	var x = Math.PI/2; var result = sin(x);	1
sqrt(x)	返回数字的平方根	var x = 9; var result = sqrt(x);	3
tan(x)	返回数字的正切值，x 指的是弧度值	var x = Math.PI/4; var result = tan(x);	1

注：角度值 360°相当于弧度值 2π。

【例 3-22】 JavaScript Math 对象的简单应用

使用 Math 对象中的部分属性和方法计算球体的体积，公式为 $V=4/3\pi R^3$。

```
1.    <!DOCTYPE html>
2.    <html>
3.        <head>
4.            <meta charset="utf-8">
5.            <title>JavaScript Math 对象的简单应用</title>
6.        </head>
7.        <body>
8.            <h3>JavaScript Math 对象的简单应用</h3>
9.            <hr/>
10.           <p>
11.               已知球体半径为 100m，使用 Math 对象计算球体的体积。<br>
12.                  公式：V=4/3πR<sup>3</sup>
13.           </p>
14.           <script>
15.            //初始化球体半径
16.            var R=100;
17.            //计算球体的体积
```

```
18.              var V=4/3*Math.PI*Math.pow(R,3);
19.              //四舍五入后显示计算结果
20.              alert("半径为100的球体体积是: "+Math.round(V)+"m³");
21.          </script>
22.      </body>
23. </html>
```

运行效果如图 3-23 所示。

图 3-23　JavaScript Math 对象的简单应用效果

3.2.3　宿主对象

宿主对象包括 HTML DOM（文档对象模型）和 BOM（浏览器对象模型），具体内容和用法请参考第 6 章。

3.3　JavaScript 类型转换

3.3.1　转换成字符串

在 JavaScript 中，布尔值类型（Boolean）和数字类型（Number）均可使用 toString() 方法把值转换为字符串形式。

布尔值类型（Boolean）的 toString() 方法只能根据初始值返回 true 或者 false。例如：

```
var x=true;
var result=x.toString(); //返回"true"
```

数字类型（Number）使用 toString() 方法有两种模式，即默认模式和基数模式。

在默认模式中，toString() 不带参数直接使用，此时无论是整数、小数或者科学记数法表示的内容都会显示为十进制的数值。例如：

```
var x1=99;
var x2=99.90;
var x3=1.25e8;
```

```
var result1=x1.toString(); //返回值为"99"
var result2=x2.toString(); //返回值为"99.9"
var result3=x3.toString(); //返回值为"125000000"
```

如果小数点后面是以 0 结束，那么在转换成 String 类型时最末端的 0 都会被省略，本例中变量 x2 的返回值就是"99.9"，而不是原始的"99.90"；使用科学记数法表示的数值也会显示成计算后的十进制完整结果，本例中变量 x3 的返回值就是"125000000"，而不是"1.25e8"本身。

在基数模式下，需要在 toString()方法的括号内部填入一个指定的参数，根据参数指示把原始数据转换为二进制、八进制或十六进制数。其中，二进制对应基数 2，八进制对应基数 8，十六进制对应基数 16。例如：

```
var x=10;
var result1=x.toString(2);  //声明将原始数据转换成二进制数，返回值为"1010"
var result2=x.toString(8);  //声明将原始数据转换成八进制数，返回值为"12"
var result3=x.toString(16); //声明将原始数据转换成十六进制数，返回值为"A"
```

由此可见，对于同一个变量使用 toString()方法进行转换，如果填入的基数不同会导致返回完全不同的结果。

【例 3-23】 JavaScript 转换字符串类型的简单应用

使用 toString()方法将变量值转换为字符串类型。

```
1.    <!DOCTYPE html>
2.    <html>
3.      <head>
4.        <meta charset="utf-8">
5.        <title>JavaScript 转换字符串类型的简单应用</title>
6.      </head>
7.      <body>
8.        <h3>JavaScript 转换字符串类型的简单应用</h3>
9.        <hr/>
10.       <p>
11.           将数值 200 分别转换为二进制、八进制和十六进制数。
12.       </p>
13.       <script>
14.       //初始化变量
15.       var x=200;
16.       //转换为二进制
17.       var result1=x.toString(2);
18.       //转换为八进制
19.       var result2=x.toString(8);
20.       //转换为十六进制
21.       var result3=x.toString(16);
22.       //输出结果
```

```
23.            alert("toString(2):"+result1+"\ntoString(8):"+result2+"\ntoString(16):
               "+result3);
24.        </script>
25.    </body>
26. </html>
```

运行效果如图 3-24 所示。

图 3-24　JavaScript 转换字符串类型的简单应用效果

3.3.2　转换成数字

JavaScript 提供了两种将 String 类型转换为 Number 类型的方法，即 parseInt()和 parseFloat()，其中 parseInt()用于将值转换为整数，parseFloat()用于将值转换为浮点数。这两种方法仅适用于对 String 类型的数字内容的转换，其他类型的返回值都是 NaN。

1. parseInt()方法

parseInt()方法转换的原理是从左往右依次检查每个位置上的字符，判断该位置上是否为有效数字，如果是则将有效数字转换为 Number 类型，直到发现不是数字的字符，停止后续的检查工作。例如：

```
var x="123hello";
var result=parseInt(x); //返回值是 123，因为 h 不是有效数字，停止检查
```

如果需要转换的字符串从第一个位置就不是有效数字，则直接返回 NaN。例如：

```
var x="hello";
var result=parseInt(x);//返回值是 NaN，因为第一个字符 h 就不是有效数字，直接停止检查
```

由于 parseInt()只能进行整数数字的转换，因此即使检测到某个字符位置上是小数点也会认为不是有效数字，从而终止检测和转换。例如：

```
var x="3.14";
var result=parseInt(x); //返回值是 3，因为小数点不是有效数字，停止检查
```

parseInt()方法还有一个参数二，可以用于声明需要转换的数字为二进制、八进制、十进制、十六进制等。例如：

```
var x="10";
var result1=parseInt(x, 2);          //表示原始数据为二进制，返回值为 2
var result2=parseInt(x, 8);          //表示原始数据为八进制，返回值为 8
var result3=parseInt(x, 10);         //表示原始数据为十进制，返回值为 10
var result4=parseInt(x, 16);         //表示原始数据为十六进制，返回值为 16
```

有一种特殊情况需要注意：如果原始数据为十进制数，但是前面以数字 0 开头，则最好使用参数二进行特别强调，否则会被默认转换为八进制数。例如：

```
var x="010";
var result1=parseInt(x);             //表示原始数据为八进制，返回值为 8
var result2=parseInt(x, 10);         //表示原始数据为十进制，返回值为 10
var result3=parseInt(x, 8);          //表示原始数据为八进制，返回值为 8
```

因此，如果是声明十进制数，尽量避免使用 0 作为开头的写法。

【例 3-24】　JavaScript 转换整数类型的简单应用

使用 parseInt()方法将变量值转换为整数类型。

```
1.   <!DOCTYPE html>
2.   <html>
3.     <head>
4.         <meta charset="utf-8">
5.         <title>JavaScript 转换整数类型的简单应用</title>
6.     </head>
7.     <body>
8.         <h3>JavaScript 转换整数类型的简单应用</h3>
9.         <hr/>
10.        <p>
11.            var x="3.99";
12.        </p>
13.        <script>
14.          //初始化变量 x
15.          var x="3.99";
16.          //直接使用+号
17.          var result1=x+1;
18.          //转换为整数后使用+号
19.          var result2=parseInt(x)+1;
20.          //输出结果
21.          alert("x+1="+result1+"\nparseInt(x)+1="+result2);
22.        </script>
23.     </body>
24.   </html>
```

运行效果如图 3-25 所示。

> **JavaScript转换整数类型的简单应用**
>
> var x = "3.99";
>
> > 此网页显示：　　　　　　　　　　　　　　　　　✕
> >
> > x+1= 3.991
> > parseInt(x)+1= 4
> >
> > 确定

图 3-25　JavaScript 转换整数类型的简单应用效果

【代码说明】

本例声明了变量 x 并赋值为字符串"3.99"作为测试用例，变量 result1 的返回值为直接使用加号（+）连接变量 x 和数字 1 的结果；变量 result2 的返回值为使用 parseInt()方法对变量 x 进行类型转换后再与数字 1 相加的结果。

由图 3-25 可见，当直接使用加号（+）时会默认为是两个字符串的连接，并没有进行加法计算，只有先将变量 x 转换为整数类型后才进行了数学运算，其中字符串"3.99"转换后为数字 3。这是由于加号的特殊性，既可以做数学运算符号也可以做字符串的连接符号。

2．parseFloat()方法

parseFloat()方法的转换原理与 parseInt()方法类似，都是从左往右依次检查每个位置上的字符，判断该位置上是否为有效数字，如果是则将有效数字转换为 Number 类型，直到发现不是数字的字符，停止后续的检查工作。

与 parseInt()方法类似，如果需要转换的字符串从第一个位置就不是有效数字，则直接返回 NaN。例如：

```
var x="hello3.14";
var result=parseFloat(x);//返回值是 NaN，因为第一个字符 h 就不是有效数字，停止检查
```

与 parseInt()方法不同的是，小数点在 parseInt()方法中也被认为是无效字符，但是在 parseFloat()方法中首次出现的小数点被认为是有效的。例如：

```
var x="3.14hello";
var result=parseFloat(x); //返回值是 3.14，因为 h 不是有效数字，停止检查
```

如果同时出现多个小数点，只有第一个小数点是有效的。例如：

```
var x="3.14.15.926";
var result=parseFloat(x); //返回值是 3.14，因为第二个小数点不是有效数字，停止检查
```

parseFloat()和 parseInt()还有一个不同之处：parseFloat()方法只允许接受十进制的表示

方法，而 parseInt()方法允许转换二进制、八进制和十六进制数。

对于八进制数，如果是最前面带有数字 0 的形式，会直接忽略 0 转换为普通十进制数。例如：

```
var x="010";
var result1=parseInt(x);          //默认为八进制数，返回值为 8
var result2=parseFloat(x);        //默认为十进制数，返回值为 10
```

对于十六进制数，如果出现字母，则直接按照字面的意思认为是无效的字符串。例如：

```
var x="A";
var result1=parseInt(x, 16);      //parseInt()允许十六进制数，返回值为 10
var result2=parseFloat(x);        //parseFloat()不允许十六进制数，返回值为 NaN
```

【例 3-25】 JavaScript 转换浮点数类型的简单应用

使用 parseFloat()方法将变量值转换为浮点数类型。

```
1.  <!DOCTYPE html>
2.  <html>
3.    <head>
4.      <meta charset="utf-8">
5.      <title>JavaScript 转换浮点数类型的简单应用</title>
6.    </head>
7.    <body>
8.      <h3>JavaScript 转换浮点数类型的简单应用</h3>
9.      <hr/>
10.     <p>
11.        不同内容的字符串转换浮点数的结果。
12.     </p>
13.     <script>
14.        //纯字母的情况
15.        var result1=parseFloat("hello");
16.        //多个小数点的情况
17.        var result2=parseFloat("12.12.13");
18.        //既有数字又包含字母的情况
19.        var result3=parseFloat("3.14PI");
20.        //输出结果
21.        alert("hello=> "+result1+"\n12.12.13=> "+result2+"\n3.14PI=> "+
           result3);
22.     </script>
23.   </body>
24. </html>
```

运行效果如图 3-26 所示。

> **JavaScript转换浮点数类型的简单应用**
>
> 不同内容的字符串转换浮点数的结果。
>
> 此网页显示：　　　　　　　　　　　　　　×
>
> hello=> NaN
> 12.12.13=> 12.12
> 3.14PI=> 3.14
>
> 　　　　　　　　　　　　　　　　确定

图 3-26　JavaScript 转换浮点数类型的简单应用效果

3.3.3　强制类型转换

一些特殊的值无法使用 toString()、parseInt()或 parseFloat()方法进行转换，例如 null、undefined 等，此时可以使用 JavaScript 中的强制转换（Type Casting）对其进行转换。

在 JavaScript 中有 3 种强制类型转换函数，解释如下。

- Boolean(value)：把指定的值强制转换为布尔值。
- Number(value)：把指定的值强制转换为数值（整数或浮点数）。
- String(value)：把指定的值强制转换为字符串。

1．Boolean()函数

JavaScript 中的所有其他类型都可以使用类型转换函数 Boolean()转换成布尔值，再进行后续计算。

当需要转换的值为非空字符串时，Boolean()函数的返回值为 true；当需要转换的值为空字符串时会返回 false。例如：

```
var result1=Boolean("hello");      //非空字符串的返回值为 true
var result2=Boolean("");           //空字符串的返回值为 false
```

当需要转换的值为数字时，整数 0 的返回值为 false，其余所有整数与浮点数的返回值为 true。例如：

```
var result1=Boolean(0);            //数字 0 的返回值为 false
var result2=Boolean(999);          //非 0 整数的返回值为 true
var result3=Boolean(3.14);         //浮点数的返回值为 true
```

当需要转换的值为 null 或 undefined 时，Boolean()函数的返回值均为 false。例如：

```
var result1=Boolean(null);         //返回值为 false
var result2=Boolean(undefined);    //返回值为 false
```

当需要转换的值本身就是布尔值时会转换成原本的值。例如：

```
var result1=Boolean(true);         //返回值为 true
var result2=Boolean(false);        //返回值为 false
```

2．Number()函数

在 JavaScript 中 Number()函数可以将任意类型的值强制转换为数字类型。当需要转换的内容为符合语法规范的整数或小数时，Number()将调用对应的 parseInt()或 parseFloat()方法进行转换。例如：

```
var x=Number("2");          //返回值为整数 2
var y=Number("2.9");        //返回值为浮点数 2.9
```

当需要转换的值为布尔值时，true 会转换为整数 1，false 会转换为整数 0。例如：

```
var x=Number(true);         //返回值为整数 1
var y=Number(false);        //返回值为整数 0
```

与直接使用 parseInt()和 parseFloat()方法进行数字类型转换不同的是，如果需要转换的值为数字后面跟随超过一个小数点或其他无效字符，Number()会返回 NaN。例如：

```
var x="2.12.13";
var result1=parseInt(x);    //返回值为整数 2
var result2=parseFloat(x);  //返回值为浮点数 2.12
var result3=Number(x);      //返回值为 NaN
```

当需要转换的值为 null 或 undefined 时，Number()函数分别返回 0 和 NaN。例如：

```
var x1=null;                //null 值
var x2;                     //undefined 值
var result1=Number(x1);     //返回整数 0
var result2=Number(x2);     //返回 NaN
```

当需要转换的值为其他自定义对象时，返回值均为 NaN。例如：

```
var student=new Object();
var result=Number(student); //返回 NaN
```

3．String()函数

在 JavaScript 中 String()函数可以将任意类型的值强制转换为字符串类型并保留字面内容，这与 toString()的转换方法类似。与 toString()方法的不同之处在于，String()函数还可以将 null、undefined 类型强制转换为字符串类型。例如：

```
var x=null;
var result1=String(x);      //返回值为字符串"null"
var result2=x.toString();   //发生错误，无返回值
```

3.4　JavaScript 运算符

3.4.1　赋值运算符

在 JavaScript 中，=运算符专门用来为变量赋值，因此也称为赋值运算符。在声明变量时可以使用赋值运算符对其进行初始化，例如：

```
var x1=9;              //为变量 x1 赋值整数 9
var x2="hello";        //为变量 x2 赋值字符串"hello"
```

用户也可以使用赋值运算符将已存在的变量值赋给新的变量，例如：

```
var x1=9;              //为变量 x1 赋值整数 9
var x2=x1;             //将变量 x1 的值赋给新声明的变量 x2
```

另外还可以使用赋值运算符为多个变量连续赋值，例如：

```
var x=y=z=99;          //此时变量 x、y、z 的赋值均为整数 99
```

赋值运算符的右边还可以接受表达式，例如：

```
var x=100+20;          //此时变量 x 将赋值为 120
```

这里使用了加法（+）运算符形成的表达式，在运行过程中会优先对表达式进行计算，然后再对变量 x 进行赋值。加法运算符属于算术运算符的一种，接下来将介绍常用的各类算术运算符。

3.4.2　算术运算符

在 JavaScript 中所有的基本算术均可以使用对应的算术运算符完成，包括加、减、乘、除、求余等。算术运算符的常见用法如表 3-13 所示。

表 3-13　算术运算符的常见用法

运算符	解　　释	示　　例	变量 **result** 的返回值
+	加号，将两端的数值相加求和	var x=3, y=2; var result = x + y;	5
−	减号，将两端的数值相减求差	var x=3, y=2; var result = x−y;	1
*	乘号，将两端的数值相乘求积	var x=3, y=2; var result = x * y;	6
/	除号，将两端的数值相除求商	var x=4, y=2; var result = x / y;	2
%	求余符号，将两端的数值相除求余数	var x=3, y=2; var result = x % y;	1

++	自增符号，数字自增 1	var x=3;
		x++;
		var result = x;
			4

--	自减符号，数字自减 1	var x=3;
		x--;
		var result = x;
			2

其中，加号还有一个特殊用法，即可用于连接文本内容或字符串变量。例如：

```
var s1="Hello";
var s2=" JavaScript";
var s3=s1+s2; //结果是 Hello JavaScript
```

如果将字符串和数字用加号相连，则会先将数字转换为字符串，再进行连接。例如：

```
var s="Hello";
var x=2016;
var result=s+x;//结果是 Hello2016
```

在上述代码中即使字符串本身也是数字内容，使用加号连接仍然不会进行数学运算。例如：

```
var s="2015";
var x=2016;
var result=s+x;//结果是 20152016，而不是两个数字相加的和
```

将赋值运算符（等号）和算术运算符（加、减、乘、除、求余数）结合使用可以达到简写的效果，具体用法如表 3-14 所示。

表 3-14　运算符组合一览表

运算符组合	格　　式	解　　释
+=	x += y	等同于 x = x + y
−=	x −= y	等同于 x = x − y
*=	x *= y	等同于 x = x * y
/=	x /= y	等同于 x = x / y
%=	x %= y	等同于 x = x % y

3.4.3　逻辑运算符

逻辑运算符有 3 种类型，即 NOT（逻辑非）、AND（逻辑与）和 OR（逻辑或）。逻辑运算符使用的符号与对应关系如表 3-15 所示。

表 3-15　逻辑运算符一览表

运　算　符	解　　释
!	逻辑非，表示对布尔值结果再次反转。例如原先为 true，加上 ! 符号后返回值就变为 false
&&	逻辑与，表示并列关系。注意，在 && 符号前后的条件均为 true，返回值才为 true；只要有一个条件为 false，则返回值就为 false
‖	逻辑或，表示二选一的关系。在 ‖ 符号前后的条件只要有一个为 true，返回值就为 true；如果两个条件都为 false，则返回值才为 false

在进行逻辑运算之前，JavaScript 中自带的抽象操作 ToBoolean 会将运算条件转换为逻辑值，转换规则如表 3-16 所示。

表 3-16　ToBoolean 的转换规则

值	示　　例	转　换　结　果
布尔值真（true）	var x = true;	维持原状，仍为 true
布尔值假（false）	var x = false;	维持原状，仍为 false
null	var x = null;	false
undefined	var x = undefined;	false

值	示　　例	转 换 结 果
非空字符串	var x = "Hello";	true
空字符串	var x = "";	false
数字 0	var x = 0;	false
NaN	var x = NaN;	false
其他数字（非 0 或 NaN）	var x = 99;	true
对象	var student = new Object();	true

1. 逻辑非运算符

在 JavaScript 中，逻辑非运算符（NOT）与在 C 语言和 Java 语言中相同，使用感叹号（！）并放置在运算内容左边。逻辑非运算符的返回值只能是布尔值，即 true 或者 false。逻辑非的运算规则如表 3-17 所示。

表 3-17　逻辑非运算符的规则一览表

运算数类型	示　　例	返 　回 　值
数字 0	var result = !0;	true
其他非 0 的数字	var result = !99;	false
对象	var student = new Object(); var result = !student;	false
空值 null	var x = null; var result = !x;	true
NaN	var x = NaN; var result = !x;	true
未赋值 undefined	var x; var result = !x;	true

2. 逻辑与运算符

在 JavaScript 中，逻辑与运算符（AND）使用双和符号（&&）表示，用于连接符号前后的两个条件判断，表示并列关系。当两个条件均为布尔值时，逻辑与的运算结果也是布尔值（true 或者 false），判断结果如表 3-18 所示。

表 3-18　逻辑与（&&）的布尔值对照表

条件 1	条件 2	返 　回 　值
真（true）	真（true）	真（true）
真（true）	假（false）	假（false）
假（false）	真（true）	假（false）
假（false）	假（false）	假（false）

由表 3-18 可见，在条件 1 和条件 2 本身均为布尔值的前提下，只有当两个条件均为真时（true），逻辑与的返回值才为真（true），只要有一个条件为假（false），逻辑与的返回值就为假（false）。

另外还有一种特殊情况：当条件 1 为假（false）时，无论条件 2 是什么内容（例如 null 值、undefined、数字、对象等），最终返回值都是假（false）。原因是逻辑与有简便运算的特性，即如果第一个条件为假（false），直接判断逻辑与的运行结果为假（false），不再执行第二个条件。例如：

```
var x1=false;
var result=x1&&x2;    //因为 x1 为 false，可以忽略 x2 直接判断最终结果
alert(result);        //该语句的执行结果为 false
```

由于条件 1 为 false，逻辑与会直接判定最终结果为 false，忽略条件 2。因此，即使本例中条件 2 的变量未声明也不影响代码的运行。

但是如果条件 1 为真（true），无法判断最终结果，此时仍然需要判断条件 2。例如上例中修改变量 x1 的值为真（true），代码如下。

```
var x1=true;
var result=x1&&x2;    //因为未声明变量 x2，所以执行时发生错误
alert(result);        //该语句不会被执行
```

此时由于逻辑与需要判断条件 2 的值，所以会发现变量 x2 从未被声明过，从而在执行时发生错误，导致后续语句不会被执行。

如果存在某个条件是数字类型，则先将其转换为布尔值再继续判断。其中，数字 0 对应的是假（false），其他非 0 数字对应的都是真（true）。例如：

```
var x1=0;            //对应的是 false
var x2=99;           //对应的是 true
var result=x1&&x2;   //结果是 false
```

逻辑与运算符的返回值不一定是布尔值，如果其中某个条件的返回值不是布尔值，有可能出现其他返回值。逻辑与的运算规则如表 3-19 所示。

表 3-19　逻辑与（&&）特殊情况规则一览表

运算数类型	示　　例	返　回　值
一个是对象，一个是布尔值	var student = new Object(); var result = student&&true;	返回对象类型，即 student

两个都是对象	var student1 = new Object();
	var student2= new Object();
	var result = student1&&student2;
		返回第二个对象，即 student2

一个是空值 null，一个是布尔值	var x = null; var result = x&&true;	null
存在 NaN	var x = 100 / 0; var result = x&&true;	NaN
存在未赋值 undefined	var x; var result = x&&true;	undefined

注：以上所有情况均不包括条件 1 为假（false），因为此时无论条件 2 是什么内容，最终返回值都是假（false）。

3. 逻辑或运算符

在 JavaScript 中，逻辑或运算符（OR）使用双竖线符号（||）表示，用于连接符号前后

的两个条件判断，表示二选一的关系。当两个条件均为布尔值时，逻辑或的运算结果也是布尔值（true 或者 false）。判断结果如表 3-20 所示。

表 3-20　逻辑或（||）的布尔值对照表

条件 1	条件 2	返　回　值
真（true）	真（true）	真（true）
真（true）	假（false）	真（true）
假（false）	真（true）	真（true）
假（false）	假（false）	假（false）

由表 3-20 可见，在条件 1 和条件 2 本身均为布尔值的前提下，只有当两个条件均为假（false）时，逻辑或的返回值才为假（false），只要有一个条件为真（true），逻辑或的返回值就为真（true）。

另外还有一种特殊情况：当条件 1 为真（true）时，无论条件 2 是什么内容（例如 null 值、undefined、数字、对象等），最终返回值都是真（true）。原因是逻辑或也具有简便运算的特性，即如果第一个条件为真（true），直接判断逻辑或的运行结果为真（true），不再执行第二个条件。例如：

```
var x1=true;
var result=x1||x2;  //因为 x1 为 true，可以忽略 x2 直接判断最终结果
alert(result);       //该语句的执行结果为 true
```

由于条件 1 为真（true），逻辑或会直接判定最终结果为真（true），忽略条件 2。因此，即使本例中条件 2 的变量未声明也不影响代码的运行。

但是如果条件 1 为假（false），无法判断最终结果，此时仍然需要判断条件 2。例如上例中修改变量 x1 的值为假（false），代码如下。

```
var x1=false;
var result=x1||x2;  //因为未声明变量 x2，所以执行时发生错误
alert(result);       //该语句不会被执行
```

此时由于逻辑或需要判断条件 2 的值，所以会发现变量 x2 从未被声明过，从而在执行时发生错误，导致后续语句不会被执行。

和逻辑与运算符类似，如果存在某个条件是数字类型，则先将其转换为布尔值再继续判断。其中，数字 0 对应的是假（false），其他非 0 数字对应的都是真（true）。例如：

```
var x1=0;            //对应的是 false
var x2=99;           //对应的是 true
var result=x1||x2;  //结果是 true
```

逻辑或运算符的返回值也不一定是布尔值，如果其中某个条件的返回值不是布尔值，有可能出现其他返回值。逻辑或的运算规则如表 3-21 所示。

表 3-21　逻辑或（||）特殊情况规则一览表

运算数类型	示　例	返　回　值
条件 1 为 false，条件 2 为对象	var student = new Object(); var result = false||student;	返回对象类型，即 student

两个都是对象	var student1 = new Object();
	var student2= new Object();
	var result = student1||student2;
		返回第一个对象，即 student1

条件 1 为 false，条件 2 为 null	var x = null; var result = false||x;	null
条件 1 为 false，条件 2 为 NaN	var x = 100 / 0; var result = false||x;	NaN
条件 1 为 false，条件 2 为 undefined	var x; var result = false||x;	undefined

注：以上所有情况均不考虑条件 1 为真（true），因为此时无论条件 2 是什么内容，根据逻辑或的简便运算特性，最终返回值都是真（true）。

3.4.4　关系运算符

在 JavaScript 中关系运算符共有 4 种，即大于（>）、小于（<）、大于等于（>=）和小于等于（<=），用于比较两个值的大小，返回值一定是布尔值（true 或 false）。

1．数字之间的比较

数字之间的比较完全依据数学中比大小的规律，当条件成立时返回真（true），否则返回假（false）。例如：

```
var result1=99>0;        //符合数学规律，返回true
var result2=1<100;       //不符合数学规律，返回false
```

此时只要两个运算数都是数字即可，整数或小数都可以依据此规律进行比较，并且返回对应的布尔值。

2．字符串之间的比较

当两个字符串比大小时是按照从左往右的顺序依次比较相同位置上的字符，如果字符完全一样，则继续比较下一个。

如果两个字符串在相同位置上都是数字，则仍然按照数学上的大小进行比较。例如：

```
var x1="9";
var x2="1";
var result=x1>x2;        //返回true
```

此时从数学概念上来说 9 大于 1，因此返回值是真（true）。

如果两个数字的位数不一样，仍然只对相同位置上的数字比大小，不按照数学概念看整体数值大小。例如：

```
var x1="9";
var x2="10";
var result=x1>x2;        //返回true
```

　　虽然从数学概念上来说 10 应该大于 9，但是由于字符串同位置比较原则，此时比较的是变量 x1 中的 9 和变量 x2 中的 1，得出结论 9 大于 1，因此返回值仍然是真（true）。

　　由于 JavaScript 是一种大小写敏感的程序语言，所以如果相同位置上的字符大小写不同可以直接作出判断，因为大写字母的代码小于小写字母的代码。例如：

```
var x1="hello";
var x2="HELLO";
var result=x1>x2;          //返回 true
```

　　在该例中按照从左往右的顺序先比较两个字符串的第一个字符，即变量 x1 中的 h 和变量 x2 中的 H。由于大写字母的代码小于小写字母的代码，因此返回值是真（true）。此时已判断出结果，所以不再继续比较后续的字符。

　　如果大小写相同，则按照字母表的顺序进行比较，字母越往后越大。例如：

```
var x1="hello";
var x2="world";
var result=x1>x2;          //返回 false
```

　　在上例中同样按照从左往右的顺序先比较两个字符串的第一个字符，即变量 x1 中的 h 和变量 x2 中的 w。按照字母表的顺序 h 在先、w 在后，所示返回值是假（false）。此时已判断出结果，所以不再继续比较后续的字符。

　　如果不希望两个字符串之间的比较受到大小写字母的干扰，而是无论大小写都按照字母表顺序比大小，可以将所有字母都转换为小写或大写的形式，再进行大小的比较。

　　使用 toLowerCase() 方法可以将所有字母转换为小写形式，例如：

```
var x1="ball";
var x2="CAT";
var result1=x1>x2;          //返回 true
var result2=x1.toLowerCase()>x2.toLowerCase();          //返回 false
```

　　本例给出了变量 result1 作为参照，当未进行大小写转换时，由于大写字母小于小写字母，即使字母 c 在字母表更后的位置，也只能返回真（true）；使用了 toLowerCase() 方法将字母全部转换为小写形式后，结果符合字母表顺序排序的要求，返回假（false）。

　　使用 toUpperCase() 方法可以将所有字母转换为大写形式，例如：

```
var x1="ball";
var x2="CAT";
var result1=x1>x2;          //返回 true
var result2=x1.toUpperCase()>x2.toUpperCase();          //返回 false
```

　　本例使用了 toUpperCase() 将所有字母转换为大写再进行比较，与之前使用 toLowerCase() 方法将所有字母转换为小写的原理相同，这里不再赘述。

3. 字符串与数字的比较

　　当字符串与数字比大小时，总是先将字符串强制转换为数字再进行比较。例如：

```
var x1="100";
var x2=99;
var result1=x1>x2;   //返回 true
```

如果字符串中包含字母或其他字符导致无法转换为数字，则直接返回假（false）。例如：

```
var x1="hello";
var x2=99;
var result1=x1>x2;   //返回 false
```

因为变量 x1 的字符串在强制转换为数字时会变成 NaN 类型，当用 NaN 类型与数字类型比大小时默认返回假（false）。无论中间的关系运算符是哪一种，所产生的结果都是一样的，即使修改本例中的最后一行代码为相反的含义（var result1=x1 < x2;），返回值仍然为假（false）。

3.4.5　相等性运算符

在 JavaScript 中相等性运算符共有 4 种，即等于（==）、非等于（!=）、全等于（===）和非全等于（!==），用于判断两个值是否相等，返回值一定是布尔值（true 或 false）。

1. 等于和非等于运算符

在 JavaScript 中，判断两个数值是否相等用双等于符号（==），只有两个数值完全相等时返回真（true）；判断两个数值是否不相等使用感叹号加等于号（!=），在两个数值不一样的情况下返回真（true）。

在使用等于或非等于运算符进行比较时，如果两个值均为数字类型，则直接进行数学逻辑上的比较判断是否相等。例如：

```
var x1=100;
var x2=99;
alert (x1 == x2);       //返回 false
```

若需要进行比较的数据存在其他数据类型（例如字符串、布尔值等），要先将运算符前后的内容尝试转换为数字再进行比较判断，转换规则如表 3-22 所示。

表 3-22　数据类型转换规则表

数 据 类 型	示　　　例	转 换 结 果
布尔值（真）	true	1
布尔值（假）	false	0
字符串（纯数字内容）	"99"	99
字符串（非纯数字内容）	"99hello123"	NaN
空值	null	null
未定义的值	undefined	undefined

注：在进行数字转换时，null、undefined 不可以进行转换，需保持原值不变，并且在判断时 null 与 undefined 被认为是相等的。

在进行了数据类型转换后仍然不是数字类型的特殊情况判断规则如表 3-23 所示。

表 3-23　相等性特殊情况规则一览表

运算数类型	示　　例	返　回　值

其中一个为 null，另一个为 undefined	var x1=null;
	var x2;
	var result = (x1==x2);
		true

两个值均为 null	var x1 = null;
	var x2 = null;
	var result = (x1==x2);
		true

两个值均为 undefined	var x1; var x2; var result = (x1==x2);	true

其中一个为数字，另一个为 NaN	var x1 = 5;
	var x2 = parseInt("a");
	var result = (x1==x2);
		false

两个值均为 NaN	var x1 = parseInt("a");
	var x2 = parseInt("b");
	var result = (x1==x2);
		false

2．全等于和非全等于运算符

全等号由 3 个连续的等号组成（===），也用于判断两个数值是否相同，作用和双等号（==）类似，但是全等号更加严格，在执行判断前不进行任何类型转换，两个数值必须数据类型相同并且内容也相同才返回真（true）。例如：

```
var x1=100;
var x2="100";
var result1=(x1 == x2);          //返回 true
var result2=(x1 === x2);         //返回 false
```

本例中变量 x1 为数字类型，变量 x2 是字符串类型。虽然它们的内容都是 100，参照变量 result1 使用了普通双等号（==），返回结果为真（true）；但是变量 result2 使用全等号（===）会判定为假（false），因为它们数据类型不相同，数字不能等于字符串。所以全等号更为严谨，只要数据类型不同则直接判断为假（false），不再进行数字转换。

非全等号由感叹号和两个连续的等号组成（!==），用于判断两个数值是否不同。它有两种情况返回真（true），一是两个数值的数据类型不相同，二是两个数值虽然数据类型一样，但是内容不相同；其他情况均返回假（false）。继续使用上例中的变量 x1 和 x2 判断非全等，代码如下。

```
var x1=100;
var x2="100";
var result1=(x1 != x2);          //返回 false
var result2=(x1 !== x2);         //返回 true
```

此时参照变量 result1 使用的是普通非等于号（!=），因此会先把变量 x2 转换为数字再进行判断，得出两者相等的结论，最后返回结果为假（false）。变量 result2 使用的是非全等于号（!==），因此首先判断两个数值的数据类型。由于变量 x1 是数字，变量 x2 是字符串，数据类型不相同，因此直接返回真（true），不再继续判断数据的内容。

3.4.6　条件运算符

JavaScript 中的条件运算符语法和 Java 语言相同，语法格式如下。

```
变量=布尔表达式条件 ？ 结果 1 ： 结果 2
```

该格式使用问号（?）标记前面的内容为条件表达式，返回值以布尔值的形式出现。问号后面是两种不同的选择结果，使用冒号（:）将其隔开，如果条件为真则把结果 1 赋给变量，否则把结果 2 赋给变量。

例如使用条件运算符进行数字大小比较，代码如下。

```
var x1=5;
var x2=9;
var result=(x1>x2)? x1: x2;
```

本例中变量 result 将被赋予变量 x1 和 x2 中的最大值。表达式判断 x1 是否大于 x2，如果为真则把 x1 值赋给 result，否则把 x2 值赋给 result。显然 x1>x2 的返回值是 false，因此变量 result 最终会被赋成 x2 的值，最终答案为 9。

3.5　本章小结

本章首先介绍了 JavaScript 的基本数据类型，包括 Undefined、Null、String、Number 和 Boolean 类型；其次介绍了 JavaScript 的 3 种对象类型，分别是本地对象、内置对象和宿主对象。然后讲解了 JavaScript 不同类型之间的转换方法，包括转换成字符串、数字和强制类型转换；最后在 JavaScript 运算符部分根据运算符的不同功能分别介绍了赋值运算符、算术运算符、逻辑运算符、关系运算符、相等性运算符以及条件运算符。

习题 3

1．JavaScript 的基本数据类型有哪些？

2．试举出 5 种水果的名称，并使用 Array 数组对象进行存储。

3．请使用 Date 对象获取今天的年月日。

4．已知 "var msg = "Merry Christmas";"，请分别解答以下内容。

（1）试获取字符串长度。

（2）试获取字符串中的第 5 个字符。

（3）试分别使用 indexOf() 和 exec() 方法判断字符串中是否包含字母 a。

5．请分别说出下列内容中变量 x 的运算结果。

（1）var x = 9+9;

（2）var x = 9+"9";

（3）var x = "9"+"9";

6．请分别说出下列数据类型转换的结果。

（1）parseInt("100plus101")

（2）parseInt("010")

（3）parseInt("3.99")

（4）parseFloat("3.14.15.926")

（5）parseFloat("A",16)

7．请分别说出下列布尔表达式的返回值。

（1）("100" > "99") && ("100" > 99)

（2）("100" == 100) && ("100" === 100)

（3）(!0) && (!100)

（4）("hello" > "javascript") || ("hello" > "HELLO")

8．转义字符\n 的作用是什么？怎样使用转义字符输出双引号？

第4章

JavaScript 语句与函数

本章主要内容是 JavaScript 语句与函数，包括 JavaScript 的条件语句、循环语句的使用，以及 JavaScript 函数的应用。

本章学习目标:
- 掌握 JavaScript 条件语句的用法；
- 掌握 JavaScript 循环语句的用法；
- 掌握 JavaScript 函数的使用。

4.1 JavaScript 条件语句

4.1.1 几种 if 语句

在各类计算机程序语言中最常见的条件语句就是 if 语句。

1. if 语句

最简单的 if 语句由单个条件组成，语法规则如下。

```
if(条件){
  条件为真（true）时执行的代码
}
```

在 if 后面的括号中填入一个判断条件，一般来说要求填入条件的运算结果为布尔值。如果填入其他数据类型的内容，系统会先将其转换为布尔值再执行后续操作。如果该条件的结果为真（true），则执行大括号内部的代码，可以是单行代码也可以是代码块；如果条件判断结果为假（false），则直接跳过此段代码不做任何操作。

例如判断成绩等级，如果高于 90 分弹出的对话框提示为 Excellent!，代码如下。

```
var score=99;
if(score>90){
  alert("Excellent!");
}
```

2. if-else 语句

当判断条件成立与否需要有对应的处理时可以使用 if-else 语句，其语法格式如下。

```
if(条件) {
  条件为真（true）时执行的代码
```

```
}else{
   条件为假（false）时执行的代码
}
```

如果条件成立，执行紧跟 if 语句的代码部分，否则执行跟在 else 语句后面的代码部分。这些代码均可以是单行语句，也可以是一段代码块。

例如同样是判断成绩等级，如果大于等于 60 分，则弹出对话框提示"考试通过!"，否则提示"不及格!"。修改后的代码如下。

```
var score=99;
if(score>=60){
  alert("考试通过!");
}else{
  alert("不及格!");
}
```

3．if-else if-else 语句

当有多个条件分支需要分别判断时可以使用 else if 语句。

```
if(条件 1) {
  条件 1 为真（true）时执行的代码
}else if(条件 2){
  条件 2 为真（true）时执行的代码
} else{
  所有条件都为假（false）时执行的代码
}
```

如果条件成立，执行紧跟 if 语句的代码部分，否则执行 else if 对应的条件判断，如果前面的所有条件都不符合再执行最后一个 else 条件对应的代码。其中的 else if 语句可以根据实际需要有一个或多个。

【例 4-1】　JavaScript if-else 语句的简单应用

```
1.   <!DOCTYPE html>
2.   <html>
3.     <head>
4.       <meta charset="utf-8">
5.       <title>JavaScript if-else 语句的简单应用</title>
6.     </head>
7.     <body>
8.       <h3>JavaScript if-else 语句的简单应用</h3>
9.       <hr/>
10.      <p>
11.          使用 if-else if-else 语句判断今天是星期几。
12.      </p>
13.      <script>
14.          //获取当前日期时间对象
```

```
15.          var date=new Date();
16.          //获取当前是一周中的第几天（0～6）
17.          var day=date.getDay();
18.          //使用 if 语句判断星期几
19.          if(day==1){
20.              alert("今天是星期一。");
21.          }else if(day==2){
22.              alert("今天是星期二。");
23.          }else if(day==3){
24.              alert("今天是星期三。");
25.          }else if(day==4){
26.              alert("今天是星期四。");
27.          }else if(day==5){
28.              alert("今天是星期五。");
29.          }else if(day==6){
30.              alert("今天是星期六。");
31.          }else if(day==0){
32.              alert("今天是星期日。");
33.          }
34.          </script>
35.      </body>
36. </html>
```

运行效果如图 4-1 所示。

JavaScript if-else语句的简单应用

使用if-else if-else语句判断今天是星期几。

此网页显示：   ×

今天是星期三。

确定

图 4-1 JavaScript if-else 语句的简单应用效果

【代码说明】

本例使用了 if-else if-else 语句判断当前日期为星期几。首先创建 Date 对象，然后使用 getDay()方法获取当前日期为一周中的第几天，最后使用 if 语句分别判断返回值为 0～6 的每一种情况，并使用 alert()方法输出提示语句。

4.1.2 switch 语句

当对同一个变量需要进行多次条件判断时也可以使用 switch 语句代替多重 if-else if-else 语句，语法格式如下。

```
switch(变量){
  case 值1:
    执行代码块1
    break;
  case 值2:
    执行代码块2
    break;
  …
  case 值n:
    执行代码块n
    break;
  [default:
    以上条件均不符合时的执行代码块]
}
```

首先在 switch 后面的小括号中设置一个表达式（通常是一个变量），然后在每一个 case 语句中给出一个值与变量进行比对，如果不一致则跳过该 case 语句，继续对比下一个 case 中给出的值。当变量与对比的值完全一致时执行该 case 语句分支里面的代码块，然后使用 break 语句终止其余代码的执行。其中，default 分支用于执行以上条件均不符合的情况，中括号表示该语句片段为可选内容。

【例 4-2】 JavaScript switch 语句的简单应用

使用 switch 语句改写上一个例题中的 if-else 语句，并得到同样的最终效果。

```
1.    <!DOCTYPE html>
2.    <html>
3.      <head>
4.          <meta charset="utf-8">
5.          <title>JavaScript switch 语句的简单应用</title>
6.      </head>
7.      <body>
8.          <h3>JavaScript switch 语句的简单应用</h3>
9.          <hr/>
10.         <p>
11.             使用 switch 语句判断今天是星期几。
12.         </p>
13.         <script>
14.         //获取当前日期时间对象
15.         var date=new Date();
16.         //获取当前是一周中的第几天（0～6）
17.         var day=date.getDay();
18.         //使用 switch 语句判断星期几
19.         switch(day){
```

```
20.          case 1:alert("今天是星期一。");break;
21.          case 2:alert("今天是星期二。");break;
22.          case 3:alert("今天是星期三。");break;
23.          case 4:alert("今天是星期四。");break;
24.          case 5:alert("今天是星期五。");break;
25.          case 6:alert("今天是星期六。");break;
26.          case 0:alert("今天是星期日。");break;
27.      }
28.      </script>
29.   </body>
30. </html>
```

运行效果如图 4-2 所示。

图 4-2　JavaScript switch 语句的简单应用效果

4.2 JavaScript 循环语句

在 JavaScript 中有 4 种类型的循环语句。

- for：在指定的次数中循环执行代码块。
- for-in：循环遍历对象的属性。
- while：当条件为 true 时循环执行代码块。
- do-while：与 while 循环类似，只不过是先执行代码块再检测条件是否为 true。

4.2.1　for 循环

for 循环的语法结构如下。

```
for(语句1; 语句2; 语句3){
   代码块
}
```

其中，语句 1 在循环开始之前执行；语句 2 为循环的条件；语句 3 为代码块执行后需要执行的内容。

例如：

```
var msg="";
for(var i=0; i<10; i++){
    msg+="第"+i+"行\n";
}
alert(msg);
```

上述代码表示从变量 i=0 开始执行 for 循环，每次执行前判断变量 i 是否小于 10，如果满足条件则执行 for 循环内部的代码块，然后令变量 i 自增 1，直到变量 i 不再小于 10 终止该循环语句。

在通常情况下，语句 1 都是用于声明循环所需使用的变量初始值，例如 i=0。该语句也可以在 for 循环之前就声明完成，并在 for 循环条件中省略语句 1 的内容。例如：

```
var i=0;
for(;i<10;i++){
    msg+="第"+i+"行\n";
}
alert(msg);
```

上述代码的运行效果与前一示例完全相同。

【例 4-3】　JavaScript for 循环的简单应用

```
1.  <!DOCTYPE html>
2.  <html>
3.    <head>
4.      <meta charset="utf-8">
5.      <title>JavaScript for 循环的简单应用</title>
6.    </head>
7.    <body>
8.      <h3>JavaScript for 循环的简单应用</h3>
9.      <hr/>
10.     <script>
11.     var msg="for 循环的简单示例：\n";
12.     for(var i=0; i<10; i++){
13.         msg+="第"+i+"行\n";
14.     }
15.     alert(msg);
16.     </script>
17.   </body>
18. </html>
```

运行效果如图 4-3 所示。

JavaScript for循环的简单应用

此网页显示： ×

for循环的简单示例：
第0行
第1行
第2行
第3行
第4行
第5行
第6行
第7行
第8行
第9行

确定

图 4-3　JavaScript for 循环的简单应用效果

4.2.2　for-in 循环

在 JavaScript 中，for-in 循环可以用于遍历对象的所有属性和方法，其语法结构如下。

```
for(x in object){
    代码块
}
```

其中，x 是变量，每次循环将按照顺序获取对象中的一个属性或方法名；object 指的是被遍历的对象。

例如：

```
var people=new Object();
people.name="Mary";
people.age=20;
people.major="Computer Science";
for(x in people){
    msg+=people[x];
}
alert(msg);
```

其中，变量 x 指的是 people 对象中的属性名称，而 people[x]指的是对应的属性值。

【例 4-4】　JavaScript for-in 循环的简单应用

```
1.  <!DOCTYPE html>
2.  <html>
3.     <head>
4.        <meta charset="utf-8">
5.        <title>JavaScript for-in 循环的简单应用</title>
6.     </head>
```

```
7.       <body>
8.       <h3>JavaScript for-in 循环的简单应用</h3>
9.       <hr/>
10.      <script>
11.      var student=new Object();
12.      student.name="张三";        //姓名
13.      student.age=20;            //年龄
14.      student.id="2016123";      //学号
15.
16.      var msg="";
17.      for(x in student){
18.          msg+=student[x]+"\n";
19.      }
20.      alert(msg);
21.      </script>
22.      </body>
23. </html>
```

运行效果如图 4-4 所示。

图 4-4　JavaScript for-in 循环的简单应用效果

4.2.3　while 循环

while 循环又称为前测试循环，必须先检测表达式的条件是否满足，如果符合条件才开始执行循环内部的代码块，其语法结构如下。

```
while(条件表达式){
    代码块
}
```

例如：

```
var i=1;
while(i<10){
    i++;
}
```

上述代码表示将初始值为 1 的变量 i 进行自增,在没有超过 10 的情况下每次自增 1。

【例 4-5】 JavaScript while 循环的简单应用

```
1.   <!DOCTYPE html>
2.   <html>
3.      <head>
4.          <meta charset="utf-8">
5.          <title>JavaScript while 循环的简单应用</title>
6.      </head>
7.      <body>
8.          <h3>JavaScript while 循环的简单应用</h3>
9.          <hr/>
10.         <p>
11.             使用 while 循环计算 1+2+3+...+100 的总和。
12.         </p>
13.         <script>
14.          var i=1;
15.          var sum=0;
16.          while(i<=100){
17.              sum+=i;
18.              i++;
19.          }
20.          alert("运算结果是: "+sum);
21.         </script>
22.      </body>
23.  </html>
```

运行效果如图 4-5 所示。

图 4-5   JavaScript while 循环的简单应用效果

【代码说明】

本例在 JavaScript 中使用 while 循环进行 1~100 的数字求和。首先声明变量 i 从 1 开始,只要变量 i 没有超过 100 就将其与求和变量 sum 相加,然后自增 1 进行下一次循环,直到变量 i 已经增长到 100 停止循环语句,此时变量 sum 的返回值 5050 便是计算结果。

4.2.4 do-while 循环

do-while 循环又称为后测试循环，不论是否符合条件都先执行一次循环内的代码块，然后判断是否满足表达式的条件，如果符合条件则进入下一次循环，否则将终止循环。其语法结构如下。

```
do{
    代码块
} while(条件表达式)
```

例如：

```
var i=1;
do{
    i++;
} while(i<10)
```

【例 4-6】 JavaScript do-while 循环的简单应用

```
1.  <!DOCTYPE html>
2.  <html>
3.      <head>
4.          <meta charset="utf-8">
5.          <title>JavaScript do-while 循环的简单应用</title>
6.      </head>
7.      <body>
8.          <h3>JavaScript do-while 循环的简单应用</h3>
9.          <hr/>
10.         <script>
11.         var i=10;
12.         do{
13.             alert(i);
14.         }while(i<10)
15.         </script>
16.     </body>
17. </html>
```

运行效果如图 4-6 所示。

图 4-6 JavaScript do-while 循环的简单应用效果

【代码说明】

本例在 JavaScript 中声明了变量 i 的初始值为 10，并在 do-while 循环的条件表达式中故意声明了一个不符合的条件（i<10）以检测运行效果。由于 do-while 循环在查看条件之前就先运行一次，因此最终仍然会弹出提示框并显示变量 i 的当前值为 10。

4.2.5　break 和 continue

break 语句可以用于终止全部循环；continue 语句用于中断本次循环，但是会继续运行下一次循环语句。

【例 4-7】　JavaScript break 的简单应用

```
1.  <!DOCTYPE html>
2.  <html>
3.    <head>
4.       <meta charset="utf-8">
5.       <title>JavaScript break 的简单应用</title>
6.    </head>
7.    <body>
8.       <h3>JavaScript break 的简单应用</h3>
9.       <hr/>
10.      <script>
11.       for(var i=1; i<=10;i++){
12.           if(i==5)
13.               break;
14.           document.write("当前变量值: "+i+"<br>");
15.        }
16.      </script>
17.    </body>
18. </html>
```

运行效果如图 4-7 所示。

JavaScript break的简单应用

当前变量值：1
当前变量值：2
当前变量值：3
当前变量值：4

图 4-7　JavaScript break 的简单应用效果

【代码说明】

本例包含了一个 for 循环语句，从变量 i=1 开始执行循环，每次 i 自增 1 直到取值变成 10 停止循环。当符合 if 条件执行到 break 语句时会直接终止整个循环语句并忽略后面的代码,因此在页面输出的内容中只能显示变量值为 1～4 的情况,当变量 i 的值自增到 5 时符合 if 条件从而触发 break 语句终止了整个循环。

【例 4-8】 JavaScript continue 的简单应用

修改例 4-7 的内容,将其中 JavaScript 代码部分的 break 语句改为 continue 并查看效果。

```html
1.  <!DOCTYPE html>
2.  <html>
3.      <head>
4.          <meta charset="utf-8">
5.          <title>JavaScript continue 的简单应用</title>
6.      </head>
7.      <body>
8.          <h3>JavaScript continue 的简单应用</h3>
9.          <hr/>
10.         <script>
11.         for(var i=1; i<=10;i++){
12.             if(i==5)
13.                 continue;
14.             document.write("当前变量值: "+i+"<br>");
15.         }
16.         </script>
17.     </body>
18. </html>
```

运行效果如图 4-8 所示。

图 4-8 JavaScript continue 的简单应用效果

【代码说明】

本例是将上例中的 break 语句修改为 continue 语句的对比版本。当符合 if 条件执行到 continue 语句时会直接跳过后续的代码并跳转到下一次循环,因此在页面输出的内容中缺少了变量值为 5 的情况,但是后续变量值 6～10 均正常输出,不会受到影响。

4.3 JavaScript 函数

4.3.1 函数的基本结构

函数是在调用时才会执行的一段代码块，可以重复使用，其基本语法结构如下。

```
function 函数名称(参数 0, 参数 1, …,参数 N){
  待执行代码块
}
```

上述语法结构是由关键字 function、函数名称、小括号内的一组可选参数以及大括号内的待执行代码块组成的。其中，函数名称和参数个数均可以自定义，待执行的代码块可以由一句或多句 JavaScript 代码组成。

例如：

```
function welcome(){
  alert("Welcome to JavaScript World");
}
```

上述代码定义了一个名称为 welcome 的函数，该函数的参数个数为 0。在待执行的代码部分只有一个 alert()方法，用于在浏览器上弹出对话框并显示双引号内的文本内容。

如果需要弹出的对话框每次显示的文本内容不同，可以使用参数传递的形式。

```
function welcome(msg){
  alert(msg);
}
```

此时为之前的 welcome 函数传递了一个参数 msg，在待执行的代码部分修改原先的 alert()方法，用于在浏览器上弹出对话框并动态显示 msg 传递的文本内容。

4.3.2 函数的调用

函数可以通过使用函数名称的方法进行调用。例如：

```
welcome();
```

如果该函数存在参数，则调用时必须在函数的小括号内传递对应的参数值。

```
welcome("Hello JavaScript!");
```

函数可以在 JavaScript 代码的任意位置进行调用，也可以在指定的事件发生时调用。例如在按钮的单击事件中调用函数：

```
<button onclick="welcome()">单击此处调用函数</button>
```

上述代码中的 onclick 属性表示元素被鼠标单击的状态触发等号右边的内容。

【例 4-9】 JavaScript 函数的简单应用

```
1.  <!DOCTYPE html>
```

```
2.   <html>
3.      <head>
4.         <meta charset="utf-8">
5.         <title>JavaScript 函数的简单应用</title>
6.      </head>
7.      <body>
8.         <h3>JavaScript 函数的简单应用</h3>
9.         <hr/>
10.        <button onclick="test()">点我调用函数</button>
11.        <script>
12.        function test(){
13.            alert("test()函数被触发。");
14.        }
15.        </script>
16.     </body>
17. </html>
```

运行效果如图 4-9 所示。

（a）页面初始加载的状态

（b）单击按钮后函数被调用

图 4-9 JavaScript 函数的简单应用效果

4.3.3 函数的返回值

相比 Java 而言，JavaScript 函数的使用更加简便，无须特别声明返回值类型。在 Java 语言中如果函数存在返回值，则需要在函数名称前面注明类型（例如 int、string、double 等），即使无返回值也需要在函数名称前面加上 void 字样，表示返回值为空值。

JavaScript 函数如果存在返回值，直接在大括号内的代码块中使用 return 关键字后面紧跟需要返回的值即可。

例如：

```
function total(num1, num2){
    return num1+num2;
}
var result=total(8,10); //返回值是 18
alert(result);
```

上述代码对两个数字进行了求和运算, 使用自定义变量 result 获取 total 函数的返回值。此时在 total 函数的参数位置填入了两个测试数据, 得到了正确的计算结果。

函数也可以带有多个 return 语句。

```
function maxNum(num1, num2){
    if(num1>num2) return num1;
    else return num2;
}
var result=maxNum(99,100); //返回值是 100
alert(result);
```

上述代码对两个数字进行了比大小运算, 然后返回其中较大的数值, 使用自定义变量 result 获取 maxNum 函数的返回值。此时在 maxNum 函数的参数位置填入了两个测试数据, 得到了正确的计算结果。

单独使用 return 语句可以随时终止函数代码的运行。例如测试数值是否为偶数, 如果是奇数则不提示, 如果是偶数则弹出对话框。

```
function testEven(num){
    if(num%2!=0) return;
    alert(num+"是偶数！");
}
testEven (99);        //不会弹出对话框
testEven (100);       //会弹出对话框显示"100 是偶数！"
```

函数在执行到 return 语句时直接退出了代码块, 即使后续还有代码也不会被执行。本例中如果参数为奇数才能符合 if 条件然后触发 return 语句, 因此后续的 alert()方法不会被执行, 从而做到只有在参数为偶数时才显示对话框。

【例 4-10】 JavaScript 带有返回值函数的应用

在 JavaScript 中创建自定义名称的函数用于比较两个数字的大小, 并返回较大值。

```
1.    <!DOCTYPE html>
2.    <html>
3.      <head>
4.          <meta charset="utf-8">
5.          <title>JavaScript 带有返回值函数的应用</title>
6.      </head>
7.      <body>
8.          <h3>JavaScript 带有返回值函数的应用</h3>
9.          <hr/>
10.         <p>
11.             在 JavaScript 中自定义 max 函数用于比较两个数的大小并给出较大值。
12.         </p>
13.         <script>
14.         //该函数用于两个数值之间的大小比较, 返回其中较大的数。
15.         function max(x1, x2){
```

```
16.            if(x1>x2) return x1;
17.            else return x2;
18.         }
19.         alert("10 和 99 之间的最大值是:"+max(10,99));
20.      </script>
21.   </body>
22. </html>
```

运行效果如图 4-10 所示。

图 4-10　JavaScript 带有返回值函数的应用效果

4.4　本章小结

　　本章主要介绍了 JavaScript 条件语句、循环语句和函数的相关知识。在 JavaScript 条件语句部分介绍了 if 和 switch 语句的用法；在 JavaScript 循环语句部分介绍了 for、for-in、while、do-while 循环的用法；在 JavaScript 函数部分主要介绍了函数的基本结构、调用方法与返回值处理。

习题 4

　　1．已知学生成绩 60 分及以上为及格，试用 if 语句判断某学生成绩是否及格。

　　2．已知 1900 年为鼠年，试用 switch 语句判断 1900～2017 年的任意年份是十二生肖中的哪一年。

　　3．while 循环与 do-while 循环的区别是什么？

　　4．break 和 continue 的区别是什么？

　　5．试创建一个名称为 max(x,y,z)的 JavaScript 函数，其返回值为 x、y、z 中的最大值。

　　6．调用上一题中的函数，并使用 alert 语句显示 2、30、99 这 3 个数中的最大值。

第5章

JavaScript DOM 和 BOM

本章介绍 JavaScript 文档对象模型 DOM 和浏览器对象模型 BOM 的用法，在 DOM 部分主要包括对 HTML 元素的查找、动态创建、内容/属性修改，以及事件和节点；在 BOM 部分主要包括了 5 种常用对象。

本章学习目标：
- 掌握 JavaScript DOM 的用法；
- 掌握 JavaScript BOM 的用法。

5.1 文档对象模型

5.1.1 查找 HTML 元素

在 JavaScript 中有 3 种方式可以查找 HTML 元素。
- 通过 HTML 元素的 id 名称查找；
- 通过 HTML 元素的标签名称查找；
- 通过 HTML 元素的类名称查找。

1. 通过 id 名称查找 HTML 元素

一般默认不同的 HTML 元素使用不一样的 id 名称以示区别，因此通过 id 名称找到指定的单个元素，在 JavaScript 中语法如下。

```
document.getElementById("id名称");
```

其中，getElementById()方法遵照驼峰命名法，即第一个单词全小写，后面的每一个单词的首字母大写。这种命名方法在 JavaScript 中比较普遍。如果未找到该元素，返回值为 null；如果找到该元素，则会以对象的形式返回。

例如，查找 id="test"的元素并获取该元素内部的文本内容。

```
//根据id名称获取元素对象
var test=document.getElementById("test");
//获取元素内容
var result=test.innerHTML;
```

为使代码简便，使用了与 id 名称同名的变量 test 来获取指定元素，该变量名称也可以是其他自定义变量名，不影响运行效果。innerHTML 可以用于获取元素内部的 HTML 代码，关于 innerHTML 的更多用法请参考 5.1.2 节。

2. 通过标签名称查找 HTML 元素

HTML 元素均有固定的标签名称，因此通过标签名称可以找到指定的单个或一系列元素，在 JavaScript 中语法如下。

```
document.getElementsByTagName("标签名称");
```

此时方法中的 Elements 是复数形式，因为要考虑到有可能存在多个元素符合要求。同样，如果未找到符合的元素，返回值为 null；如果有多个符合条件的元素，则返回值是数组的形式。

例如，查找所有的段落元素<p>并获取第一个段落标签内部的文本内容。

```
var p=document.getElementByTagName ("p");

var result=p[0].innerHTML;
```

因为有多个段落标签，所以变量的返回值是数组的形式。其中，第一个段落标签对应的是 p[0]，以此类推，最后一个元素对应的索引号为数组长度减 1。

3. 通过类名称查找 HTML 元素

document.getElementsByClassName()方法可用于根据类名称获取 HTML 元素，在 JavaScript 中语法如下。

```
document.getElementsByClassName("类名称");
```

此时方法中的 Elements 是复数形式，因为要考虑到有可能存在多个元素符合要求。同样，如果未找到符合的元素，返回值为 null；如果有多个符合条件的元素，则返回值是数组的形式。

注：该方法在 IE5、6、7、8 版本中使用均无效，为考虑各个版本浏览器的兼容性，如果不能保证用户使用 IE5、6、7、8 版本以外的浏览器，则不建议使用此方法来获取 HTML 元素。

【例 5-1】　JavaScript DOM 查找元素的简单应用

分别根据 id 名称、标签名称和类名称查找指定的元素对象，并使用 alert()语句输出指定元素对象的内容。

```
1.    <!DOCTYPE html>
2.    <html>
3.      <head>
4.        <meta charset="utf-8">
5.        <title>JavaScript DOM 查找元素的简单应用</title>
6.        <style>
7.          p{
8.            width:130px;
9.            height:50px;
10.           border:1px solid;
11.         }
12.         .coral{
```

```
13.            background-color:coral;
14.        }
15.        </style>
16.    </head>
17.    <body>
18.        <h3>JavaScript DOM 查找元素的简单应用</h3>
19.        <hr/>
20.        <p id="p01">这是第一个段落。</p>
21.        <p id="p02" class="coral">这是第二个段落。</p>
22.        <p id="p03">这是第三个段落。</p>
23.        <script>
24.        //根据 id 名称查找指定的元素
25.        var p01=document.getElementById("p01");
26.        //根据标签名称查找指定的元素
27.        var p=document.getElementsByTagName("p");
28.        //根据类名称查找指定的元素
29.        var p02=document.getElementsByClassName("coral");
30.        alert("id 名称为 p01 的段落内容是：\n"+p01.innerHTML
31.        +"\n\n 第 3 个段落的内容是：\n"+p[2].innerHTML
32.        +"\n\n 类名称为 coral 的段落内容是：\n"+p02[0].innerHTML);
33.        </script>
34.    </body>
35. </html>
```

运行效果如图 5-1 所示。

图 5-1　JavaScript DOM 查找元素的简单应用效果

【代码说明】

本例分别使用了 document 对象中的 getElementById()、getElementsByTagName()和 getElementsByClassName()方法来获取指定的元素对象，其中 getElementById()会根据 id 名称准确获取到唯一的元素，另外两个方法会根据元素标签名称或类名称获取符合条件的所有元素。

5.1.2　DOM HTML

1. 创建动态的 HTML 内容

在 JavaScript 中使用 document.write()方法可以往 HTML 页面动态输出内容。例如：

```
<body>
    <script>
    document.write("Hello 2016");
    </script>
</body>
```

上述代码片段表示将在空白页面上动态输出字符串"Hello 2016"。需要注意的是，alert()方法中的换行符\n 在这里是无效的，如果需要输出换行直接使用 HTML 换行标签
即可。

【例 5-2】　JavaScript DOM 动态创建内容

使用 document.write()方法向 HTML 页面输出内容。

```
1.   <!DOCTYPE html>
2.   <html>
3.      <head>
4.          <meta charset="utf-8">
5.          <title>JavaScript DOM 动态创建内容</title>
6.      </head>
7.      <body>
8.          <h3>JavaScript DOM 动态创建内容</h3>
9.          <hr/>
10.         <script>
11.          var date=new Date();
12.          document.write("本段文字为动态生成。"+date.toLocaleString());
13.         </script>
14.      </body>
15.  </html>
```

运行效果如图 5-2 所示。

> JavaScript DOM动态创建内容
> ────────────────────────────
> 本段文字为动态生成。2016/8/18 下午8:45:51

图 5-2　JavaScript DOM 动态创建内容的效果

2. 改变 HTML 元素内容

innerHTML 可以用于获取元素内容，也可以改变元素内容，使用 innerHTML 属性获取或更改的元素内容可以包括 HTML 标签本身。

获取元素内容的语法结构如下。

```
var 变量名=元素对象.innerHTML;
```

更改元素内容的语法结构如下。

```
元素对象.innerHTML=新的内容;
```

这里的元素对象可以使用 document 对象的 getElementById("id 名称")方法获取。

【例 5-3】 JavaScript DOM 修改元素内容

使用 innerHTML 属性改变指定元素的内容。

```
1.   <!DOCTYPE html>
2.   <html>
3.      <head>
4.         <meta charset="utf-8">
5.         <title>JavaScript DOM 修改元素内容</title>
6.      </head>
7.      <body>
8.         <h3>JavaScript DOM 修改元素内容</h3>
9.         <hr/>
10.        <p id="test"><i>Hello 2016</i></p>
11.        <script>
12.        //获取 id="test"的段落元素对象
13.        var p=document.getElementById("test");
14.        //获取该段落元素对象的初始内容
15.        var msg=p.innerHTML;
16.        //改变该段落元素对象的内容
17.        p.innerHTML="<strong>Hello 2017</strong>";
18.        alert("段落元素的初始内容是: \n"+msg);
19.        </script>
20.     </body>
21.  </html>
```

运行效果如图 5-3 所示。

图 5-3   JavaScript DOM 修改元素内容的效果

【代码说明】

本例在页面上包含了一个用于测试的段落元素<p>，并为其自定义 id="test"以便于在 JavaScript 中获取该对象。在初始情况下，该段落元素的内容为带有斜体字标签<i>的文本内容。该例在 JavaScript 中首先使用 document 对象的 getElementById("id 名称")方法获取 id="test"的段落元素对象，然后使用 innerHTML 属性分别获取和重置其内容。

由图 5-3 可见，使用 innerHTML 属性获取的段落元素内容中包含了 HTML 标签与文本内容。同样，使用 innerHTML 属性更新的段落元素内容也可以包含带有 HTML 标签的文本。

3. 改变 HTML 元素属性

在 JavaScript 中还可以根据属性名称动态地修改元素属性，其语法结构如下。

```
元素对象.attribute=新的属性值;
```

这里的 attribute 替换为真正的属性名称即可使用。

例如更改 id="image"的图片地址属性。

```
var img=document.getElementById("image");
img.src="image/newpic.jpg";
```

可以使用 setAttribute()方法达到同样的效果，其语法格式如下。

```
元素对象.setAttribute("属性名称","新的属性值");
```

例如，更改 id="image"的图片地址属性的代码修改后如下。

```
var img=document.getElementById("image");
img.setAttribute("src" ,"image/newpic.jpg");
```

【例 5-4】 JavaScript DOM 修改元素属性

```
1.   <!DOCTYPE html>
2.   <html>
3.     <head>
4.       <meta charset="utf-8">
5.       <title>JavaScript DOM 修改元素属性</title>
6.     </head>
7.     <body>
8.       <h3>JavaScript DOM 修改元素属性</h3>
9.       <hr/>
10.      <h4>原始状态：</h4>
11.      <img id="img01" src="image/sunflower.jpg" alt="向日葵" />
12.      <h4>使用 JavaScript 修改 src 属性后：</h4>
13.      <img id="img02" src="image/sunflower.jpg" alt="向日葵" />
14.      <script>
15.      //获取 id="img02"的图片元素
16.      var img=document.getElementById("img02");
```

```
17.        //更改其 src 和 alt 属性值
18.        img.src="image/lily.jpg";
19.        img.alt="百合";
20.        </script>
21.    </body>
22. </html>
```

运行效果如图 5-4 所示。

图 5-4　JavaScript DOM 修改元素属性的效果

【代码说明】

本例在 HTML 代码部分定义了两个属性完全相同的图像元素<img>，并分别添加了自定义名称 img01 和 img02 以示区别。其图像素材均来源于本地 image 文件夹中的 sunflower.jpg 文件。其中，id 为 img01 的图像元素仅用于参考对比，不会对其做任何更改；id 为 img02 的图像元素为测试元素，将会在 JavaScript 中重新设置其 src 与 alt 属性。

在 JavaScript 中使用 document.getElementById()方法获取 id 为 img02 的图像元素，然后更改其 src 属性为同一个 image 文件夹下的 lily.jpg，并更改其 alt 属性为新的说明文字。由图 5-4 可见，作为测试的第二幅图片内容发生了变化。

5.1.3　DOM CSS

JavaScript 还可以改变 HTML 元素的 CSS 样式，其语法结构如下。

```
元素对象.style.属性=新的值;
```

　　这里的元素对象可以使用 document 对象的 getElementById("id 名称")方法获取，属性指的是 CSS 样式中的属性名称，等号右边填写该属性更改后的样式值。

　　例如更改 id="test"的元素背景颜色为蓝色。

```
var test=document.getElementById("test");
test.style.backgroundColor="blue";
```

　　需要注意的是，这里元素 CSS 属性的名称需要修改成符合 camel 标记法规则的写法，即首个单词全小写，后面的每个单词均首字母大写，而属性值在定义时需要加上双引号。

　　上述代码也可以连成一句，写法如下。

```
document.getElementById("test").style.backgroundColor="blue";
```

【例 5-5】　JavaScript DOM 修改元素 CSS 样式

```
1.  <!DOCTYPE html>
2.  <html>
3.      <head>
4.          <meta charset="utf-8">
5.          <title>JavaScript DOM 修改元素 CSS 样式</title>
6.      </head>
7.      <body>
8.          <h3>JavaScript DOM 修改元素 CSS 样式</h3>
9.          <hr/>
10.         <p id="test">Hello 2016</p>
11.         <script>
12.         //获取 id="test"的段落元素对象
13.         var p=document.getElementById("test");
14.         //修改该段落元素的样式
15.         p.style.backgroundColor="orange";
16.         p.style.color="white";
17.         p.style.fontWeight="bold";
18.         p.style.textAlign="center";
19.         </script>
20.     </body>
21. </html>
```

运行效果如图 5-5 所示。

图 5-5　JavaScript DOM 修改元素 CSS 样式的效果

【代码说明】

本例在 JavaScript 中动态修改了 id="test"的段落元素<p>的 CSS 样式。初始情况下的段落元素<p>没有额外设置任何 CSS 样式效果，因此显示为左对齐、黑色字体并且无背景颜色的默认样式。在 JavaScript 中首先使用 document 对象的 getElementById("id 名称")方法获取 id="test"的段落元素对象，然后使用 style 属性分别重置其背景颜色为橙色、字体颜色为白色、字体加粗以及文本居中显示效果。

5.1.4 DOM 事件

JavaScript 还可以在 HTML 页面状态发生变化时执行代码,这种状态的变化称为 DOM 事件（Event）。

例如用户单击元素会触发单击事件,使用事件属性 onclick 可以捕获这一事件。为元素的 onclick 属性添加需要的 JavaScript 代码，即可做到用户单击元素时触发动作。

```
<button onclick="alert('hi')">点我会弹出对话框</button>
```

JavaScript 代码可以直接在 onclick 属性的双引号中添加，也可以写到 JavaScript 函数中，在 onclick 属性的双引号中调用函数名称。例如上述代码可以改写为如下。

```
<button onclick="test()">点我会弹出对话框</button>
<script>
function test(){
   alert("hi");
}
</script>
```

以上两种方式效果完全相同,用户可根据代码量决定采用其中哪种方式。如果单击事件触发后需要执行的代码较多，建议使用函数调用的方式。

HTML 常用事件属性如表 5-1 所示。

表 5-1　HTML 常用事件属性一览表

事 件 属 性	解　　释
onabort	图像加载过程被中断
onblur	元素失去焦点
onchange	域的内容被改变
onclick	元素被鼠标左键单击
ondblclick	元素被鼠标左键双击
onerror	加载文档或图像时发送错误
onfocus	元素获得焦点
onkeydown	键盘按键被按下
onkeypress	键盘按键被按下并松开
onkeyup	键盘按键被松开
onload	页面或图像被加载完成
onmousedown	鼠标按键被按下

续表

事 件 属 性	解　　释
onmousemove	鼠标被移动
onmouseout	鼠标从当前元素上移走
onmouseover	鼠标移动到当前元素上
onmouseup	鼠标按键被松开
onreset	重置按钮被单击
onresize	窗口或框架的大小被更改
onselect	文本被选中
onsubmit	提交按钮被单击
onunload	退出页面

【例 5-6】　JavaScript DOM 事件的简单应用

为按钮添加 onclick 事件，当用户单击按钮时更改段落元素中的文字内容。

```
1.   <!DOCTYPE html>
2.   <html>
3.      <head>
4.         <meta charset="utf-8">
5.         <title>JavaScript DOM 事件的简单应用</title>
6.      </head>
7.      <body>
8.         <h3>JavaScript DOM 事件的简单应用</h3>
9.         <hr/>
10.        <p id="p1">
11.            这是一个段落元素。
12.        </p>
13.        <!--按钮元素-->
14.        <button onclick="change()">单击此处更改段落内容</button>
15.        <script>
16.        function change(){
17.            document.getElementById("p1").innerHTML="onclick 事件被触发,
                   从而调用了 change()函数修改了此段文字内容。";
18.        }
19.        </script>
20.     </body>
21.  </html>
```

运行效果如图 5-6 所示。

【代码说明】

本例包含了一个 id="p1"的段落元素<p>和一个按钮元素<button>用于测试按钮的单击事件 onclick 的触发效果。在按钮元素中添加 onclick 事件的回调函数 change()，并在 JavaScript 中定义该函数，该函数的名称可自定义。在 change()函数中使用 document. getElementById()方法获取了段落元素<p>并使用 innerHTML 属性更新其中的内容。

（a）页面初始加载时　　　　　　　　　　　（b）单击按钮后

图 5-6　JavaScript DOM 事件的简单应用效果

图 5-6（a）显示的是页面初始加载的效果，此时段落元素显示的还是最初的文字内容；图 5-6（b）显示的是单击按钮之后的页面效果，此时可以看到段落元素中的文字内容已经发生了改变。

5.1.5　DOM 节点

使用 JavaScript 也可以为 HTML 页面动态添加和删除 HTML 元素。

1. 添加 HTML 元素

添加 HTML 元素有两个步骤，先创建需要添加的 HTML 元素，然后将其追加到一个已存在的元素中。

使用 document 对象的 createElement()方法可以创建新的元素，其语法结构如下。

```
document.createElement("元素标签名");
```

例如创建一个新的段落标签<p>。

```
document.createElement("p");
```

使用 appendChild()方法可以将创建好的元素追加到已存在的元素中，其语法结构如下。

```
已存在的元素对象.appendChild(需要添加的新元素对象);
```

这里已存在的元素对象可以使用 document 对象的 getElementById("id 名称")方法获取。

例如，将上例中创建的段落标签<p>追加到 id="test"的<div>标签中。

```
var p=document.createElement("p");
var test=document.getElementById("test");
test.appendChild(p);
```

【例 5-7】　JavaScript DOM 添加 HTML 元素

在 JavaScript 中使用 createElement()方法动态创建新的 HTML 元素，并用 appendChild()方法将其添加到指定元素中。

```
1.   <!DOCTYPE html>
2.   <html>
```

```
3.      <head>
4.          <meta charset="utf-8">
5.          <title>JavaScript DOM 添加 HTML 元素</title>
6.          <style>
7.          p{
8.              width:100px;
9.              height:100px;
10.             border:1px solid;
11.             padding:10px;
12.             margin:10px;
13.             float:left;
14.         }
15.         </style>
16.     </head>
17.     <body>
18.         <h3>JavaScript DOM 添加 HTML 元素</h3>
19.         <hr/>
20.         <p>未添加元素的参照段落。</p>
21.         <p id="container">将被添加新元素的段落。</p>
22.         <script>
23.         //获取 id="container"的段落元素对象
24.         var p=document.getElementById("container");
25.         //创建新元素
26.         var box=document.createElement("div");
27.         //设置新元素的背景颜色为黄色
28.         box.style.backgroundColor="yellow";
29.         //设置新元素的内容
30.         box.innerHTML="这是动态添加的 div 元素。";
31.         //将新创建的元素添加到 id="container"的段落元素中
32.         p.appendChild(box);
33.         </script>
34.     </body>
35. </html>
```

运行效果如图 5-7 所示。

图 5-7　JavaScript DOM 添加 HTML 元素的效果

【代码说明】

本例包含了两个段落元素<p>，并在 CSS 内部样式表中为其设置统一样式：宽和高均为 100 像素，带有 1 像素宽的实线边框，各边的内、外边距均为 10 像素，向左浮动。其中，第一个段落元素将保持原状，作为参照样例；第二个段落元素添加自定义 id 名称 container，以便于在 JavaScript 中获取该对象。

为了使最终显示效果更加明显，在使用 createElement()方法动态创建了<div>元素之后将 <div> 元素的背景颜色设置为黄色，然后使用 appendChild() 方法动态地添加到 id="container"的段落元素中。由图 5-7 可见，右边的段落元素内部多出一个背景为黄色的区域，该区域就是使用 JavaScript 代码动态加入的<div>元素。

2. 删除 HTML 元素

删除已存在的 HTML 元素也需要两个步骤：首先使用 document 对象的 getElementById("id 名称")方法获取该元素，然后使用 removeChild()方法将其从父元素中删除。

其父元素如果有明确的 id 名称，同样可以使用 getElementById()方法获取。例如，在知道父元素 id 名称的情况下删除其中 id="p01"的子元素。

```
var test=document.getElementById("test");    //获取父元素
var p=document.getElementById("p01");         //获取子元素
test.removeChild(p);                          //删除子元素
```

若父元素无对应的 id 名称获取，可以使用子元素的 parentNode 属性获取其父元素对象，效果相同。例如，在不知道父元素 id 名称的情况下删除其中 id="p01"的子元素。

```
var p=document.getElementById("p01");         //获取子元素
var test=p.parentNode;                        //获取父元素
test.removeChild(p);                          //删除子元素
```

【例 5-8】 JavaScript DOM 删除 HTML 元素

在 JavaScript 中使用 removeChild()方法动态删除指定元素的子元素。

```
1.   <!DOCTYPE html>
2.   <html>
3.     <head>
4.       <meta charset="utf-8">
5.       <title>JavaScript DOM 删除 HTML 元素</title>
6.       <style>
7.       div{
8.           width:100px;
9.           height:100px;
10.          border:1px solid;
11.          padding:10px;
12.          margin:10px;
13.          float:left;
14.       }
```

```
15.        p{
16.            background-color:pink;
17.            width:100px;
18.        }
19.        </style>
20.    </head>
21.    <body>
22.        <h3>JavaScript DOM 删除 HTML 元素</h3>
23.        <hr/>
24.        <div>
25.            未删除子元素的参照 div。
26.            <p>这是未被删除的段落元素</p>
27.        </div>
28.        <div id="container">
29.            删除子元素的 div。
30.            <p id="box">这是将被删除的段落元素</p>
31.        </div>
32.        <script>
33.        //获取 id="container"的 div 元素对象
34.        var container=document.getElementById("container");
35.        //获取 id="box"的段落元素对象
36.        var box=document.getElementById("box");
37.        //删除子元素
38.        container.removeChild(box);
39.        </script>
40.    </body>
41. </html>
```

运行效果如图 5-8 所示。

图 5-8　JavaScript DOM 删除 HTML 元素的效果

【代码说明】

本例包含了两个区域元素<div>，并在 CSS 内部样式表中为其设置统一样式：宽和高均为 100 像素，带有 1 像素宽的实线边框，各边的内、外边距均为 10 像素，向左浮动。其中，第一个\<div>元素将保持原状，作为参照样例；第二个\<div>元素添加自定义 id 名称 container，以便于在 JavaScript 中获取该对象。

为测试动态删除功能，事先在这两个\<div>元素内部分别加入一个段落元素\<p>，并在 CSS 内部样式表中统一设置\<p>元素的样式为宽 100 像素、背景颜色为粉色。由图 5-8 可见，右边的段落元素内部已被清空，该区域就是使用 JavaScript 代码动态删除了段落元素。

5.2 浏览器对象模型

浏览器对象模型（Browser Object Model，BOM）使 JavaScript 可以与浏览器进行交互。BOM 中的常用对象如下。

- Window：浏览器窗口对象，其成员包括所有的全局变量、函数和对象。
- Screen：屏幕对象，通常用于获取用户可用屏幕的宽和高。
- Location：位置对象，用于获取当前页面的 URL 地址，还可以把浏览器重定向到新的指定页面。
- History：历史记录对象，其中包含了浏览器的浏览历史记录。
- Navigator：浏览器对象，通常用于获取用户浏览器的相关信息。

5.2.1 Window 对象

在 JavaScript 中，Window 对象表示浏览器窗口，目前所有浏览器都支持该对象。JavaScript 中的一切全局变量、函数和对象都自动成为 Window 对象的内容。

例如，用于判断变量是否为数字的全局方法 isNaN()就是 Window 对象的方法，完整写法为 window.isNaN()。通常情况下，Window 前缀可以省略不写。

【例 5-9】 JavaScript BOM Window 对象的应用

在 JavaScript 中，使用 Window 对象的 innerWidth 和 innerHeight 属性分别获取浏览器窗口的内部宽度和高度。

```
1.  <!DOCTYPE html>
2.  <html>
3.    <head>
4.      <meta charset="utf-8">
5.      <title>JavaScript BOM Window 对象的应用</title>
6.    </head>
7.    <body>
8.      <h3>JavaScript BOM Window 对象的应用</h3>
9.      <hr/>
10.     <script>
11.     //获取浏览器内部的可用宽度
12.     var width=window.innerWidth;
13.     //获取浏览器内部的可用高度
14.     var height=window.innerHeight;
15.     //将结果输出到页面上
```

```
16.          document.write("浏览器当前可用宽度为："+width+"<br>浏览器当前可用高度
       为："+height);
17.      </script>
18.    </body>
19. </html>
```

运行效果如图 5-9 所示。

图 5-9　JavaScript BOM Window 对象的应用效果

【代码说明】

本例中 innerWidth 和 innerHeight 属性值显示的是页面初始加载完毕时的尺寸，如果手动更改了当前浏览器窗口的大小并刷新页面，这两个属性值会动态变化。

如果是在 Internet Explorer 浏览器 5.0～8.0 版本中获取浏览器窗口的内部宽度和高度，可以使用如下属性。

- document.body.clientWidth：浏览器窗口的内部宽度。
- document.body.clientHeight：浏览器窗口的内部高度。

以上也可以写成如下形式。

- document.documentElement.clientWidth：浏览器窗口的内部宽度。
- document.documentElement.clientHeight：浏览器窗口的内部高度。

5.2.2　Screen 对象

在 JavaScript 中 window.screen 对象用于获取屏幕的可用宽度和高度。该对象在使用时通常省略 window 前缀，简写为 screen。Screen 对象的常用属性如下。

- availWidth：表示屏幕的可用宽度，默认单位为像素（px）。
- availHeight：表示屏幕的可用高度，默认单位为像素（px）。

其中，avail 前缀来源于英文单词 available（可用的）。可用宽度或高度指的是去除界面上自带内容（例如任务栏）后的实际可使用的宽、高。

【例 5-10】 JavaScript BOM Screen 对象的应用

在 JavaScript 中使用 Screen 对象获取屏幕的可用宽度和高度。

```
1.  <!DOCTYPE html>
```

```
2.  <html>
3.     <head>
4.        <meta charset="utf-8">
5.        <title>JavaScript BOM Screen 对象的应用</title>
6.     </head>
7.     <body>
8.        <h3>JavaScript BOM Screen 对象的应用</h3>
9.        <hr/>
10.       <script>
11.       //获取屏幕的可用宽度
12.       var width=screen.availWidth;
13.       //获取屏幕的可用高度
14.       var height=screen.availHeight;
15.       //将结果输出到页面上
16.       document.write("屏幕的可用宽度为: "+width+"<br>屏幕的可用高度为: "+height);
17.       </script>
18.    </body>
19. </html>
```

运行效果如图 5-10 所示。

图 5-10　JavaScript BOM Screen 对象的应用效果

5.2.3　Location 对象

在 JavaScript 中，window.location 对象可用于获取当前页面的 URL 或者将浏览器重定向到新的页面。该对象在使用时通常省略 window 前缀，简写为 location。

location 的 href 属性可以用于重定向到其他 URL 地址。例如：

```
location.href("a.html");
```

上述代码将会使页面重定向到同一个目录下的 a.html 页面。这里所填写的参数可以是本地 URL 地址也可以是网络 URL 地址。

【例 5-11】　JavaScript BOM Location 对象的应用

在 JavaScript 中使用 Location 对象重定向到其他 URL 地址。

```
1.  <!DOCTYPE html>
2.  <html>
3.     <head>
```

```
4.          <meta charset="utf-8">
5.          <title>JavaScript BOM Location 对象的应用</title>
6.      </head>
7.      <body>
8.          <h3>JavaScript BOM Location 对象的应用</h3>
9.          <hr/>
10.         <script>
11.         //跳转其他 URL 地址
12.         location.href="http://www.baidu.com";
13.         </script>
14.     </body>
15. </html>
```

运行效果如图 5-11 所示。

图 5-11　JavaScript BOM Location 对象的应用效果

5.2.4　History 对象

在 JavaScript 中，window.history 对象可用于获取当前页面的 URL 或者将浏览器重定向到新的页面。该对象在使用时通常省略 window 前缀，简写为 history。通常使用 History 对象实现与浏览器上"后退"和"前进"按钮相同的功能，相关方法解释如下。

- back()：返回上一个页面，相当于单击了浏览器上的"后退"按钮。
- forward()：前进到下一个页面，相当于单击了浏览器上的"前进"按钮。

【例 5-12】　JavaScript BOM History 对象的应用

在 JavaScript 中使用 History 对象模拟浏览器上的"前进"和"后退"按钮。

```
1.  <!DOCTYPE html>
2.  <html>
3.    <head>
4.      <meta charset="utf-8">
```

```
5.          <title>JavaScript BOM History 对象的应用</title>
6.      </head>
7.      <body>
8.          <h3>JavaScript BOM History 对象的应用</h3>
9.          <hr/>
10.         <button onclick="history.back()">后退</button>
11.         <button onclick="history.forward()">前进</button>
12.     </body>
13. </html>
```

运行效果如图 5-12 所示。

（a）本例页面效果 　　　　　　　　　　　（b）"前进"或"后退"按钮触发的效果

图 5-12　JavaScript BOM History 对象的应用效果

【代码说明】

本例如需测试"后退"按钮的效果，在使用时需要首先打开一个其他网页，然后在同一个浏览器窗口中重新打开本例页面。同样，如需测试"前进"按钮的效果，需要在本例页面之后打开过其他页面再退回方可有浏览器历史记录。

5.2.5　Navigator 对象

在 JavaScript 中，window.navigator 对象可用于获取用户浏览器的一系列信息，例如浏览器的名称、版本号等。该对象在使用时通常省略 window 前缀，简写为 navigator。Navigator 对象的常用属性如表 5-2 所示。

表 5-2　JavaScript Navigator 对象常用属性一览表

属 性 名 称	解　　　释
appCodeName	浏览器代码名，通常会显示为 Mozilla
appName	浏览器名称，通常显示为 Netscape
appVersion	浏览器版本
cookieEnabled	浏览器是否允许使用 cookies。如果允许使用 cookies，返回 true，否则返回 false
javaEnabled	当前浏览器中是否启用了 Java

续表

属 性 名 称	解　　释
language	浏览器使用的首选语言
mimeTypes	在浏览器中注册的 mime 类型，返回值为数组
onLine	浏览器是否处于联网状态。如果处于联网状态，返回 true，否则返回 false
plugins	浏览器中安装插件的信息，返回值为数组
platform	浏览器所在的操作系统
product	产品名称，通常显示为 Gecko
userAgent	用户代理信息
vendor	浏览器的品牌供应商
systemLanguage	浏览器所在操作系统的首选语言，目前只有 IE 浏览器支持该属性

注：由于数据有可能被浏览器的使用者更改，因此来自 Navigator 的信息仅作为参考，不能作为权威的依据，而且不同浏览器中 Navigator 对象包含的属性稍有差异。

【例 5-13】　JavaScript BOM Navigator 对象的应用

在 JavaScript 中使用 Navigator 对象获取用户浏览器的相关信息。

```
1.   <!DOCTYPE html>
2.   <html>
3.     <head>
4.         <meta charset="utf-8">
5.         <title>JavaScript BOM Navigator 对象的应用</title>
6.     </head>
7.     <body>
8.         <h3>JavaScript BOM Navigator 对象的应用</h3>
9.         <hr/>
10.        <script>
11.        var msg="浏览器代码名："+navigator.appCodeName;
12.        msg+="<br><br>浏览器名称："+navigator.appName;
13.        msg+="<br><br>浏览器版本："+navigator.appVersion;
14.        msg+="<br><br>浏览器是否允许使用 cookies："+navigator.cookieEnabled;
15.        msg+="<br><br>浏览器所在操作系统："+navigator.platform;
16.        msg+="<br><br>用户代理："+navigator.userAgent;
17.        msg+="<br><br>浏览器语言："+navigator.language;
18.        msg+="<br><br>浏览器品牌："+navigator.vendor;
19.        //将结果输出到页面上
20.        document.write(msg);
21.        </script>
22.    </body>
23. </html>
```

在 Chrome 浏览器中的运行效果如图 5-13 所示。

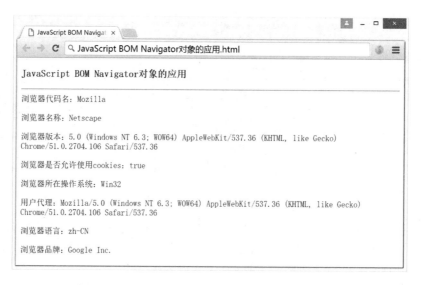

图 5-13　JavaScript BOM Navigator 对象的应用效果

5.3　本章小结

本章介绍了 JavaScript 文档对象模型 DOM 和浏览器对象模型 BOM 的使用方法，其中 DOM 部分主要介绍了如何查找/添加/删除 HTML 元素、修改元素的内容/属性、改变元素的 CSS 样式，以及元素事件处理；BOM 部分主要介绍了 Window、Screen、Location、History 和 Navigator 对象的用法。

习题 5

1. 已知某页面中有唯一段落元素 <p id="test01" class="style01">测试段落</p>，怎样分别通过 id 和标签名称查找该元素？

2. 怎样在空白 Web 页面上动态输出字符串"Hello JavaScript"？

3. 怎样修改 HTML 元素的内容、属性以及 CSS 样式？

4. 已知有 id="test"的 <div> 元素，怎样创建一个段落元素 <p> 并将其追加到 <div> 元素中？

5. 已知父元素的 id 名称是"parent01"，怎样删除其中 id="p01"的子元素？

6. 浏览器对象模型 BOM 中有哪些常用对象？

7. 怎样获得当前浏览器的名称与版本？

第三部分　jQuery 技术篇

第6章

jQuery 入门

本章主要介绍 jQuery 基础知识入门，包括 jQuery 的下载和使用、jQuery 基础语法结构、jQuery 文档就绪函数以及 jQuery 名称冲突的解决方案。

本章学习目标：

- 了解 jQuery 的下载与使用；
- 掌握 jQuery 的基础语法结构；
- 掌握 jQuery 文档就绪函数的用法；
- 掌握 jQuery 名称冲突的解决方案。

6.1 jQuery 的下载和使用

6.1.1 jQuery 的下载

jQuery 是一种开源函数库，读者可以直接访问其官网页面（http://jquery.com/download/）进行下载。目前常用的 jQuery 版本 1.x、2.x 和 3.x，本书将选择官方推荐的 1.12.x 系列版本为例，因为该版本的浏览器兼容性相对较好。

图 6-1 所示为 jQuery 的官方下载页面。这里以 1.12.3 版本为例，下载完整版单击 Download the uncompressed development jQuery 1.12.3，下载压缩版单击 Download the compressed production jQuery 1.12.3。完整版的文件扩展名为.js，其常用于开发和调试；压缩版的文件扩展名为.min.js，里面保留了所有 jQuery 函数并提升了产品性能，适用于正式发布。

图 6-1　jQuery 官方下载页面

6.1.2 jQuery 的使用

和其他 JavaScript 文件的使用一样，用户可以通过<script>标签在 HTML 文档的首部标签<head>和</head>中添加 jQuery 的引用声明，语法如下。

```
<script src="jQuery 文件 URL"></script>
```

上述代码中的 jQuery 文件 URL 需要替换为实际的 jQuery 文件引用地址。

需要注意的是，HTML 4.01 版中的<script>元素首标签需要写成<script type="text/javascript" src="jQuery 文件 URL">；而在 HTML5 中可以省略 type="text/javascript"，直接写成<script src="jQuery 文件 URL">即可。

这里以 jquery1.12.3.js 为例，将该文件放置在网页的同一个文件夹下，则使用声明如下。

```
<script src="jquery1.12.3.js"></script>
```

上述声明完成后就可以在页面上添加 jQuery 相关语句了。

6.2 jQuery 的语法

jQuery 的语法是专门为 HTML 元素的选取编制的，可以对元素执行操作。

6.2.1 基础语法结构

jQuery 的基础语法结构如下。

```
$(selector).action()
```

其中，美元符号$表示 jQuery 语句，选择符 selector 用于查询 HTML 元素，action()需要替换为对元素的某种具体操作的方法名。例如：

```
$("p").hide();
```

在 HTML 中，<p>表示段落标签，hide()为 jQuery 中的新方法，用于隐藏元素，因此上述代码表示隐藏所有段落。

6.2.2 文档就绪函数

为了避免文档在加载前就运行了 jQuery 代码导致潜在的错误，所有的 jQuery 函数都需要写在一个文档就绪（document ready）函数中。例如当前 HTML 页面还没有加载完，因此某 HTML 元素标签可能还无法查询获取。

文档就绪函数的写法如下。

```
$(document).ready(function(){
  jQuery 函数内容
});
```

【例 6-1】 jQuery 文档就绪函数的应用

使用文档就绪函数启动 alert()提示框。

```
1.  <!DOCTYPE html>
2.  <html>
3.    <head>
4.      <meta charset="utf-8">
5.      <title>jQuery 文档准备就绪</title>
6.      <script src="js/jquery-1.12.3.min.js"></script>
7.    </head>
8.    <body>
9.      <h3>jQuery 文档准备就绪函数的应用</h3>
10.     <hr>
11.     <script>
12.         $(document).ready(function() {
13.             alert("jQuery 文档准备就绪！");
14.         });
15.     </script>
16.   </body>
17. </html>
```

运行效果如图 6-2 所示。

图 6-2　jQuery 文档就绪函数的应用效果

6.2.3　jQuery 名称冲突

jQuery 通常使用美元符号$作为简写方式，但在同时使用了多个 JavaScript 函数库的 HTML 文档中 jQuery 有可能与其他同样使用$符号的函数（例如 Prototype）冲突，因此 jQuery 使用 noConflict()方法自定义其他名称来替换可能产生冲突的$符号表达方式。

【例 6-2】　jQuery 自定义名称代替$符号

使用 noConflict()方法创建自定义名称 jq 代替$符号。

```
1.  <!DOCTYPE html>
2.  <html>
3.    <head>
4.      <meta charset="utf-8">
5.      <title>jQuery 自定义名称代替$符号</title>
6.      <script src="js/jquery-1.12.3.min.js"></script>
```

```
7.      </head>
8.      <body>
9.         <h3>jQuery 自定义名称代替$符号</h3>
10.        <hr>
11.        <button>
12.           测试 jQuery 别名
13.        </button>
14.        <script>
15.           var jq=jQuery.noConflict();
16.           jq(document).ready(function() {
17.              jq("button").click(function() {
18.                 alert("jQuery 的别名生效了！");
19.              });
20.           });
21.        </script>
22.     </body>
23. </html>
```

运行效果如图 6-3 所示。

图 6-3　jQuery 自定义名称代替$符号的效果

【代码说明】

本例使用别名 jq 代替$符号，并在文档就绪函数中为 button 按钮绑定了一个 click 单击事件。如果单击按钮后 alert 语句仍然能被执行，说明 jQuery 的自定义别名有效。由图 6-3 可见，当前 jQuery 的别名可以正常使用。

注：关于 button 按钮的 click 单击事件的更多说明，可见 7.2.3 节相关内容。

6.3　本章小结

本章主要是 jQuery 的基础知识入门，首先介绍了 jQuery 文件如何下载和使用，其次介绍了 jQuery 的常用语法，包括基础语法结构、文档就绪函数以及 jQuery 别名的使用。

习题 6

1．怎样在文档中引用 jQuery？
2．请使用文档就绪函数弹出 alert 提示框，并显示"Hello jQuery!"。
3．怎样使用别名 demo 代替可能产生冲突的$符号？

第7章

jQuery 选择器与过滤器

本章主要介绍 jQuery 选择器与 jQuery 过滤器的相关知识，jQuery 选择器包括基础选择器、属性选择器、表单选择器、层次选择器以及 CSS 选择器；jQuery 过滤器包括基础过滤器、子元素过滤器、内容过滤器和可见性过滤器。

本章学习目标：
- 理解 jQuery 选择器和过滤器的作用；
- 掌握 jQuery 选择器的常见用法；
- 掌握 jQuery 过滤器的常见用法。

7.1 jQuery 选择器

jQuery 选择器可用于快速选定需要的 HTML 元素，并为其进行后续处理。jQuery 选择器的部分语法规则来自于 CSS 选择器，加上其他功能模块形成了 jQuery 特有的选择匹配元素工具，简化了用户使用 JavaScript 选择和操作元素的复杂度。

7.1.1 基础选择器

jQuery 基础选择器（Basic Selector）的语法规则基本和 CSS 选择器相同，可以通过指定 HTML 元素的标签名称、类名称或 ID 名称对元素进行筛选定位。

jQuery 基础选择器的常见用法如表 7-1 所示。

表 7-1 jQuery 基础选择器常见用法示例

选 择 器	描 述	用 法 示 例	示 例 描 述
*	用于选择所有元素	$("*")	选择文档中的所有元素
element	元素选择器，用于选择指定标签名称的元素	$("p")	选择文档中所有的段落元素<p>
#id	ID 选择器，用于选择指定 id 的元素	$("#test")	选择文档中 id="test"的元素
.class	类选择器，用于选择所有具有同一个指定 class 的元素	$(".style01")	选择文档中所有 class="style01"的元素
selector1, selector2, ... selectorN	多重选择器，用于选择符合条件的所有结果	$("p, h1, div")	选择文档中所有段落元素<p>、标题元素<h1>和块元素<div>

1. 全局选择器

全局选择器用于选择文档中所有的元素，其语法结构如下。

```
$("*")
```

全局选择器会遍历文档中所有的元素标签，甚至包括首部标签<head>及其内部的
<meta>、<script>等，运行速度较慢。

【例 7-1】　jQuery 全局选择器的使用

```
1.   <!DOCTYPE html>
2.   <html>
3.     <head>
4.         <meta charset="utf-8">
5.         <title>jQuery 全局选择器示例</title>
6.         <script src="js/jquery-1.12.3.min.js"></script>
7.         <style>
8.             h3 {
9.                 margin:0;
10.             }
11.            div, p {
12.                width:100px;
13.                height:100px;
14.                float:left;
15.                padding:10px;
16.                margin:10px;
17.                border:1px solid gray;
18.            }
19.        </style>
20.     </head>
21.     <body>
22.         <h3>jQuery 全局选择器示例</h3>
23.         <hr>
24.         <div>我是 DIV 元素</div>
25.         <p>我是 P 元素</p>
26.         <script>
27.             $(document).ready(function() {
28.                 $("*").css("border", "5px solid red");
29.             });
30.         </script>
31.     </body>
32. </html>
```

运行效果如图 7-1 所示。

【代码说明】

本例使用了 jQuery 全局选择器将所有的 HTML 元素都设置为带有 5 像素宽的红色实
线边框样式。由图 7-1 可见，页面中的所有内容都显示了红色边框。由于全局选择器也包
括了<body>、<head>等通常不在页面中具体显示的元素，因此页面中的红色边框个数大于
可见元素个数。

图 7-1　jQuery 全局选择器的使用效果

2. 元素选择器

元素选择器用于选择所有指定标签名称的元素，其语法结构如下。

```
$("element")
```

这里的 element 在使用时需要换成真正的元素标签名称。例如，$("h1")表示选中所有
<h1>标题元素。在使用元素选择器时，jQuery 会调用 JavaScript 中的原生方法
getElementsByTagName()来获取指定的元素，该方法简化了原先 JavaScript 的代码量。

【例 7-2】　jQuery 元素选择器的使用

```
1.   <!DOCTYPE html>
2.   <html>
3.     <head>
4.       <meta charset="utf-8">
5.       <title>jQuery 元素选择器示例</title>
6.        <script src="js/jquery-1.12.3.min.js"></script>
7.       <style>
8.         h3 {
9.           margin: 0;
10.        }
11.        div, p {
12.          width:100px;
13.          height:100px;
14.          float:left;
15.          padding:10px;
16.          margin:10px;
17.          border:1px solid gray;
18.        }
19.      </style>
20.    </head>
21.    <body>
```

```
22.         <h3>jQuery 元素选择器示例</h3>
23.         <hr>
24.         <div>我是 DIV 元素</div>
25.         <p>我是 P 元素</p>
26.         <div>我是 DIV 元素</div>
27.         <p>我是 P 元素</p>
28.          <script>
29.            $(document).ready(function() {
30.                $("p").css("border", "5px solid red");
31.            });
32.         </script>
33.     </body>
34. </html>
```

运行效果如图 7-2 所示。

图 7-2　jQuery 元素选择器的使用效果

【代码说明】

本例包含了区域元素<div>与段落元素<p>各两个，并在 CSS 内部样式表中为其设置统一样式：宽和高均为 100 像素，向左浮动，各边的内、外边距均为 10 像素，带有 1 像素宽的灰色实线边框。

使用 jQuery 元素选择器选择所有的段落元素<p>并将其设置为带有 5 像素宽的红色实线边框样式。由图 7-2 可见，只有<p>元素的样式被更改，<div>元素没有受到任何影响。

3. ID 选择器

ID 选择器用于选择指定 ID 名称的单个元素，其语法结构如下。

```
$("#ID")
```

这里的 ID 在使用时需要换成元素真正的 ID 名称。例如，$("#test")表示选中 id="test" 的元素。在使用 ID 选择器时，jQuery 会调用 JavaScript 中的原生方法 getElementById()来获取指定 ID 名称的元素。

ID 选择器也可以和元素选择器配合使用，例如：

```
$("p#test01")
```

其表示选择 id="test01"的段落元素<p>。

【例 7-3】 jQuery ID 选择器的使用

```
1.  <!DOCTYPE html>
2.  <html>
3.      <head>
4.          <meta charset="utf-8">
5.          <title>jQuery ID选择器示例</title>
6.          <script src="js/jquery-1.12.3.min.js"></script>
7.          <style>
8.              div {
9.                  width:150px;
10.                 height:100px;
11.                 float:left;
12.                 padding:10px;
13.                 margin:10px;
14.                 border:1px solid gray;
15.             }
16.         </style>
17.     </head>
18.     <body>
19.         <h3>jQuery ID选择器示例</h3>
20.         <hr>
21.         <div id="test01">我的id="test01"</div>
22.         <div id="test02">我的id="test02"</div>
23.         <script>
24.             $(document).ready(function() {
25.                 $("#test01").css("border", "5px solid red");
26.             });
27.         </script>
28.     </body>
29. </html>
```

运行效果如图 7-3 所示。

图 7-3 jQuery ID 选择器的使用效果

【代码说明】

本例主要包含两个<div>元素用于对比效果，并在 CSS 内部样式表中为它们设置相同的样式：宽 150 像素、高 100 像素，向左浮动，内外边距均为 10 像素，具有 1 像素宽的灰色实现边框。为了便于区分，这两个<div>元素的 id 值分别被设置为 test01 和 test02。

在 JQuery 代码部分，使用 ID 选择器$("#tesr01")表示选择了 id 为 test01 的元素，并且将其样式更新为 5 像素宽的红色实线边框。由图 7-3 可见，只有 id 为 test01 收到影响，边框样式发生了改变。因此得出结论：ID 选择器生效。

4．类选择器

类选择器用于筛选出具有同一个 class 属性值的所有元素，其语法结构如下。

```
$(".class")
```

这里的 class 在使用时需要换成真正的类名称。例如，$(".box")表示选择所有 class="box" 的元素。如果一个元素包含了多个类，只要其中的任意一个类符合条件即可被选中。在使用类选择器时，jQuery 会调用 JavaScript 中的原生方法 getElementsByClassName()来获取指定的元素。

类选择器也可以和元素选择器配合使用，例如：

```
$("p.style01")
```

其表示选择所有 class="style01"的段落元素<p>。

【例 7-4】　jQuery 类选择器的使用

```
1.    <!DOCTYPE html>
2.    <html>
3.      <head>
4.        <meta charset="utf-8">
5.        <title>jQuery 类选择器示例</title>
6.        <script src="js/jquery-1.12.3.min.js"></script>
7.        <style>
8.          div, p {
9.              width:180px;
10.             height:100px;
11.             float:left;
12.             padding:10px;
13.             margin:10px;
14.             border:1px solid gray;
15.          }
16.        </style>
17.      </head>
18.      <body>
19.        <h3>jQuery 类选择器示例</h3>
20.        <hr>
```

```
21.          <div class="style01">
22.              div "class=style01"
23.          </div>
24.          <div class="style02">
25.              div class="style02"
26.          </div>
27.          <p class="style01">
28.              p class="style01"
29.          </p>
30.          <script>
31.              $(document).ready(function() {
32.                  $(".style01").css("border", "5px solid red");
33.              });
34.          </script>
35.      </body>
36. </html>
```

运行效果如图 7-4 所示。

图 7-4   jQuery 类选择器的使用效果

【代码说明】

本例包含了两个区域元素<div>和一个段落元素<p>，为测试类选择器的效果，对其中一个<div>和<p>元素设置了同样的 class 属性，即 class="style01"；将另一个<div>元素设置为 class="style02"作为参照对比。在 CSS 内部样式表中为所有<div>和<p>元素设置统一样式：宽 180 像素、高 100 像素，向左浮动，各边的内、外边距均为 10 像素，带有 1 像素宽的灰色实线边框。

使用 jQuery 类选择器选择 class="style01"的所有元素，并将其边框样式修改为 5 像素宽的红色实线。由图 7-4 可见，类选择器已经生效。如果将本例中的类选择器修改为 $("p.style01")，则只会修改段落元素<p>的边框样式。

5. 多重选择器

多重选择器适用于需要批量处理的多种元素，可以将不同的筛选条件用逗号隔开写入同一个选择器中，其语法结构如下。

```
$("selector1 [, selector2] ... [, selectorN]")
```

其中，selector1～selectorN 需要全部换成具体的 jQuery 选择器，数量可以自定义。这里的选择器可以是元素选择器、ID 选择器或者类选择器中的任意一种或组合使用，只要是满足其中任意一个条件的元素即可被选中。例如：

```
$("p, div.style01, #news")
```

上述代码表示选中所有的段落元素<p>、class="style01"的<div>元素以及 id="news"的元素。

【例 7-5】 jQuery 多重选择器的使用

```
1.   <!DOCTYPE html>
2.   <html>
3.     <head>
4.         <meta charset="utf-8">
5.         <title>jQuery 多重选择器示例</title>
6.         <script src="js/jquery-1.12.3.min.js"></script>
7.         <style>
8.             div, p {
9.                 width:180px;
10.                height:100px;
11.                float:left;
12.                padding:10px;
13.                margin:10px;
14.                border:1px solid gray;
15.             }
16.         </style>
17.    </head>
18.    <body>
19.        <h3>jQuery 多重选择器示例</h3>
20.        <hr>
21.        <div class="style01">div class="style01"</div>
22.        <div class="style02">div class="style02"</div>
23.        <p class="style02">p class="style02"</p>
24.        <script>
25.            $(document).ready(function() {
26.                $("h3, p, div.style01").css("border", "5px solid red");
27.            });
28.        </script>
29.    </body>
30. </html>
```

运行效果如图 7-5 所示。

图 7-5　jQuery 多重选择器的使用效果

【代码说明】

本例中的多重选择器$("h3, p, div.style01")表示选择所有的<h3>标签、<p>标签以及 class="style01"的<div>标签。由图 7-5 可见，页面中的标题<h3>、段落元素<p>以及 class="style01"的<div>元素被修改了边框样式，证明多重选择器已生效。

7.1.2　属性选择器

属性选择器（Attribute Selector）可用于选择具有指定属性要求的元素。jQuery 使用路径表达式（XPath）在 HTML 文档中进行导航，从而选择指定属性的元素。jQuery 属性选择器的常见用法如表 7-2 所示。

表 7-2　jQuery 属性选择器常见用法示例

选　择　器	描　　述	用 法 示 例	示 例 描 述
[attribute]	带有指定属性的元素	$("[alt]")	所有带 alt 属性的元素
[attribute=value]	属性等于指定值的元素	$("[href='#']")	所有 href 属性值等于"#"的元素
[attribute!=value]	属性不等于指定值的元素	$("[href!='#']")	所有 href 属性值不等于"#"的元素
[attribute$=value]	属性以指定值结尾的元素	$("[src$='.png']")	所有 src 属性值以.png 结尾的元素

属性选择器也可以和其他选择器配合使用，能缩小匹配范围。例如：

```
$("img[src$='.png']")
```

上述代码表示找出页面中所有 src 属性值以.png 结尾的图像元素<img>。

【例 7-6】　jQuery 属性选择器的使用

```
1.  <!DOCTYPE html>
2.  <html>
3.    <head>
4.      <meta charset="utf-8">
5.      <title>jQuery 属性选择器示例</title>
6.      <script src="js/jquery-1.12.3.min.js"></script>
7.      <style>
```

```
8.              a {
9.                  margin:10px;
10.             }
11.         </style>
12.     </head>
13.     <body>
14.         <h3>jQuery 属性选择器示例</h3>
15.         <hr>
16.         <a href="http://www.sina.com.cn">新浪</a>
17.         <a href="http://www.163.com">网易</a>
18.         <a href="http://www.sohu.com">搜狐</a>
19.         <script>
20.             $(document).ready(function() {
21.                 //筛选 href 属性值以.cn 结尾的元素
22.                 $("[href$='.cn']").css("border", "5px solid red");
23.             });
24.         </script>
25.     </body>
26. </html>
```

运行效果如图 7-6 所示。

图 7-6　jQuery 属性选择器的使用效果

【代码说明】

本例主要包含 3 个超链接元素<a>，其 href 属性分别指向新浪、网易和搜狐的主页地址。其中，新浪的 URL 地址以.cn 结尾，而网易和搜狐的 URL 地址均以.com 结尾。

在 jQuery 代码部分，使用属性选择器$("[href$='.cn']")表示选择了 href 属性值以.cn 结尾的元素，并且将其样式更新为 5 像素宽的红色实线边框。由图 7-6 可见，只有新浪对应的超链接元素受到影响，边框样式发生了改变。因此得出结论：属性选择器生效。

7.1.3　表单选择器

jQuery 表单选择器（Form Selector）可用于选择指定类型或处于指定状态的表单元素，常见用法示例如表 7-3 所示。

表 7-3　jQuery 表单选择器常见用法示例

指定类型的表单元素

选　择　器	描　　述	用　法　示　例
:input	所有的<input>元素	$(":input")
:text	选择 type="text"的<input>元素	$(":text")
:password	选择 type="password"的<input>元素	$(":password")
:radio	选择 type="radio"的<input>元素	$(":radio")
:checkbox	选择 type="checkbox"的<input>元素	$(":checkbox")
:submit	选择 type="submit"的<input>和<button>元素	$("input:submit")
:reset	选择 type="reset"的<input>和<button>元素	$(":reset")
:button	选择 type="button"的<input>和<button>元素	$(":button")
:image	选择 type="image"的<input>元素	$(":image")
:file	选择 type="file"的<input>元素	$(":file")

指定状态的表单元素

选　择　器	描　　述	用　法　示　例
:enabled	所有启用的<input>和<button>元素	$(":enabled")
:disabled	所有被禁用的<input>和<button>元素	$(":disabled")
:selected	下拉列表中处于选中状态的<option>元素	$(":selected")
:checked	所有被选中的单选按钮或者复选框	$(":checked")

【例 7-7】 jQuery 表单选择器的使用

```
1.   <!DOCTYPE html>
2.   <html>
3.     <head>
4.        <meta charset="utf-8">
5.        <title>jQuery 表单选择器示例</title>
6.        <script src="js/jquery-1.12.3.min.js"></script>
7.        <style>
8.          form {
9.             width:500px;
10.            text-align:center;
11.          }
12.        </style>
13.     </head>
14.     <body>
15.        <h3>jQuery 表单选择器示例</h3>
16.        <hr>
17.     <!--表单-->
18.     <form method="post" action="URL">
19.        <label>用户名:
20.           <input type="text" name="username" required/>
21.        </label>
22.        <br/>
23.        <label>密　码:
```

```
24.                <input type="password" name="pwd" required/>
25.            </label>
26.            <br/>
27.            <label>确   认：
28.                <input type="password" name="pwd" required/>
29.            </label>
30.            <br/>
31.            <label>姓   名：
32.                <input type="text" name="name" required/>
33.            </label>
34.            <br/>
35.            <label>邮   箱：
36.                <input type="email" name="email" required/>
37.            </label>
38.            <br/>
39.            <button type="submit">提交注册</button>
40.        </form>
41.        <script>
42.            $(document).ready(function() {
43.                $(":password").css("border", "1px solid red");
44.            });
45.        </script>
46.    </body>
47. </html>
```

运行效果如图 7-7 所示。

图 7-7　jQuery 表单选择器的使用效果

【代码说明】

本例主要包含一个表单元素<form>，并在其中添加了 5 个<input>元素，分别用于表示用户名、密码、新密码确认、姓名和邮箱的输入框。其中，用户名和姓名的 type 属性值为 text；密码和新密码确认的 type 属性值为 password；邮箱的 type 属性值为 email。

在 jQuery 代码部分，使用表单选择器$(":password")表示选择了 type="password"的
<input>元素，并且将其样式更新为 1 像素宽的红色实线边框。由图 7-7 可见，只有密码和
新密码确认区域输入框的边框样式发生了改变。因此得出结论：表单选择器生效。

7.1.4 层次选择器

1. 子元素选择器

子元素选择器（Child Selector）只能选择指定元素的第一层子元素，其语法结构如下。

```
$("parent>child")
```

其中，参数 parent 可以是任何一个有效的 jQuery 选择器，参数 child 填入的选择器筛
选的必须是 parent 的第一层子元素。例如：

```
<p>
    这是一个<span><strong>测试</strong>段落</span>，用于测试子元素的层次。
</p>
```

在上述代码中，段落元素<p>的第一层子元素为<span>，而<strong>是<span>的第一层
子元素，只能算是<p>元素的后代，因此使用子元素选择器只能是$("p>span")或者
$("span>strong")的形式，不可以写成$("p>strong")的形式。

【例 7-8】 jQuery 子元素选择器的使用

```
1.  <!DOCTYPE html>
2.  <html>
3.    <head>
4.      <meta charset="utf-8">
5.      <title>jQuery 子元素选择器示例</title>
6.      <script src="js/jquery-1.12.3.min.js"></script>
7.      <style>
8.        ul {
9.          width:100px;
10.       }
11.     </style>
12.   </head>
13.   <body>
14.     <h3>jQuery 子元素选择器示例</h3>
15.     <hr>
16.     <ul class="all">
17.       <li>第一章</li>
18.       <li>第二章</li>
19.       <ul>
20.         <li>2.1</li>
21.         <li>2.2</li>
22.       </ul>
23.       <li>第三章</li>
24.     </ul>
```

```
25.        <script>
26.            $(document).ready(function() {
27.                $("ul.all>li").css("border", "1px solid red");
28.            });
29.        </script>
30.    </body>
31. </html>
```

运行效果如图 7-8 所示。

图 7-8　jQuery 子元素选择器的使用效果

【代码说明】

本例使用无序标签<ul>制作了一个简易章节目录，其中包含了 3 个列表选项元素<li>分别表示第一、二、三章，在第二章和第三章之间包含了另一个无序标签<ul>，并在其中包含了两个列表选项元素<li>分别表示 2.1 和 2.2 节的目录。

在 jQuery 中使用了子元素选择器$("ul.all>li")，表示从 class="all"的<ul>元素中选出所有的第一层<li>元素，并将其边框样式设置为 1 像素宽的红色实线。由图 7-8 可见，用于表示第一、二、三章的 3 个列表选项元素<li>的边框样式被重置，但是用于表示 2.1 和 2.2 节的<li>元素不受影响。这是由于表示 2.1 和 2.2 节的<li>元素包含在内部的<ul>元素中，是第二层后代元素，不符合子元素选择器的筛选规则。

2．后代选择器

后代选择器（Descendant Selector）可用于选择指定元素内包含的所有后代元素，比子元素选择器的涵盖范围更加广泛，其语法结构如下。

```
$("ancestor descendant")
```

其中，参数 ancestor 可以是任何一个有效的 jQuery 选择器，参数 descendant 填入的选择器筛选的必须是 parent 的后代元素，该后代元素可以是 parent 元素的第一层子元素，也可以是其中子元素的后代。例如：

```
<p>
    这是一个<span><strong>测试</strong>段落</span>，用于测试子元素的层次。
</p>
```

在上述代码中，段落元素<p>的第一层子元素为<span>，而<strong>是<span>的第一层子元素，属于<p>元素的后代，因此使用后代选择器选择其中的<strong>标签可以是$("p strong")或者$("span strong")的形式。

【例 7-9】 jQuery 后代选择器的使用

```
1.  <!DOCTYPE html>
2.  <html>
3.    <head>
4.        <meta charset="utf-8">
5.        <title>jQuery 后代选择器示例</title>
6.        <script src="js/jquery-1.12.3.min.js"></script>
7.        <style>
8.            div {
9.                width:200px;
10.               border:1px solid;
11.               margin:10px;
12.            }
13.        </style>
14.    </head>
15.    <body>
16.        <h3>jQuery 后代选择器示例</h3>
17.        <hr>
18.        <div class="style01">
19.            <h3>第一个标题</h3>
20.            <p>这是一段<span>测试文字</span>，用于测试后代选择器的效果。</p>
21.        </div>
22.        <div class="style02">
23.            <h3>第二个标题</h3>
24.            <p>这是一段<span>测试文字</span>，用于测试后代选择器的效果。</p>
25.        </div>
26.        <script>
27.            $(document).ready(function() {
28.                $("div.style01 span").css("border", "1px solid red");
29.            });
30.        </script>
31.    </body>
32. </html>
```

运行效果如图 7-9 所示。

【代码说明】

本例包含了两个区域元素<div>，分别定义其 class 名称为 style01 和 style02 以示区别。在 CSS 内部样式表中为<div>元素设置统一样式：宽 100 像素，各边的外边距为 10 像素，带有 1 像素宽的黑色实线边框。在这两个<div>元素中放置相同的子元素——标题元素<h3>和段落元素<p>，并在段落元素<p>的内部将局部文字使用<span>标签包围。因此，<span>元素是<p>元素的子元素，也是<div>元素的后代。

图 7-9　jQuery 后代选择器的使用效果

在 jQuery 中使用了后代选择器$("div.style01 span")，表示从 class="style01"的\<div\>元素中选出其内部包含的所有\<span\>元素，并将其边框样式设置为 2 像素宽的红色实线。由图 7-9 可见，第一个\<div\>元素中的\<span\>标签被标记了出来，而第二个\<div\>元素中的\<span\>标签完全没有受到影响。

3. 后相邻选择器

后相邻选择器（Next Adjacent Selector）可用于选择与指定元素相邻的后一个元素，其语法结构如下。

```
$("prev+next")
```

其中，参数 prev 可以是任何一个有效的 jQuery 选择器，参数 next 填入的选择器筛选的必须是与 prev 相邻的后一个元素。

当需要选择的元素没有 id 名称或 class 属性值能选择时，可以考虑使用该方法先获取其相邻的前一个元素，然后再定位到需要的元素。例如：

```
<p class="test">这是第一个段落元素。</p>
<p>这是第二个段落元素。</p>
```

上述代码包含了两个段落元素\<p\>，其中第一个元素可以使用类选择器$("p.test")获取，第二个元素无 id 名称和 class 属性值，因此可以考虑使用相邻选择器$("p.test+p")获取。

【例 7-10】 jQuery 后相邻选择器的使用

```
1.   <!DOCTYPE html>
2.   <html>
3.     <head>
4.        <meta charset="utf-8">
5.        <title>jQuery 后相邻选择器示例</title>
6.        <script src="js/jquery-1.12.3.min.js"></script>
7.        <style>
```

```
8.            div {
9.                width:100px;
10.               height:50px;
11.               border:1px solid;
12.               margin:10px;
13.               float:left;
14.            }
15.        </style>
16.     </head>
17.     <body>
18.        <h3>jQuery 后相邻选择器示例</h3>
19.        <hr>
20.        <div id="test01">div id="test01"</div>
21.        <div>普通 div 元素，无 id 名称</div>
22.        <script>
23.            $(document).ready(function() {
24.                $("div#test01+div").css("border", "2px solid red");
25.            });
26.        </script>
27.     </body>
28. </html>
```

运行效果如图 7-10 所示。

图 7-10   jQuery 后相邻选择器的使用效果

【代码说明】

本例包含了两个区域元素<div>，在 CSS 内部样式表中为<div>元素设置统一样式：宽 100 像素、高 50 像素，带有 1 像素宽的黑色实线边框，各边的外边距为 10 像素，并且向左浮动。其中，第一个<div>元素具有 id="test01"的属性值，而第二个<div>元素没有任何特征。

在 jQuery 中使用了后相邻选择器$("div#test01+div")，表示先找到 id="test01"的<div>元素，然后定位与其相邻的下一个<div>元素，并将其边框样式设置为两像素宽的红色实线。这时，第二个<div>元素的边框已经更新为红色样式，说明后相邻选择器生效。

4．后兄弟选择器

后兄弟选择器（Next Siblings Selector）可用于选择指定元素后面跟随的所有符合条件的兄弟元素，其语法结构如下。

```
$("prev~siblings")
```

其中，参数 prev 可以是任何一个有效的 jQuery 选择器，参数 siblings 填入的选择器筛选的必须是位置在 prev 元素后面的兄弟元素。

该选择器与上一小节介绍的$("prev+next")的不同之处在于：$("prev+next")只能筛选紧跟在指定元素后面的下一个相邻元素，而$("prev~siblings")可以筛选指定元素后面所有符合条件的兄弟元素，可以是多个元素。

当在同一个父元素中有多个元素需要选择时，可以考虑使用该选择器先找到它们的前一个兄弟元素，然后批量选中这些元素。例如：

```
<p class="test">这是第一个段落元素。</p>
<p>这是第二个段落元素。</p>
<p>这是第三个段落元素。</p>
```

上述代码包含了 3 个段落元素<p>，其中第一个段落元素可以使用类选择器$("p.test")获取，后两个段落元素无 id 名称和 class 属性值，因此可以考虑使用后兄弟选择器$("p.test~p")获取。

【例 7-11】 jQuery 后兄弟选择器的使用

```
1.  <!DOCTYPE html>
2.  <html>
3.    <head>
4.        <meta charset="utf-8">
5.        <title>jQuery 后兄弟选择器示例</title>
6.        <script src="js/jquery-1.12.3.min.js"></script>
7.        <style>
8.            div,p {
9.                width:100px;
10.               height:100px;
11.               border:1px solid;
12.               margin:10px;
13.               float:left;
14.           }
15.       </style>
16.   </head>
17.   <body>
18.       <h3>jQuery 后兄弟选择器示例</h3>
19.       <hr>
20.       <div id="test">div id="test"</div>
21.       <div>这是一个普通 div 元素。</div>
22.       <p>这是一个段落元素。</p>
23.       <div>这是一个普通 div 元素。</div>
24.       <script>
```

```
25.            $(document).ready(function() {
26.                $("div#test~div").css("border", "2px solid red");
27.            });
28.        </script>
29.    </body>
30. </html>
```

运行效果如图 7-11 所示。

图 7-11 jQuery 后兄弟选择器的使用效果

【代码说明】

本例包含了 3 个区域元素<div>和 1 个段落元素<p>，在 CSS 内部样式表中为<div>和<p>元素设置统一样式：宽 100 像素、高 100 像素，带有 1 像素宽的黑色实线边框，各边的外边距为 10 像素，并且向左浮动。其中，第一个<div>元素具有 id="test"的属性值，用于作为参照元素，紧跟其后的其他兄弟元素均没有任何特征。

在 jQuery 中使用了后兄弟选择器$("div#test~div")，表示先找到 id="test"的<div>元素，然后查找该元素后面的所有兄弟元素，如果有<div>元素就将其边框样式设置为 2 像素宽的红色实线。这时，第 2、4 个方块的边框已经更新为红色样式，说明后兄弟选择器生效。其中，第 3 个方块是<p>元素用于作为对比，它不符合选择器条件，因此未被更改边框样式。

7.1.5 jQuery CSS 选择器

jQuery CSS 选择器用于改变指定 HTML 元素的 CSS 属性，其语法结构如下。

```
$(selector).css(propertyName, value);
```

其中，selector 参数位置可以是任意有效的选择器，propertyName 参数位置为 CSS 属性名称，value 参数位置为需要设置的 CSS 属性值。

例如将所有 h1 标签的背景颜色改为灰色，写法如下。

```
$("h1").css("background-color","gray");
```

【例 7-12】 jQuery CSS 选择器的使用

使用 jQuery CSS 选择器将页面上所有的<span>元素标记为红色字体。

```
1.    <!DOCTYPE html>
2.    <html>
3.        <head>
```

```
4.          <meta charset="utf-8">
5.          <title>jQuery CSS 选择器示例</title>
6.          <script src="js/jquery-1.12.3.min.js"></script>
7.          <style>
8.              p{
9.                  width:100px;
10.                 height:50px;
11.                 border:1px solid;
12.                 margin:10px;
13.                 float:left;
14.             }
15.         </style>
16.     </head>
17.     <body>
18.         <h3>jQuery CSS 选择器示例</h3>
19.         <hr>
20.         <p>这是<span>第一个</span>段落元素。</p>
21.         <p>这是<span>第二个</span>段落元素。</p>
22.         <script>
23.             $(document).ready(function() {
24.                 $("span").css("color", "red");
25.             });
26.         </script>
27.     </body>
28. </html>
```

运行效果如图 7-12 所示。

图 7-12　jQuery CSS 选择器的使用效果

【代码说明】

本例包含了两个段落元素<p>，并在 CSS 内部样式表中为其设置统一样式：宽 100 像素、高 50 像素，带有 1 像素宽的实线边框，各边的外边距为 10 像素，向左浮动。在这两个段落元素<p>中各包含了一个<span>元素用于测试 CSS 选择器的效果。

在 jQuery 中使用了 CSS 选择器$("span").css("color", "red")，表示先找到所有的<span>

元素，然后将其中的字体颜色更新为红色。这时，两个段落中被<span>标签包含的文字已变为红色，说明 CSS 选择器生效。

jQuery CSS 选择器中的 css()方法还可以用于批量设置元素的样式属性。关于 css()方法的更多用法，请读者参考 10.1.5 节中的 jQuery css()部分。

7.2　jQuery 过滤器

jQuery 过滤器可以单独使用，也可以与其他选择器配合使用。根据筛选条件可归纳为基础过滤器、子元素过滤器、内容过滤器和可见性过滤器。

7.2.1　基础过滤器

jQuery 基础过滤器（Basic Filter）包含了一些常用的过滤功能，常见用法如表 7-4 所示。

<p align="center">表 7-4　jQuery 基础过滤器常见用法示例</p>

过　滤　器	描　　述
:first	用于选择第一个符合条件的元素
:last	用于选择最后一个符合条件的元素
:even	用于选择偶数的元素（元素从 0 开始计数）
:odd	用于选择奇数的元素（元素从 0 开始计数）
:eq()	用于选择指定序号的元素（元素从 0 开始计数）
:gt()	用于选择大于指定序号的元素（元素从 0 开始计数）
:lt()	用于选择小于指定序号的元素（元素从 0 开始计数）
:not()	用于选择所有不符合指定要求的元素
:header	用于选择所有的标题元素，即<h1>～<h6>

1．:first 和:last

:first 过滤器用于筛选第一个符合条件的元素，其语法结构如下。

```
$(":first")
```

:first 过滤器只能选择符合条件的第一个元素。例如：

```
$("div:first")
```

上述代码表示选择页面上的第一个<div>元素。

:last 过滤器用于筛选最后一个符合条件的元素，其语法结构如下。

```
$(":last")
```

:last 过滤器可以单独使用，也可以与其他选择器配合使用。

【例 7-13】　jQuery 基础过滤器:first 和:last 的使用

```
1.    <!DOCTYPE html>
2.    <html>
3.        <head>
4.            <meta charset="utf-8">
```

```
5.            <title>jQuery 基础过滤器:first 和:last 示例</title>
6.            <script src="js/jquery-1.12.3.min.js"></script>
7.            <style>
8.              p{
9.                  width:100px;
10.                 height:50px;
11.                 border:1px solid;
12.                 margin:10px;
13.                 float:left;
14.              }
15.           </style>
16.     </head>
17.     <body>
18.         <h3>jQuery 基础过滤器:first 和:last 示例</h3>
19.         <hr>
20.         <p>这是第一个段落元素。</p>
21.         <p>这是第二个段落元素。</p>
22.         <p>这是第三个段落元素。</p>
23.         <script>
24.             $(document).ready(function() {
25.                 $("p:first").css("border", "1px solid red");
26.                 $("p:last").css("border", "1px dashed blue");
27.             });
28.         </script>
29.     </body>
30. </html>
```

运行效果如图 7-13 所示。

图 7-13　jQuery 基础过滤器:first 和:last 的使用效果

【代码说明】

本例包含了 3 个段落元素<p>，并在 CSS 内部样式表中为其设置统一样式：宽 100 像素、高 50 像素，带有 1 像素宽的实线边框，各边的外边距为 10 像素，向左浮动。

在 jQuery 中分别使用了基础过滤器:first 和:last 来选择元素。其中，$("p:first")表示找到网页中的第一个<p>元素，css("border", "1px solid red")表示将其边框样式更新为 1 像素宽的红色实线边框；而$("p:last")表示找到网页中的最后一个<p>元素，css("border", "1px dashed blue")表示将其边框样式更新为 1 像素宽的虚线蓝色边框。由图 7-13 可见，两个指定段落的边框样式均已发生变化，说明 CSS 选择器生效。

2．:even 和:odd

:even 过滤器用于筛选符合条件的偶数个元素，序号从 0 开始计数，其语法结构如下。

```
$(":even")
```

例如，筛选表格中的偶数行的写法如下。

```
$("tr:even")
```

由于:even 过滤器是基于 JavaScript 数组的原理，同样继承了从 0 开始计数的规则，因此上述代码表示筛选表格的第 1、3、5 以及更多行。

:odd 过滤器用于筛选符合条件的奇数个元素，序号从 0 开始计数，其语法结构如下。

```
$(":odd")
```

例如，筛选表格中的奇数行的写法如下。

```
$("tr:odd")
```

需要注意的是，:odd 过滤器同样继承了从 0 开始计数的规则，因此上述代码表示筛选表格的第 2、4、6 以及更多行。

【例 7-14】 jQuery 基础过滤器:even 和:odd 的使用

```
1.    <!DOCTYPE html>
2.    <html>
3.      <head>
4.          <meta charset="utf-8">
5.          <title>jQuery 基础过滤器:even 和:odd 示例</title>
6.          <script src="js/jquery-1.12.3.min.js"></script>
7.      </head>
8.      <body>
9.          <h3>jQuery 基础过滤器:even 和:odd 示例</h3>
10.         <hr>
11.         <table id="recruit" border="1">
12.             <caption>招聘信息表</caption>
13.             <tr><th>地点</th><th>招聘职位</th><th>公司</th></tr>
14.             <tr><td>全国</td><td>产品培训生</td><td>腾讯</td></tr>
15.             <tr><td>全国</td><td>前端开发工程师</td><td>阿里巴巴</td></tr>
16.             <tr><td>上海</td><td>交互设计师</td><td>网易游戏</td></tr>
17.             <tr><td>北京</td><td>视觉设计师</td><td>360</td></tr>
18.             <tr><td>深圳</td><td>数据分析师</td><td>IBM</td></tr>
19.             <tr><td>杭州</td><td>数据研发工程师</td><td>微软</td></tr>
```

```
20.        </table>
21.        <script>
22.            $(document).ready(function() {
23.                $("tr:even").css("background-color", "lightblue");
24.                $("tr:odd").css("background-color", "silver");
25.            });
26.        </script>
27.    </body>
28. </html>
```

运行效果如图 7-14 所示。

图 7-14　jQuery 基础过滤器:even 和:odd 的使用效果

【代码说明】

本例包含一个 7 行的表格元素<table>。在 jQuery 中分别使用了基础过滤器:even()和:odd()来选择元素。其中，$("tr:even")表示找到表格中全部的偶数行，即第 1、3、5、7 行，css("background-color", "lightblue")表示将其背景颜色更新为浅蓝色；而$("tr:odd")表示找到表格中全部的奇数行，css("background-color", "silver")表示将其背景颜色更新为银色。由图 7-14 可见，表格中奇偶行的背景颜色发生了变化，说明基础过滤器:even()和:odd()生效。需要注意的是，行号是从 0 开始计算的。

3．:eq()、:gt()和:lt()

:eq()过滤器用于选择指定序号为 n 的元素，序号从 0 开始计数。其中，eq 来源于英文单词 equal（等于）的前两个字母。其语法结构如下。

```
$(":eq(index)")
```

参数 index 可替换为指定的序号。在 jQuery 1.8 版以后，若 index 填入负数，表示倒数第 n 个元素。其中，:eq(0)等同于:first 过滤器的效果。

:gt()过滤器用于选择所有大于序号为 n 的元素，序号从 0 开始计数。其中，gt 来源于英文单词 greater than（大于）的首字母。其语法结构如下。

```
$(":gt(index)")
```

参数 index 可替换为指定的序号。在 jQuery 1.8 版以后，若 index 填入负数，表示序号大于倒数第 n 个元素。

:lt()过滤器用于选择所有小于序号为 n 的元素，序号从 0 开始计数。其中，lt 来源于英文单词 less than（小于）的首字母。其语法结构如下。

```
$(":lt(index)")
```

参数 index 可替换为指定的序号。在 jQuery 1.8 版以后，若 index 填入负数，表示序号小于倒数第 n 个元素。其中，:lt(1)相当于:first 过滤器的效果。

【例 7-15】 jQuery 基础过滤器:eq()、:gt()和:lt()的使用

```
1.   <!DOCTYPE html>
2.   <html>
3.     <head>
4.       <meta charset="utf-8">
5.       <title>jQuery 基础过滤器:eq、:gt 和:lt 示例</title>
6.       <script src="js/jquery-1.12.3.min.js"></script>
7.       <style>
8.         ul{
9.           width:100px;
10.        }
11.      </style>
12.    </head>
13.    <body>
14.      <h3>jQuery 基础过滤器:eq、:gt 和:lt 示例</h3>
15.      <hr>
16.      <ul>
17.      <li>第一章</li>
18.      <li>第二章</li>
19.      <li>第三章</li>
20.      <li>第四章</li>
21.      <li>第五章</li>
22.      </ul>
23.      <script>
24.        $(document).ready(function() {
25.          $("li:eq(2)").css("border", "2px solid red");
26.          $("li:gt(2)").css("border", "2px solid blue");
27.          $("li:lt(2)").css("border", "2px solid yellow");
28.        });
29.      </script>
30.    </body>
31. </html>
```

运行效果如图 7-15 所示。

图 7-15　jQuery 基础过滤器:eq()、:gt()和:lt()的使用效果

【代码说明】

本例包含了一个宽度为 100 像素的无序列表<ul>及其内部的 5 个列表选项元素<li>。在 jQuery 中使用了$("li:eq(2)")、$("li:gt(2)")和$("li:lt(2)")分别表示查找序号等于 2、大于 2 和小于 2 的<li>元素，并将其边框样式分别设置为 2 像素宽的红色、蓝色和黄色实线。

由图 7-15 可见，$("li:eq(2)")影响的是第 3 行的列表选项元素<li>；$("li:gt(2)")影响的是第 3 行之后的所有列表选项；$("li:lt(2)")影响的是第 3 行之前的所有列表选项。

4．:not()

:not()过滤器用于筛选所有不符合条件的元素，其语法结构如下：

```
$(":not(selector)")
```

所有的选择器都可以与:not()配合使用来筛选相反的条件。

【例 7-16】　jQuery 基础过滤器:not()的使用

```
1.   <!DOCTYPE html>
2.   <html>
3.     <head>
4.       <meta charset="utf-8">
5.       <title>jQuery 基础过滤器:not 示例</title>
6.       <script src="js/jquery-1.12.3.min.js"></script>
7.       <style>
8.           p{
9.               width:100px;
10.              height:100px;
11.              border:1px solid;
12.              float:left;
13.              margin:10px;
14.          }
15.      </style>
16.   </head>
17.   <body>
18.       <h3>jQuery 基础过滤器:not 示例</h3>
```

```
19.        <hr>
20.        <p>这是普通段落元素。</p>
21.        <p id="test">id="test"的段落元素。</p>
22.        <p>这是普通段落元素。</p>
23.        <script>
24.            $(document).ready(function() {
25.                $(":not(p#test)").css("border", "2px solid red");
26.            });
27.        </script>
28.    </body>
29. </html>
```

运行效果如图 7-16 所示。

图 7-16　jQuery 基础过滤器:not()的使用效果

【代码说明】

本例包含了 3 个段落元素<p>，并在 CSS 内部样式表中为其设置了统一的样式：宽、高均为 100 像素，带有 1 像素宽的实线边框，向左浮动，各边的外边距为 10 像素。其中，第 2 个段落元素设置了 id="test"，以便使用过滤器:not()测试效果。

在 jQuery 中使用了选择器$(":not(p#test)")表示筛选除 id="test"的段落元素之外的所有 HTML 元素，并为它们添加 1 像素宽的红色实线边框。由图 7-16 可见，中间的段落元素被排除在选择范围外，因此过滤器:not()的效果实现。

5．:header

:header()过滤器用于筛选所有的标题元素，从<h1>到<h6>均在此选择范围内，其语法结构如下。

```
$(":header")
```

【**例 7-17**】　jQuery 基础过滤器:header()的使用

```
1.  <!DOCTYPE html>
2.  <html>
3.    <head>
4.        <meta charset="utf-8">
5.        <title>jQuery 基础过滤器:header 示例</title>
6.        <script src="js/jquery-1.12.3.min.js"></script>
7.    </head>
```

```
8.        <body>
9.          <h3>jQuery 基础过滤器:header 示例</h3>
10.          <hr>
11.          <h4>标题 4</h4>
12.          <p>正文内容</p>
13.          <h4>标题 4</h4>
14.          <p>正文内容</p>
15.          <script>
16.              $(document).ready(function() {
17.                  $(":header").css({fontWeight:"bold",color:"red"});
18.              });
19.          </script>
20.      </body>
21.  </html>
```

运行效果如图 7-17 所示。

图 7-17　jQuery 基础过滤器:header()的使用效果

【代码说明】

本例包含两个标题元素<h4>和两个段落元素<p>。在 jQuery 中使用了基础过滤器:header()来选择元素。其中，$(":header")表示找到全部的标题元素，css({fontWeight:"bold",color:"red"})表示将字体加粗并且字体颜色变为红色。由图 7-17 可见，只有两个标题元素<h4>发生了样式变化，说明基础过滤器:header()生效。

7.2.2　子元素过滤器

jQuery 子元素过滤器（Child Filter）可筛选指定元素的子元素，常见用法如表 7-5 所示。

表 7-5　jQuery 子元素过滤器常见用法示例

过　　滤　　器	描　　　　述
:first-child	用于选择所有父元素中的第一个子元素
:last-child	用于选择所有父元素中的最后一个子元素
:nth-child()	用于选择所有父元素中的第 n 个子元素
:nth-last-child()	用于选择所有父元素中的倒数第 n 个子元素
:only-child	用于选择所有父元素中唯一的子元素

1．:first-child

:first-child 过滤器用于筛选页面上每个父元素中的第一个子元素，其语法结构如下。

```
$(":first-child")
```

和只能选择唯一元素的:first 过滤器不同，只要是页面上的父元素，可以同时使用:first-child 过滤器从中选出其第一个子元素，因此选择结果可能不止一个元素。

:first-child 过滤器可以单独使用，也可以与其他选择器配合使用。例如：

```
$("p:first-child")
```

上述代码表示在页面上所有包含段落元素\<p\>的父元素中筛选出每个父元素内部的第一个段落子元素\<p\>。需要注意的是，这里筛选出来的段落子元素\<p\>有可能并不是其父元素的第一个子元素，例如以下情况。

```
<div>
  <span>我是第一个子元素。</span>
  <p>我是第二个子元素，但是也是第一个段落元素。我将被$("p:first-child")筛选出来。</p>
  <p>我是第三个子元素。</p>
</div>
```

【例 7-18】　jQuery 子元素过滤器:first-child()的使用

```
1.   <!DOCTYPE html>
2.   <html>
3.     <head>
4.         <meta charset="utf-8">
5.         <title>jQuery 子元素过滤器:first-child 示例</title>
6.         <script src="js/jquery-1.12.3.min.js"></script>
7.         <style>
8.         ul{
9.             width:100px;
10.            border:1px solid;
11.        }
12.        </style>
13.    </head>
14.    <body>
15.        <h3>jQuery 子元素过滤器:first-child 示例</h3>
16.        <hr>
17.        <ul>
18.            <li>Apple</li>
19.            <li>Pear</li>
20.            <li>Grape</li>
21.        </ul>
22.        <ul>
23.            <li>Milk</li>
```

```
24.              <li>Bread</li>
25.              <li>Coffee</li>
26.          </ul>
27.          <script>
28.              $(document).ready(function() {
29.                  $("li:first-child").css({fontWeight:"bold",color:"red"});
30.              });
31.          </script>
32.      </body>
33. </html>
```

运行效果如图 7-18 所示。

图 7-18　jQuery 子元素过滤器:first-child()的使用效果

【代码说明】

本例包含两组列表，每组都是由一个无序列表<ul>配套 3 个<li>子元素形成的。

在 jQuery 中使用了子元素过滤器:first-child()来选择元素。其中，$("li:first-child")表示首先要找到页面上所有包含了<li>的父元素（这里是两个<ul>元素），再选中其中的第一个子元素<li>，然后使用 css({fontWeight:"bold",color:"red"})表示将字体加粗并且字体颜色变为红色。由图 7-18 可见，每个<ul>元素内部的第一个子元素<li>样式均发生了变化，说明子元素过滤器:first-child()生效。

2．:last-child

:last-child 过滤器用于筛选页面上每个父元素中的最后一个子元素，其语法结构如下。

```
$(":last-child")
```

与:first-child 过滤器类似，其选择结果可能不止一个元素。

:last-child 过滤器可以单独使用，也可以与其他选择器配合使用。例如：

```
$("p:last-child")
```

上述代码表示在页面上所有包含段落元素<p>的父元素中筛选出每个父元素内部的最

后一个段落子元素<p>。需要注意的是，这里筛选出来的段落子元素<p>有可能并不是其父元素的最后一个子元素，例如以下情况。

```
<div>
  <p>我是第一个子元素。</p>
  <p>我是第二个子元素，但是也是最后一个段落元素。我将被$("p:last-child")筛选出来。</p>
  <span>我是最后一个子元素。</span>
</div>
```

【例 7-19】 jQuery 子元素过滤器:last-child()的使用

```
1.   <!DOCTYPE html>
2.   <html>
3.     <head>
4.         <meta charset="utf-8">
5.         <title>jQuery 子元素过滤器:last-child 示例</title>
6.         <script src="js/jquery-1.12.3.min.js"></script>
7.         <style>
8.         ul{
9.             width:100px;
10.            border:1px solid;
11.        }
12.        </style>
13.    </head>
14.    <body>
15.        <h3>jQuery 子元素过滤器:last-child 示例</h3>
16.        <hr>
17.        <ul>
18.            <li>Apple</li>
19.            <li>Pear</li>
20.            <li>Grape</li>
21.        </ul>
22.        <ul>
23.            <li>Milk</li>
24.            <li>Bread</li>
25.            <li>Coffee</li>
26.        </ul>
27.        <script>
28.            $(document).ready(function() {
29.                $("li:last-child").css({fontWeight:"bold",color:"red"});
30.            });
31.        </script>
32.    </body>
33. </html>
```

运行效果如图 7-19 所示。

图 7-19   jQuery 子元素过滤器:last-child()的使用效果

【代码说明】

本例包含两组列表，每组都是由一个无序列表<ul>配套 3 个<li>子元素形成的。在 jQuery 中使用了子元素过滤器:last-child()来选择元素。其中，$("li:last-child")表示首先要找到页面上所有包含了<li>的父元素（这里是两个<ul>元素），再选中其中的最后一个子元素 <li>，然后使用 css({fontWeight:"bold",color:"red"})表示将字体加粗并且字体颜色变为红色。由图 7-19 可见，每个<ul>元素内部的最后一个子元素<li>样式均发生了变化，说明子元素过滤器:last-child()生效。

3．:nth-child

:nth-child()过滤器用于筛选页面上每个父元素中的第 n 个子元素，序号从 1 开始计数，其语法结构如下。

```
$(":nth-child(index)")
```

其中，index 参数可以填入具体的数值，例如：

```
$(":nth-child(2)")
```

上述代码表示筛选父元素中的第 2 个子元素。

用户也可以在:nth-child()过滤器的 index 参数位置填入 even 或 odd 字样，分别表示偶数个或奇数个元素。例如：

```
$(":nth-child(odd)")
```

上述代码表示筛选父元素中的第 1、3、5、7 等个子元素。

用户还可以在:nth-child()过滤器的 index 参数位置填入数字与字母 n 的算术组合，n 的取值从 0 开始，每次自增 1 直到筛选完全部符合条件的子元素为止。例如：

```
$(":nth-child(3n+1)")
```

上述代码表示筛选父元素中的第 3n+1 个元素，即第 1、4、7、10 等个子元素。

:nth-child()过滤器可以单独使用，也可以与其他选择器配合使用。:nth-child(1)表示筛选第一个子元素，等同于:first-child()。

【例 7-20】 jQuery 子元素过滤器:nth-child()的使用

```
1.   <!DOCTYPE html>
2.   <html>
3.       <head>
4.           <meta charset="utf-8">
5.           <title>jQuery 子元素过滤器:nth-child 示例</title>
6.           <script src="js/jquery-1.12.3.min.js"></script>
7.           <style>
8.           ul{
9.                   width:150px;
10.                  border:1px solid;
11.                  float:left;
12.                  margin:10px;
13.              }
14.          </style>
15.      </head>
16.      <body>
17.          <h3>jQuery 子元素过滤器:nth-child 示例</h3>
18.          <hr>
19.          <ul id="item01">
20.          li:nth-child(odd)
21.          筛选奇数项
22.              <li>Apple</li>
23.              <li>Pear</li>
24.              <li>Grape</li>
25.              <li>Pineapple</li>
26.           </ul>
27.           <ul id="item02">
28.           li:nth-child(2)
29.           筛选第二个元素
30.              <li>Milk</li>
31.              <li>Bread</li>
32.              <li>Coffee</li>
33.           </ul>
34.           <ul id="item03">
35.           li:nth-child(3n+2)
36.           筛选第 3n+2 个元素
37.              <li>Red</li>
38.              <li>Blue</li>
39.              <li>Green</li>
40.              <li>Yellow</li>
41.              <li>Orange</li>
42.              <li>Purple</li>
43.          </ul>
44.          <script>
45.              $(document).ready(function() {
46.                  //选择奇数项子元素
47.                  $("ul#item01 li:nth-child(odd)").css("color","red");
48.                  //选择第二个子元素
```

```
49.                $("ul#item02 li:nth-child(2)").css("color","red");
50.                //选择第 3n+2 个子元素
51.                $("ul#item03 li:nth-child(3n+2)").css("color","red");
52.            });
53.        </script>
54.    </body>
55. </html>
```

运行效果如图 7-20 所示。

图 7-20　jQuery 子元素过滤器:nth-child()的使用效果

【代码说明】

本例包含 3 组列表，每组都是由一个无序列表<ul>配套若干个<li>子元素形成的，这 3
个<ul>元素的 id 值分别定义为 item01、item02 和 item03。在 jQuery 中分别对这 3 个<ul>
元素使用了子元素过滤器:nth-child()来选择元素。其中，$("ul#item01 li:nth-child(odd)")表示
在 id 值为 item01 的列表中筛选所有奇数项<li>元素；$("ul#item02 li:nth-child(2)")表示在 id
值为 item02 的列表中筛选第 2 项<li>元素；$("ul#item03 li:nth-child(3n+2)") 表示在 id 值为
item03 的列表中筛选第 3n+2 项<li>元素（其中 n=0，1，2，3，…）。然后使用 css("color","red")
表示将字体颜色变为红色。由图 7-20 可见，每个<ul>元素内部对应的子元素<li>样式均发
生了变化，说明子元素过滤器:nth-child()生效。

4.　:only-child

:only-child 过滤器用于筛选所有在父元素中有且仅有一个的子元素，其语法结构如下。

```
$(":only-child")
```

:only-child()过滤器可以单独使用，也可以与其他选择器配合使用。例如：

```
$("div span:only-child")
```

上述代码表示在所有只包含一个子元素的<div>父元素中查找<span>类型的子元素。
如果父元素中包含了其他子元素则不匹配，例如以下情况。

```
<div>
    <span>这是 span 元素</span>
    <button>这是 button 元素</button>
</div>
```

上述代码如果使用$("div span:only-child")进行筛选则匹配失败，因为父元素<div>中还包含了其他子元素<button>。

需要注意的是，即使其他子元素是
或<hr>等内容也会匹配失败。例如：

```
<div>
    <span>这是 span 元素</span>
    <hr>
</div>
```

上述代码如果使用$("div span:only-child")进行筛选也会匹配失败，因为<hr>会被认为是父元素<div>的第二个子元素。

如果父元素中只包含其他文本内容则不影响:only-child 过滤器的判断。例如：

```
<div>
    <span>这是 span 元素</span>
    这段文字不会影响 span 作为 div 的唯一子元素。
</div>
```

上述代码如果使用$("div span:only-child")进行筛选会匹配成功。

如果子元素内部还包含自身的子元素也不会影响匹配。例如：

```
<div>
    <span>
        这是 span 元素<br>
        这里的 br 元素是 span 的子元素<br>
        不影响 span 作为 div 的唯一子元素。
    </span>
</div>
```

上述代码如果使用$("div span:only-child")进行筛选也会匹配成功。

【例 7-21】 jQuery 子元素过滤器:only-child ()的使用

```
1.    <!DOCTYPE html>
2.    <html>
3.        <head>
4.            <meta charset="utf-8">
5.            <title>jQuery 子元素过滤器:only-child 示例</title>
6.            <script src="js/jquery-1.12.3.min.js"></script>
7.            <style>
8.            ul{
9.                width:150px;
10.               border:1px solid;
11.               float:left;
12.               margin:10px;
13.           }
14.           </style>
15.       </head>
```

```
16.     <body>
17.         <h3>jQuery 子元素过滤器:only-child 示例</h3>
18.         <hr>
19.         <ul>
20.             <li>Apple</li>
21.             <li>Pear</li>
22.             <li>Strawberry</li>
23.         </ul>
24.         <ul>
25.             <li>Bread</li>
26.         </ul>
27.         <ul>
28.             该 ul 元素内部无子元素。
29.         </ul>
30.         <script>
31.             $(document).ready(function() {
32.                 //选择唯一的子元素 li
33.                 $("ul li:only-child").css("color","red");
34.             });
35.         </script>
36.     </body>
37. </html>
```

运行效果如图 7-21 所示。

图 7-21　jQuery 子元素过滤器:only-child()的使用效果

【代码说明】

本例包含 3 组列表，每组列表都是由一个<ul>元素包含零或若干个子元素<li>形成的。其中，第 1 个<ul>元素包含 3 个子元素<li>；第 2 个<ul>元素包含一个子元素<li>；第 3 个<ul>元素没有包含任何子元素。

在 jQuery 中同时对所有<ul>元素使用子元素过滤器:only-child()来选择具有唯一子元素的<ul>，并使用 css("color","red")将指定元素的字体颜色变为红色。由图 7-21 可见，只有第 2 个<ul>元素样式发生了变化，而正是该元素内部只包含了一个子元素<li>，说明子元素过滤器:only-child()生效。

7.2.3　内容过滤器

jQuery 内容过滤器（Content Filter）可以根据元素所包含的子元素或文本内容进行过滤筛选，其常见用法如表 7-6 所示。

表 7-6   jQuery 内容过滤器常见用法示例

过 滤 器	描　　述
:contains()	用于选择所有处于隐藏状态的元素
:empty	用于选择未包含子节点（子元素和文本）的元素
:parent	用于选择拥有子节点（子元素和文本）的元素
:has()	用于选择包含指定选择器的元素

1．:contains()

:contains()过滤器用于筛选出所有包含指定文本内容的元素，其语法结构如下。

```
$(":contains(text)")
```

其中，text 替换成指定的字符串文本，由于过滤器外面已经存在一对双引号，因此该文本可以用单引号括住具体文字内容。例如：

```
$("p:contains('hi')")
```

上述代码表示选择所有文本内容包含"hi"字样的段落元素<p>。

:contains()过滤器的筛选文本是大小写敏感型，例如：

```
$("p:contains('hello')")
$("p:contains('HELLO')")
```

上述两个选择器表示完全不同的筛选结果。

【例 7-22】　jQuery 内容过滤器:contains()的使用

```
1.   <!DOCTYPE html>
2.   <html>
3.      <head>
4.         <meta charset="utf-8">
5.         <title>jQuery 内容过滤器:contains 示例</title>
6.         <script src="js/jquery-1.12.3.min.js"></script>
7.      </head>
8.      <body>
9.         <h3>jQuery 内容过滤器:contains 示例</h3>
10.        <hr>
11.        <div>北京故宫</div>
12.        <div>四川九寨沟</div>
13.        <div>安徽黄山</div>
14.        <div>山东泰山</div>
15.        <div>安徽九华山</div>
16.        <script>
17.           $(document).ready(function() {
18.              $("div:contains('安徽')").css("color","red");
19.           });
20.        </script>
21.      </body>
```

```
22. </html>
```

运行效果如图 7-22 所示。

图 7-22　jQuery 内容过滤器:contains()的使用效果

【代码说明】

本例包含 5 个<div>元素，每个<div>元素均包含一个纯文本的旅游景点名称用于测试。在 jQuery 中对<div>元素使用内容过滤器 :contains() 来筛选文本内容。其中，$("div:contains('安徽')")表示筛选文本中包含"安徽"字样的<div>元素，并使用 css("color","red")将指定元素的字体颜色变为红色。由图 7-22 可见，第 3 个与第 5 个<div>元素样式发生了变化，而正是这两个元素内部的文本内容为安徽地段的旅游景点，说明内容过滤器:contains()生效。

2. :empty

:empty 过滤器用于选择未包含子节点（子元素和文本）的元素，其语法结构如下。

```
$(":empty")
```

:empty 过滤器可以和其他有效选择器配合使用，例如：

```
$("td:empty")
```

上述代码表示选择所有无内容的表格单元格元素<td>。部分元素标签直接默认不包含任何子节点，例如水平线标签<hr>、换行标签
、图像标签<img>、表单标签<input>等。

【例 7-23】　jQuery 内容过滤器:empty 的使用

```
1.  <!DOCTYPE html>
2.  <html>
3.    <head>
4.      <meta charset="utf-8">
5.      <title>jQuery 内容过滤器:empty 示例</title>
6.      <script src="js/jquery-1.12.3.min.js"></script>
7.    </head>
8.    <body>
9.      <h3>jQuery 内容过滤器:empty 示例</h3>
10.     <hr>
```

```
11.        <table border="1">
12.            <tr><th>第一季度</th><th>第二季度</th><th>第三季度</th></tr>
13.            <tr><td>100</td><td>120</td><td>140</td></tr>
14.            <tr><td>200</td><td>220</td><td>240</td></tr>
15.            <tr><td>300</td><td>320</td><td></td></tr>
16.        </table>
17.        <script>
18.            $(document).ready(function() {
19.                $("td:empty").css("background","lightblue");
20.            });
21.        </script>
22.    </body>
23. </html>
```

运行效果如图 7-23 所示。

图 7-23　jQuery 内容过滤器:empty 的使用效果

【代码说明】

本例包含一个 4 行 3 列的<table>元素，其中，最后一行的第 3 个单元格<td>与</td>之间无内容，其他单元格中都填充了一些测试文字。

在 jQuery 中对<td>元素使用内容过滤器:empty()来筛选文本内容。其中，$("td:empty")表示筛选空白内容的<td>元素，并使用 css("background","lightblue")将指定元素的背景颜色变为浅蓝色。由图 7-23 可见,最后一行第 3 个单元格背景颜色改变,说明内容过滤器:empty()生效。

3．:parent

:parent 过滤器用于选择包含子节点（子元素和文本）的元素，其语法结构如下。

```
$(":parent")
```

:parent 过滤器可以和其他有效选择器配合使用，例如：

```
$("td:parent")
```

上述代码表示选择所有包含内容的表格单元格元素<td>。需要注意的是，W3C 规定了段落元素\<p\>起码包含一个子节点，即使该元素中没有任何文本内容。

【例 7-24】　jQuery 内容过滤器:parent 的使用

```
1.  <!DOCTYPE html>
2.  <html>
3.      <head>
4.          <meta charset="utf-8">
5.          <title>jQuery 内容过滤器:parent 示例</title>
6.          <script src="js/jquery-1.12.3.min.js"></script>
7.      </head>
8.      <body>
9.          <h3>jQuery 内容过滤器:parent 示例</h3>
10.         <hr>
11.         <table border="1">
12.             <tr><th>第一季度</th><th>第二季度</th><th>第三季度</th></tr>
13.             <tr><td>100</td><td>120</td><td>140</td></tr>
14.             <tr><td>200</td><td>220</td><td>240</td></tr>
15.             <tr><td>300</td><td>320</td><td></td></tr>
16.         </table>
17.         <script>
18.             $(document).ready(function() {
19.                 $("td:parent").css("background","lightblue");
20.             });
21.         </script>
22.     </body>
23. </html>
```

运行效果如图 7-24 所示。

图 7-24　jQuery 内容过滤器:parent 的使用效果

【代码说明】

本例包含一个 4 行 3 列的\<table\>元素，其中，最后一行的第 3 个单元格\<td\>与\</td\>之间无内容，其他单元格中都填充了一些测试文字。

在 jQuery 中对<td>元素使用内容过滤器:parent()来筛选文本内容。其中，$("td:parent")表示筛选包含了子节点（文本或子元素）内容的<td>元素，并使用 css("background", "lightblue")将指定元素的背景颜色变为浅蓝色。由图 7-24 可见，除最后一行第 3 个单元格外，其他单元格的背景颜色均发生改变，说明内容过滤器:parent ()生效。

4．:has()

:has()过滤器用于选择包含指定选择器的元素，其语法结构如下。

```
$(":has(selector)")
```

所有的选择器都可以和:has()配合使用作为包含的条件。例如：

```
$("div:has(table)")
```

上述代码表示选择所有包含表格的块元素<div>。

【例 7-25】　jQuery 内容过滤器:has()的使用

```
1.   <!DOCTYPE html>
2.   <html>
3.     <head>
4.         <meta charset="utf-8">
5.         <title>jQuery 内容过滤器:has 示例</title>
6.         <script src="js/jquery-1.12.3.min.js"></script>
7.         <style>
8.         div{
9.             width:100px;
10.            border:1px solid;
11.            float:left;
12.            margin:10px;
13.        }
14.        </style>
15.    </head>
16.    <body>
17.        <h3>jQuery 内容过滤器:has 示例</h3>
18.        <hr>
19.        <div>
20.            这是段落元素。
21.        </div>
22.        <div>
23.            这是<span>段落</span>元素。
24.        </div>
25.        <div>
26.            这是<strong>段落</strong>元素。
27.        </div>
28.        <script>
29.            $(document).ready(function() {
30.                //选择包含 strong 标签的 div 元素
31.                $("div:has(strong)").css("border","1px solid red");
32.            });
```

```
33.         </script>
34.      </body>
35. </html>
```

运行效果如图 7-25 所示。

图 7-25　jQuery 内容过滤器:has()的使用效果

【代码说明】

本例包含 3 个<div>元素用于对比测试,并为这 3 个元素内部均填充了文本内容。其中,第 1 个<div>元素中只有纯文本内容,没有包含任何其他元素;第 2 个<div>元素中包含<span>标签;第 3 个元素中包含<strong>标签。

在 jQuery 中对<div>元素使用内容过滤器:has()来筛选文本内容。其中, $("div:has(strong)")表示筛选包含了<strong>标签的<div>元素,并使用 css("border","1px solid red")为指定元素添加 1 像素宽的红色实线边框。由图 7-25 可见,只有第 3 个<div>元素的边框发生改变,说明内容过滤器:has()生效。

7.2.4　可见性过滤器

jQuery 可见性过滤器（Visibility Filter）根据元素的当前状态是否可见进行过滤筛选,常见用法如表 7-7 所示。

表 7-7　**jQuery 可见性过滤器常见用法示例**

过　滤　器	描　　述
:hidden	用于选择所有处于隐藏状态的元素
:visible	用于选择所有处于可见状态的元素

1.　:hidden

:hidden 过滤器用于筛选出所有处于隐藏状态的元素,其语法结构如下。

```
$(":hidden")
```

:hidden 过滤器可以单独使用,也可以与其他选择器配合使用对元素做进一步过滤筛选。

例如:

```
$("p:hidden")
```

上述代码表示查找所有隐藏的段落元素<p>。

如果元素在网页中不占用任何位置空间就被认为是隐藏的，具体有以下几种情况。

- 元素的宽度和高度明确设置为 0；
- 在元素的 CSS 属性中 display 的值为 none；
- 表单元素的 type 属性设置为 hidden；
- 元素的父元素处于隐藏状态，因此元素也一并无法显示出来；
- 下拉列表中的所有选项元素<option>也被认为是隐藏的，无论其是否为 selected 状态。

【例 7-26】 jQuery 可见性过滤器:hidden 的使用

使用可见性过滤器:hidden 查找处于隐藏状态的<div>元素与<input>元素。

```
1.   <!DOCTYPE html>
2.   <html>
3.     <head>
4.         <meta charset="utf-8">
5.         <title>jQuery 可见性过滤器:hidden 示例</title>
6.         <script src="js/jquery-1.12.3.min.js"></script>
7.         <style>
8.         div{
9.               width:100px;
10.              border:1px solid;
11.              float:left;
12.              margin:10px;
13.         }
14.         </style>
15.     </head>
16.     <body>
17.         <h3>jQuery 可见性过滤器:hidden 示例</h3>
18.         <hr>
19.         <form>
20.             <!--处于显示状态的 input 元素-->
21.             <input type="text" value="这是可显示的 input 文本框" />
22.             <!--处于隐藏状态的 input 元素-->
23.             <input type="hidden" />
24.         </form>
25.         <br>
26.         <!--处于显示状态的 div 元素-->
27.         <div>这是可显示的 div 元素。</div>
28.         <!--处于隐藏状态的 div 元素-->
29.         <div style="display:none">hi</div>
30.         <script>
31.             $(document).ready(function() {
32.                 //选择处于隐藏状态的 div 元素
33.                 var hideDiv = $("body").find("div:hidden");
34.                 //选择处于隐藏状态的 input 元素
```

```
35.                    var hideInput = $("body").find("input:hidden");
36.                    alert("处于隐藏状态的 div 元素有: "+hideDiv.length+"个。\n 处
                       于隐藏状态的 input 元素有: "+hideInput.length+"个。");
37.            });
38.        </script>
39.    </body>
40. </html>
```

运行效果如图 7-26 所示。

图 7-26　jQuery 可见性过滤器:hidden 的使用效果

【代码说明】

本例包含了两组测试元素: 一对表单<input>元素, 其 type 值分别为 text 和 hidden; 一对<div>元素, 其中一个设置为 display:none 的状态。页面首次加载后两组元素都只能显示其中非隐藏状态的一个元素。

在 jQuery 中使用了 find(selector)方法查找隐藏的元素, 该方法可以返回符合条件的元素对象数组。其中, $("body") 表示在 <body> 元素中查找, find("div:hidden") 和 find("input:hidden")分别表示查找所有处于隐藏状态的<div>元素和<input>元素。当前仅为 find()方法的简单使用, 关于 find()方法的更多介绍可以查阅本书第 11 章的相关内容。

2. :visible

:visible 过滤器用于筛选出所有处于可见状态的元素, 其语法结构如下。

```
$(":visible")
```

:visible 过滤器可以单独使用, 也可以与其他选择器配合使用对元素做进一步过滤筛选。:visible 过滤器与:hidden 过滤器的筛选条件完全相反, 因此无法同时使用。

需要注意的是, 元素处于以下几种特殊情况时也被认为是可见状态。

- 元素的透明度属性 opacity 为 0, 此时元素仍然占据原来的位置;
- 元素的可见属性 visibility 值为 hidden, 此时元素仍然占据原来的位置;
- 当元素处于逐渐被隐藏的动画效果中时, 到动画结束之前都被认为仍然是可见的;
- 当元素处于逐渐被显现的动画效果中时, 从动画一开始启动就被认为是可见的。

【例 7-27】　jQuery 可见性过滤器:visible 的使用

使用可见性过滤器:visible 查找处于显示状态的元素。

```
1.   <!DOCTYPE html>
2.   <html>
3.      <head>
4.          <meta charset="utf-8">
5.          <title>jQuery 可见性过滤器:visible 示例</title>
6.          <script src="js/jquery-1.12.3.min.js"></script>
7.           <style>
8.           p{
9.               width:100px;
10.              border:1px solid;
11.              float:left;
12.              margin:10px;
13.          }
14.          </style>
15.      </head>
16.      <body>
17.          <h3>jQuery 可见性过滤器:visible 示例</h3>
18.          <hr>
19.          <div id="box">
20.              <!--处于显示状态的元素-->
21.              <p>这是可显示的段落元素。</p>
22.              <p>这是可显示的段落元素。</p>
23.              <!--处于隐藏状态的元素-->
24.              <p style="display:none">这是处于隐藏状态的段落元素。</p>
25.          </div>
26.          <script>
27.              $(document).ready(function() {
28.                  //选择处于可见状态的段落元素 p
29.                  var visibleP = $("div#box").find("p:visible");
30.                  alert("处于显示状态的 p 元素有: "+visibleP.length+"个。");

31.              });
32.          </script>
33.      </body>
34.   </html>
```

运行效果如图 7-27 所示。

【代码说明】

本例包含了 3 个段落元素<p>：前两个为默认可见状态，第 3 个设置为 display:none 的状态。页面首次加载后只能显示前两个处于可见状态的段落元素<p>。

在 jQuery 中使用了 find(selector)方法查找处于可见状态的元素，该方法可以返回符合条件的元素对象数组。其中，$("div#box") 表示在 id="box" 的 <div> 元素中查找，find("p:visible")表示查找所有处于可见状态的<p>元素。因此由图 7-27 可见，处于显示状态的<p>元素的统计结果为两个。

图 7-27　jQuery 可见性过滤器:visible 的使用效果

7.3　本章小结

　　本章主要介绍了 jQuery 选择器和过滤器的相关知识。jQuery 选择器可用于快速选定需要的 HTML 元素，并为其进行后续处理；jQuery 过滤器可单独使用过滤筛选条件，也可以与其他选择器配合使用。

　　jQuery 选择器主要包括基础选择器、属性选择器、表单选择器、层次选择器以及 CSS 选择器，其中基础选择器主要包括全局选择器、元素选择器、ID 选择器、类选择器和多重选择器；层次选择器主要包括子元素选择器、后代选择器、后相邻选择器、后兄弟选择器。

　　jQuery 过滤器主要包括基础过滤器、子元素过滤器、内容过滤器和可见性过滤器。

习题 7

1．jQuery 基础选择器主要包括哪几种分类？
2．jQuery 层次选择器主要包括哪几种分类？
3．jQuery 中的哪个过滤器可以用于筛选第一个符合条件的元素？
4．jQuery 中的哪个过滤器可以用于筛选页面上每个父元素中的最后一个子元素？
5．jQuery 中的哪个过滤器可以用于选择未包含子节点（子元素和文本）的元素？
6．jQuery 中的哪个过滤器可以用于筛选所有处于隐藏状态的元素？

第8章

jQuery 事件

本章主要介绍jQuery事件的相关知识,包括jQuery事件的含义及语法格式、常用jQuery事件以及 jQuery 事件的绑定与解除。

本章学习目标:

- 了解 jQuery 事件的基础语法格式;
- 掌握常见 jQuery 文档/窗口事件的用法;
- 掌握常见 jQuery 键盘事件的用法;
- 掌握常见 jQuery 鼠标事件的用法;
- 掌握常见 jQuery 表单事件的用法;
- 掌握 jQuery 事件绑定与解除的用法;
- 掌握 jQuery 临时事件的用法。

8.1 jQuery 事件概述

8.1.1 事件的含义

事件指的是 HTML 页面对不同用户操作动作的响应。当用户做某个特定操作时将触发页面对应的事件,例如单击按钮、移动鼠标、提交表单等。用户可以事先为指定的事件自定义需要运行的脚本程序,事件被触发时将自动执行这段代码。

8.1.2 jQuery 事件的语法格式

在 jQuery 中事件的语法格式如下。

```
$(selector).action(function(){
    //事件触发后需要执行的自定义脚本代码
});
```

其中,$(selector)可以是事件允许的 jQuery 选择器,action 需要替换为被监听的事件名称。

例如为段落元素<p>添加鼠标单击事件 click,其 jQuery 代码如下。

```
$("p").click(function(){
    alert("段落元素被鼠标单击了! ");
});
```

上述代码中的关键字 click 表示鼠标左键单击事件,当用户使用鼠标单击了段落元素时将执行其中的 alert()语句。

jQuery 支持 HTML DOM 中的绝大部分事件，8.2 节将介绍常用的 4 类 jQuery 事件。

8.2　常用 jQuery 事件

常用 jQuery 事件根据性质可以归纳为以下 4 类。

- 文档/窗口事件：页面文档或浏览器窗口发生变化时所触发的事件；
- 键盘事件：用户操作键盘所触发的事件；
- 鼠标事件：用户操作鼠标所触发的事件；
- 表单事件：用户操作表单所触发的事件。

8.2.1　文档/窗口事件

jQuery 常见文档/窗口事件如表 8-1 所示。

表 8-1　jQuery 常见文档/窗口事件

事 件 名 称	解　　　释	语 法 格 式
ready()	当文档准备就绪时触发事件	$(document).ready(function)
load()	当指定元素加载时触发事件	$(selector).load(function)
unload()	当用户的浏览器窗口从当前页面跳转到其他页面时触发此事件	$(window).unload(function)

1．ready()事件

ready()事件又称为准备就绪事件，该事件只在文档准备就绪时触发，因此其选择器只能是$(document)。一般来说，为了避免文档在准备就绪前就执行了其他 jQuery 代码而导致错误，所有的 jQuery 函数都需要写在文档准备就绪（document ready）函数中。

其语法格式如下。

```
$(document).ready(function)
```

其中，function 为必填参数，表示文档加载完毕后需要运行的函数。

例如：

```
$(document).ready(function(){
    alert("页面已经准备就绪！");
});
```

上述代码表示在页面加载完毕时执行 alert()语句跳出提示框。在实际使用时，文档准备就绪函数 function 的内部代码可以更加丰富，例如可以是多个独立的 jQuery 语句或者 jQuery 函数的调用组合而成，浏览器会按照先后顺序执行其内部的全部代码。

由于 ready()事件只用于当前文档，因此也可以省略选择器将其化简为以下两种格式。

```
$().ready(function)
或者
$(function)
```

需要注意的是，ready()事件不要和\<body>元素的 onload 属性一起使用，以免产生冲突。

【例 8-1】 jQuery ready()事件的简单应用

测试 ready()事件被触发的效果。

```
1.  <!DOCTYPE html>
2.  <html>
3.    <head>
4.        <meta charset="utf-8">
5.        <title>jQuery ready()事件示例</title>
6.        <script src="js/jquery-1.12.3.min.js"></script>
7.        <script>
8.            $(document).ready(function() {
9.                alert("页面已经准备就绪！");
10.           });
11.       </script>
12.   </head>
13.   <body>
14.       <h3>jQuery ready()事件示例</h3>
15.       <hr>
16.       <p>当你看到这段话之前应该已经看到了页面准备就绪的提示框。</p>
17.   </body>
18. </html>
```

运行效果如图 8-1 所示。

图 8-1　jQuery ready()事件的简单应用效果

【代码说明】

由于 ready()事件在页面准备就绪时就会被触发，而且当前示例页面中的内容很少，几乎可以瞬间加载完毕，因此会首先看到弹出的提示框。

如果当前示例的页面内容很多，需要耗费一定的时间加载，那么用户会先看到正在逐步加载并显示出来的页面内容，等待元素全部加载完毕才会看到弹出的提示框。

2．load()事件

当页面中指定的元素被加载完毕时会触发 load()事件，该事件通常用于监听具有可加载内容的元素，例如图像元素<img>、内联框架<iframe>等。

其语法格式如下。

```
$(selector).load(function)
```

其中，参数 function 为必填内容，表示元素加载完毕时需要执行的函数。

例如：

```
$("img").load(function(){
    alert("图像已经加载完毕！");
});
```

上述代码表示当图像元素<img>中的图片资源加载完毕时弹出提示框。

【**例 8-2**】　jQuery load()事件的简单应用

测试图像元素<img>的 load()事件触发效果。

```
1.  <!DOCTYPE html>
2.  <html>
3.    <head>
4.        <meta charset="utf-8">
5.        <title>jQuery load()事件示例</title>
6.        <script src="js/jquery-1.12.3.min.js"></script>
7.        <script>
8.        $(document).ready(function(){
9.            $("img").load(function(){
10.               $("p").text("墙报加载完毕！");
11.           });
12.       });
13.       </script>
14.    </head>
15.    <body>
16.        <h3>jQuery load()事件示例</h3>
17.        <hr>
18.        <p>墙报正在加载中，请稍候。。。</p>
19.        <img src="image/wallpaper.jpg" width="1200" height="600" />
20.    </body>
21. </html>
```

运行效果如图 8-2 所示。

【**代码说明**】

为延缓元素的加载速度，以便用户可以看清页面加载前后的变化，本例选择了一幅较大的墙报图片 wallpaper.jpg（文件大小为 11.0MB）作为加载对象。

图（a）为墙报图片的加载过程，由于图片较大需要耗费一些时间等待，此时图片上方的文字内容为"墙报正在加载中，请稍候。。。"。图（b）为墙报图片加载完毕后的页面效果，此时可以看到图片上方的文字内容变成了"墙报加载完毕！"，这是由于图片加载完毕时触发了 load()事件，从而运行了其中重置段落文本内容的脚本代码。

jQuery load()事件示例

墙报正在加载中，请稍后。。。

（a）图像加载中的页面效果

jQuery load()事件示例

墙报加载完毕！

（b）图像加载完毕的页面效果

图 8-2　jQuery load()事件的简单应用效果

　　需要注意的是，load()事件是否会被触发也取决于运行的浏览器。例如在 IE 或 Firefox 浏览器中，如果元素已经被缓存，则不会触发 load()事件。为避免这一情况，本例截图中所使用的是 Chrome 浏览器。

3. unload()事件

当用户离开当前页面时会触发 unload()事件，该事件只适用于 Window 对象，可能导致触发 unload()事件的行为如下。

- 关闭整个浏览器或当前页面；
- 在当前页面的浏览器地址栏中输入新的 URL 地址并进行访问；
- 使用浏览器上的"前进"或"后退"按钮；
- 单击浏览器上的"刷新"按钮或以当前浏览器支持的快捷方式刷新页面；
- 单击当前页面中的某个超链接导致跳转新页面。

其语法格式如下。

```
$(window).unload(function)
```

其中，参数 function 为必填内容，表示离开页面时需要执行的函数。

例如：

```
$(window).unload(function(){
    alert("您已经离开当前页面，再见！");
});
```

需要注意的是，在实践中发现在不同浏览器中 unload()事件的兼容情况不是很理想，例如在 IE9+或 Chrome 浏览器中仅有刷新会触发该事件，关闭浏览器无任何响应。

与此同时，jQuery 官方也宣布 jQuery 3.0 之后的版本将彻底取消对 unload()事件的支持，因此不建议将该事件运用于未来的实践开发中。

【例 8-3】　jQuery unload()事件的简单应用

测试 unload()事件被触发的效果。

```
1.   <!DOCTYPE html>
2.   <html>
3.     <head>
4.         <meta charset="utf-8">
5.         <title>jQuery unload()事件示例</title>
6.         <script src="js/jquery-1.12.3.min.js"></script>
7.         <script>
8.         $(document).ready(function(){
9.             $(window).unload(function(){
10.                alert("页面已被刷新！");
11.             });
12.         });
13.         </script>
14.     </head>
15.     <body>
16.         <h3>jQuery unload()事件示例</h3>
17.         <hr>
```

```
18.          <p>当用户刷新页面时会弹出消息警告框。</p>
19.     </body>
20. </html>
```

运行效果如图 8-3 所示。

图 8-3　jQuery unload()事件的简单应用效果

【代码说明】

由于浏览器的兼容性问题（部分浏览器版本关闭动作时 unload()事件无响应），本例使用刷新动作测试 unload()事件的触发效果。如图 8-3 所示，当用户刷新页面时可以弹出消息警告框，证明 unload()事件已被触发。

8.2.2　键盘事件

键盘按键的敲击可以分解为两个过程，一是按键被按下去；二是按键被松开。jQuery 常见键盘事件如表 8-2 所示。

表 8-2　jQuery 常见键盘事件

事 件 名 称	解　　释	语 法 格 式
keydown()	键盘上的按键被按下时触发此事件	$(selector).keydown(function)
keypress()	键盘上的按键被按下并快速释放时触发此事件	$(selector).keypress(function)
keyup()	键盘上的按键被释放时触发此事件	$(selector).keyup(function)

以上 3 种键盘事件的选择器均可以是$(document)或者文档中的 HTML 元素。如果直接在文档上设置，则无论元素是否获取了焦点都会触发该事件；如果是指定了选择器，则必须在该选择器指定的元素获得焦点的状态下触发该事件。

1．keydown()事件

当键盘上的按键处于按下状态时将触发 keydown()事件，其语法格式如下。

```
$(selector).keydown(function)
```

例如：

```
$("input:text").keydown(function(){
    alert("按键被按下！");
});
```

上述代码表示当用户在表单的文本框元素<input>中输入内容时触发 keydown()事件。

2．keyup()事件

当键盘上已经被按下去的按键处于被释放状态时将触发 keyup()事件，其语法格式如下。

```
$(selector).keyup(function)
```

例如：

```
$("input:text").keyup(function(){
    alert("按键被释放！");
});
```

上述代码表示当用户在表单的文本框元素<input>中输入内容并松开按键时触发 keyup()事件。

3．keypress()事件

当键盘上的按键处于按下状态并快速释放时将触发 keypress()事件，其语法格式如下。

```
$(selector).keypress(function)
```

简而言之，keypress()事件可以看作快速实现 keydown()和 keyup()事件的一个组合，表示键盘被敲击。

例如：

```
$("input:text").keypress(function){
    alert("按键被敲击！");
}
```

上述代码表示当用户在表单的文本框元素<input>中输入内容时触发 keypress()事件。

【例 8-4】 jQuery 键盘事件的简单应用

分别测试 keydown()、keyup()和 keypress()事件被触发的效果。

```
1.   <!DOCTYPE html>
2.   <html>
3.     <head>
4.         <meta charset="utf-8">
5.         <title>jQuery 键盘事件示例</title>
6.         <script src="js/jquery-1.12.3.min.js"></script>
7.         <script>
8.         $(document).ready(function(){
9.             //触发 keydown()事件
10.            $("input:text").keydown(function(){
```

```
11.                    $("span#tip").text("键盘被按下");
12.                });

13.
14.                //触发 keyup()事件
15.                $("input:text").keyup(function(){
16.                    $("span#tip").text("键盘被释放");
17.                });

18.
19.                //触发 keypress()事件
20.                var count=0;
21.                $("input:text").keypress(function(){
22.                    //计数器自增 1
23.                    count++;
24.                    //更新按键次数
25.                    $("span#total").text(count);
26.                });
27.            });
28.        </script>
29.    </head>
30.    <body>
31.        <h3>jQuery 键盘事件示例</h3>
32.        <hr>
33.        <p>这是测试文本框: <input type="text" name="demo" /></p>
34.        <p>按键状态:<span id="tip">没有按键</span></p>
35.        <p>按键次数:<span id="total">0</span>次</p>
36.    </body>
37. </html>
```

运行效果如图 8-4 所示。

【代码说明】

本例主要包含了 3 个段落元素<p>,分别用于放置文本输入框和两条提示信息(按键状态和次数)。用户在文本框中进行输入动作时将触发不同的键盘事件,从而使得提示信息的文字内容发生变化并且按键次数得到更新。

图 8-4(a)是页面初始状态,由图可见此时没有触发键盘事件,并且按键次数为 0。图 8-4(b)为多次输入后再次释放按键时的状态,由图可见此时提示信息已被更新为"按键被释放",并且按键次数为 5。

事实上,在每个字母输入的过程中提示信息均发生两次变化:当用户按键输入时提示信息会变为"按键被按下",而输入完毕释放键盘时提示信息会变成"按键被释放",由于这个过程较难截图,读者可以自行测试体会。

（a）页面初始状态

（b）多次输入后按键再次被释放时的页面状态

图 8-4　jQuery 键盘事件的简单应用效果

8.2.3　鼠标事件

jQuery 常见鼠标事件如表 8-3 所示。

表 8-3　jQuery 常见鼠标事件

事 件 名 称	解　　　释	语 法 格 式
click()	触发被选中元素的单击事	$(selector).click(function)
dblclick()	触发被选中元素的双击事件	$(selector).dblclick(function)
hover()	触发鼠标悬浮在被选中元素上的事件	$(selector).hover(function)
mousedown()	触发鼠标按键按下事件	$(selector).mousedown(function)
mouseenter()	触发鼠标刚进入被选中元素事件	$(selector).mouseenter(function)
mouseleave()	触发鼠标刚离开被选中元素事件	$(selector).mouseleave(function)
mousemove()	触发鼠标移动事件	$(selector).mousemove(function)
mouseout()	鼠标离开被选中元素或其子元素时触发	$(selector).mouseout(function)
mouseover()	鼠标穿过被选中元素或其子元素时触发	$(selector).mouseover(function)
mouseup()	触发鼠标按键被释放事件	$(selector).mouseup(function)
toggle()	一次绑定两个或两个以上函数，当指定元素被单击时依次执行其中一个函数	$(selector).toggle(function)

注：鼠标事件的选择器可以是文档中的任意 HTML 元素。

1．click()事件

当用户使用鼠标左键单击网页文档中的任意 HTML 元素时均可以触发 click()事件，其语法格式如下。

```
$(selector).click(function)
```

以按钮元素<button>为例，被鼠标左键单击后弹出警告框的代码如下。

```
$("button").click(function(){
    alert("click 事件被触发！");
});
```

当 click()事件被触发时会执行其中的 alert()方法，该方法也可以替换成其他代码块。

2．dblclick()事件

当用户使用鼠标左键双击网页文档中的任意 HTML 元素时均可以触发 dblclick()事件，其语法格式如下：

```
$(selector).dblclick(function)
```

以按钮元素<button>为例，被鼠标左键双击后弹出警告框的代码如下：

```
$("button").dblclick(function(){
    alert("dblclick 事件被触发！");
});
```

当 dblclick()事件被触发时，会执行其中的 alert()方法，该方法也可以替换成其他代码块。

3．hover()事件

当用户将鼠标悬停在网页文档中的任意 HTML 元素上时将会触发 hover()事件，其语法格式如下。

```
$(selector).hover(function)
```

以段落元素<p>为例，当鼠标悬停在该元素上时弹出警告框的代码如下。

```
$("p").hover(function(){
    alert("hover 事件被触发！");
});
```

当 hover()事件被触发时，会执行其中的 alert()方法，该方法也可以替换成其他代码块。

【例 8-5】 jQuery 鼠标事件 click()、dblclick()和 hover()的简单应用

本例选用了两张灯泡图片素材（一明一暗）分别测试 click()、dblclick()和 hover()事件被触发的效果。在初始状态下，灯泡为黑暗效果；当测试事件被触发时，对应的灯泡将点亮。

```
1.   <!DOCTYPE html>
2.   <html>
3.       <head>
4.           <meta charset="utf-8">
```

```
5.          <title>jQuery 鼠标事件示例 1</title>
6.          <style>
7.              div{
8.                  width:300px;
9.                  height:400px;
10.                 text-align:center;
11.                 float:left;
12.                 margin:20px;
13.                 border:1px solid;
14.             }
15.             img{
16.                 width:200px;
17.                 height:auto;
18.             }
19.         </style>
20.         <script src="js/jquery-1.12.3.min.js"></script>
21.         <script>
22.             $(document).ready(function(){
23.                 //触发按钮 1 的鼠标单击事件
24.                 $("#btn01").click(function(){
25.                     $("#img01").attr("src","image/bulb_light.jpg");
26.                 });
27.
28.                 //触发按钮 2 的鼠标双击事件
29.                  $("#btn02").dblclick(function(){
30.                     $("#img02").attr("src","image/bulb_light.jpg");
31.                 });
32.
33.                 //触发灯泡 3 的鼠标悬浮事件
34.                  $("#img03").hover(function(){
35.                     $("#img03").attr("src","image/bulb_light.jpg");
36.                 });
37.             });
38.         </script>
39.     </head>
40.     <body>
41.         <h3>jQuery 鼠标事件 click()、dblclick()和 hover()示例</h3>
42.         <hr>
43.         <div>
44.             <h4>灯泡 1:click()事件测试</h4>
45.             <img id="img01" src="image/bulb_dark.jpg" />
46.             <br />
47.             <p><button id="btn01">单击此处开灯</button></p>
48.         </div>
49.
50.         <div>
51.             <h4>灯泡 2:dblclick()事件测试</h4>
52.             <img id="img02" src="image/bulb_dark.jpg" />
53.             <br />
54.             <p><button id="btn02">双击此处开灯</button></p>
55.         </div>
```

```
56.
57.          <div>
58.               <h4>灯泡 3:hover()事件测试</h4>
59.               <img id="img03" src="image/bulb_dark.jpg" />
60.               <br />
61.               <p>鼠标悬浮在灯泡上开灯</p>
62.          </div>
63.     </body>
64. </html>
```

运行效果如图 8-5 所示。

（a）页面初始状态

（b）根据提示进行开灯效果

图 8-5　jQuery 鼠标事件 click()、dblclick()和 hover()的简单应用效果

【代码说明】

本例主要包含了 3 个<div>元素，分别用于放置 3 张完全相同的灯泡图片，并命名为灯

泡 1、灯泡 2、灯泡 3。每个灯泡的开灯方式分别对应一种鼠标事件，即 click()、dblclick() 和 hover()。其中，click()和 dblclick()事件是由单击按钮元素<button>来实现的，hover()事件是由鼠标悬浮于灯泡图片上实现的。

由图 8-5（a）可见，初始状态下灯泡均为关闭（不发光）效果。当用户进行了正确的鼠标操作时对应的灯泡将被点亮，如图 8-5（b）所示。灯泡被点亮的原理是使用 jQuery 代码动态更新图片元素<img>的 src 属性值。当指定的事件发生时，将 src 属性值更新为明亮效果的灯泡图片的 URL 地址即可。

4．mousexxx()系列事件

以关键字 mouse 开头的一系列鼠标事件是根据鼠标移动方向或效果来区分的，其语法格式如下。

```
$(selector).mousexxx(function)
```

其中，将 xxx 替换成具体的动作效果，可替换的关键字如下。

- down：鼠标按键被按下。
- up：鼠标按键被释放，与 down 相反。
- move：鼠标处于移动状态。
- enter：鼠标进入指定元素。
- leave：鼠标离开指定元素，与 enter 相反。
- out：鼠标离开指定元素或其子元素。
- over：鼠标穿过指定元素或其子元素，与 out 相反。

【例 8-6】 jQuery 鼠标事件 mouse 系列的简单应用 1

本例继续使用上例中的两张灯泡图片素材（一明一暗）测试 mousedown()和 mouseup()事件被触发的效果。

```
1.   <!DOCTYPE html>
2.   <html>
3.     <head>
4.       <meta charset="utf-8">
5.       <title>jQuery 鼠标事件示例 2-1</title>
6.       <style>
7.           div{
8.               width:400px;
9.               height:450px;
10.              text-align:center;
11.              float:left;
12.              margin:20px;
13.              border:1px solid;
14.          }
15.          img{
16.              width:200px;
17.              height:auto;
18.          }
19.      </style>
```

```
20.        <script src="js/jquery-1.12.3.min.js"></script>
21.        <script>
22.            $(document).ready(function(){
23.                //触发灯泡的 mousedown()事件
24.                 $("#img01").mousedown(function(){
25.                     $("#img01").attr("src","image/bulb_light.jpg");
26.                });
27.
28.                //触发灯泡的 mouseup()事件
29.                 $("#img01").mouseup(function(){
30.                     $("#img01").attr("src","image/bulb_dark.jpg");
31.                });
32.            });
33.        </script>
34.    </head>
35.    <body>
36.        <h3>jQuery 鼠标事件 mousedown()和 mouseup()示例</h3>
37.        <hr>
38.        <div>
39.            <h4>灯泡:mousedown()和 mouseup()事件测试</h4>
40.            <img id="img01" src="image/bulb_dark.jpg" />
41.            <br />
42.            <p>开灯方法：在灯泡上按下鼠标左键</p>
43.            <p>关灯方法：在灯泡上松开鼠标左键</p>
44.        </div>
45.    </body>
46. </html>
```

运行效果如图 8-6 所示。

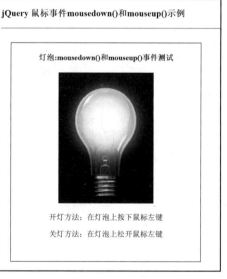

（a）页面初始状态　　　　　　　　　　（b）灯泡点亮效果

图 8-6　jQuery 鼠标事件 mousedown()和 mouseup()的简单应用效果

【代码说明】

本例主要包含了一个宽 400 像素、高 450 像素的<div>元素，用于放置灯泡图片和文字提示内容。灯泡的开/关灯方式分别对应一种鼠标事件——mousedown()、mouseup()。当用户在灯泡图片上按下鼠标左键时会触发 mousedown()事件，此时灯泡变亮；当用户释放按键时会触发 mouseup()事件，此时灯泡变暗还原为初始状态。

由图 8-6（a）可见，初始状态下灯泡为关闭（不发光）效果。当用户进行了正确的鼠标操作时，对应的灯泡将被点亮，如图 8-6（b）所示。与上例不同的是，前者只能一次开灯无法关闭，而本例可以根据鼠标按键的按下/释放状态切换灯泡的明暗。如果用户不释放鼠标左键，则灯泡会持续保持开灯状态，直到用户释放按键时灯泡才会恢复关闭状态。

【例 8-7】 jQuery 鼠标事件 mouse 系列的简单应用 2

测试 mousemove()事件被触发的效果。

```
1.  <!DOCTYPE html>
2.  <html>
3.     <head>
4.         <meta charset="utf-8">
5.         <title>jQuery 鼠标事件示例 2-2</title>
6.         <script src="js/jquery-1.12.3.min.js"></script>
7.         <script>
8.             $(document).ready(function(){
9.                 //触发页面的 mousemove()事件
10.                 $(document).mousemove(function(event){
11.                     $("#x").text(event.pageX);
12.                     $("#y").text(event.pageY);
13.                 });
14.             });
15.         </script>
16.     </head>
17.     <body>
18.         <h3>jQuery 鼠标事件 mousemove()示例</h3>
19.         <hr>
20.         <p>
21.             当前鼠标的坐标位置如下
22.             <br />
23.             x 坐标：<span id="x"></span>
24.             <br />
25.             y 坐标：<span id="y"></span>
26.         <p>
27.     </body>
28. </html>
```

运行效果如图 8-7 所示。

jQuery 鼠标事件mousemove()示例

当前鼠标的坐标位置如下
x坐标:
y坐标:

jQuery 鼠标事件mousemove()示例

当前鼠标的坐标位置如下
x坐标: 233.5
y坐标: 145

（a）页面初始状态 　　　　　　　　　　　（b）鼠标移动时获取当前坐标

图 8-7　jQuery 鼠标事件 mousemove()的简单应用效果

【代码说明】

本例主要用于测试鼠标在移动过程中是否可以获取当前的页面坐标。由图 8-7（a）可见，初始状态下由于鼠标尚未进行移动，所以没有获取到坐标数据。当用户开始在页面上移动鼠标时将实时获取鼠标当前所在位置的 x 和 y 坐标，如图 8-7（b）所示。

在 jQuery 代码中使用了选择器$(document)表示当前页面，参数 event 的属性 pageX 和 pageY 分别用于记录鼠标的当前坐标。只要鼠标处于移动状态均会不断触发 mousemove() 事件，因此 x 和 y 坐标的数据将实时发生变化。

【例 8-8】　jQuery 鼠标事件 mouse 系列的简单应用 3

测试 mouseenter()和 mouseleave()事件被触发的效果。

```
1.    <!DOCTYPE html>
2.    <html>
3.      <head>
4.        <meta charset="utf-8">
5.        <title>jQuery 鼠标事件示例 2-3</title>
6.        <style>
7.            p{
8.                width:200px;
9.                height:200px;
10.               border:1px solid;
11.               text-align:center;
12.           }
13.       </style>
14.       <script src="js/jquery-1.12.3.min.js"></script>
15.       <script>
```

```
16.              $(document).ready(function(){
17.                  //触发段落元素<p>的 mouseenter()事件
18.                  $("p").mouseenter(function(){
19.                      //更新提示语句
20.                      $("#tip").text("鼠标已进入");
21.                      //将段落元素的背景色更新为红色
22.                      $("p").css("backgroundColor","red");
23.                  });
24.
25.                  //触发段落元素<p>的 mouseleave()事件
26.                  $("p").mouseleave(function(){
27.                      //更新提示语句
28.                      $("#tip").text("鼠标已离开");
29.                      //将段落元素的背景色更新为浅蓝色
30.                      $("p").css("backgroundColor","lightblue");
31.                  });
32.              });
33.          </script>
34.      </head>
35.      <body>
36.          <h3>jQuery 鼠标事件 mouseenter()与 mouseleave()示例</h3>
37.          <hr>
38.          <p>
39.              当前状态：<span id="tip">尚未开始</span>
40.          </p>
41.      </body>
42. </html>
```

运行效果如图 8-8 所示。

（a）页面初始状态　　　　　（b）鼠标进入段落元素　　　　　（c）鼠标离开段落元素

图 8-8　jQuery 鼠标事件 mouseenter()和 mouseleave()的简单应用效果

【代码说明】

本例主要包含了一个用于测试鼠标进入/离开效果的段落元素<p>，使用 CSS 内部样式表定义其宽、高均为 200 像素，并包含了 1 像素宽的黑色实线边框效果。

图 8-8（a）为页面初始状态，此时鼠标尚未进行移动，段落元素的背景颜色和文字提示内容均为初始效果；图 8-8（b）为鼠标进入段落元素的效果，此时 mouseenter()事件被触发，由图可见当前段落元素的文字提示内容为"鼠标已进入"，并且背景颜色更新为红色；图 8-8（c）为鼠标离开段落元素的效果，此时 mouseleave()事件被触发，由图可见当前段落元素的文字提示内容为"鼠标已离开"，并且背景颜色更新为浅蓝色。

【例 8-9】 jQuery 鼠标事件 mouse 系列的简单应用 4

测试 mouseover()和 mouseout()事件被触发的效果。

```
1.   <!DOCTYPE html>
2.   <html>
3.     <head>
4.        <meta charset="utf-8">
5.        <title>jQuery 鼠标事件示例 2-4</title>
6.        <style>
7.           div{
8.              border:1px solid;
9.              text-align:center;
10.          }
11.          #box01{
12.             width:500px;
13.             height:200px;
14.             margin:20px;
15.          }
16.          #box02{
17.             width:400px;
18.             height:100px;
19.             margin:50px;
20.          }
21.        </style>
22.        <script src="js/jquery-1.12.3.min.js"></script>
23.        <script>
24.           $(document).ready(function(){
25.              var xOver=xOut=0;//统计鼠标进入或离开的次数
26.              //触发段落元素<p>的 mouseover()事件
27.              $("#box01").mouseover(function(){
28.                 //鼠标进入次数自增 1
29.                 xOver++;
30.                 //更新提示语句
31.                 $("#tip01").text(xOver);
32.              });
33.
34.              //触发段落元素<p>的 mouseout()事件
35.              $("#box01").mouseout(function(){
```

```
36.                    //鼠标离开次数自增 1
37.                    xOut++;
38.                    //更新提示语句
39.                    $("#tip02").text(xOut);
40.                });
41.            });
42.        </script>
43.    </head>
44.    <body>
45.        <h3>jQuery 鼠标事件 mouseover()与 mouseout()示例</h3>
46.        <hr>
47.        <div id="box01">
48.            父元素
49.            <div id="box02">
50.                子元素<br /><br />
51.                发生 mouseover()事件的次数：<span id="tip01">0</span>
52.                <br />
53.                发生 mouseout()事件的次数：<span id="tip02">0</span>
54.            </div>
55.        </div>
56.    </body>
57. </html>
```

运行效果如图 8-9 所示。

（a）鼠标刚进入父元素时触发的效果

（b）鼠标刚进入子元素时触发的效果

（c）鼠标刚离开子元素时触发的效果

（d）鼠标刚离开父元素时触发的效果

图 8-9　jQuery 鼠标事件 mouseover()和 mouseout()的简单应用效果

【代码说明】

本例使用两个<div>元素嵌套形成了父元素和子元素的布局方式，其中父、子元素的 id 属性值分别为"box01"和"box02"。

图 8-9（a）为鼠标第一次移动后的效果，当前鼠标刚从父元素外部移动进入了父元素内部，尚未进入子元素中，由图可见父元素的 mouseover()事件被触发；图 8-9（b）为鼠标继续进入到子元素中的效果，由图可见父元素的 mouseover()与 mouseout()事件均被触发；图 8-9（c）为鼠标刚离开子元素时的效果，此时鼠标尚在父元素内部，由图可见父元素的 mouseover()与 mouseout()事件也是均被触发；图 8-9（d）为鼠标离开父元素时的效果，由图可见只有父元素的 mouseout()事件被触发。

5．toggle()事件

toggle()事件可以看作是一种特殊的鼠标单击事件，可以一次绑定两个或两个以上函数。当元素被鼠标单击时，会按照先后顺序每次只触发其中一个函数。

其语法格式如下。

```
$(selector).toggle(
    function1, function2, …, functionN
)
```

其中，function1～functionN 可以替换成需要触发的若干个函数，函数之间用逗号隔开即可。

以按钮<button>的 toggle()事件为例，绑定 3 个自定义函数的语法格式如下。

```
$("button").toggle(
    function(){
        alert("toggle 事件首次被触发，运行该函数。");
    },
    function(){
        alert("toggle 事件第二次被触发，运行该函数。");
    },
    function(){
        alert("toggle 事件第三次被触发，运行该函数。");
    }
);
```

每次单击该按钮都会触发一次 toggle()事件，按照单击的次数会依次运行其中的第一、二、三个函数，当最后一个函数被执行时下一次触发该 toggle()事件将重新运行第一个函数的内容。

特别需要注意的是，toggle()事件在 jQuery 1.8 版之后已过期。因此这里仅作大致了解，不再完整举例，也请读者在实际开发过程中慎用该事件。

8.2.4　表单事件

jQuery 常见表单事件如表 8-4 所示。

表 8-4　**jQuery 常见表单事件**

事 件 名 称	解　　释	语 法 格 式
blur()	表单元素失去焦点时触发事件	$(selector).blur(function)
focus()	表单元素已获得焦点时触发事件	$(selector).focus(function)
change()	表单元素内容发生变化时触发事件	$(selector).change(function)
select()	textarea 或文本类型的 input 元素中的文本内容被选中时触发事件	$(selector).select(function)
submit()	提交表单时触发事件	$(selector).submit(function)

注：表单事件的选择器大多数情况下均为文档中的表单元素。

1．blur()事件

当某个处于选中状态的元素失去焦点时将触发 blur()事件，其语法格式如下。

```
$(selector).blur(function)
```

该事件的选择器初期只能是表单元素，目前已经适用于任意 HTML 元素。通过用鼠标单击元素以外的位置、按键盘上的 Tab 键等方式均可以令元素失去焦点。

以表单中的<input>元素为例，在失去焦点时弹出警告框的代码如下。

```
$("input").blur(function(){
    alert("blur 事件被触发！");
});
```

当 blur()事件被触发时会执行其中的 alert()方法，该方法也可以替换成其他代码块。

2．focus()事件

当某个处于未选中状态的元素获得焦点时将触发 focus()事件，其语法格式如下。

```
$(selector).focus(function)
```

该事件的选择器初期只能是表单元素或超链接元素，目前已经适用于任意 HTML 元素。通过用鼠标单击元素、按键盘上的 Tab 键等方式均可以令元素获得焦点。

同样以表单中的<input>元素为例，获得焦点时弹出警告框的代码如下。

```
$("input").focus(function(){
    alert("focus 事件被触发！");
});
```

当 focus()事件被触发时会执行其中的 alert()方法，该方法也可以替换成其他代码块。

【例 8-10】　jQuery 表单事件 blur()和 focus()的简单应用

测试 blur()和 focus()事件被触发的效果。

```
1.  <!DOCTYPE html>
2.  <html>
3.    <head>
4.      <meta charset="utf-8">
5.      <title>jQuery 表单事件示例 1</title>
6.      <script src="js/jquery-1.12.3.min.js"></script>
```

```
7.          <script>
8.              $(document).ready(function(){
9.                  //触发<input>元素的 blur()事件
10.                 $("input").blur(function(){
11.                     $(this).next("span").text("失去焦点!");
12.                 });
13.
14.                 //触发<input>元素的 focus()事件
15.                 $("input").focus(function(){
16.                     $(this).next("span").text("获得焦点! ");
17.                 });
18.             });
19.         </script>
20.     </head>
21.     <body>
22.         <h3>jQuery 表单事件 blur()和 focus()示例</h3>
23.         <hr>
24.         <form>
25.             用户名：<input type="text" /><span></span>
26.             <br />
27.             密  码：<input type="password" /><span></span>
28.         </form>
29.     </body>
30. </html>
```

运行效果如图 8-10 所示。

（a）页面初始状态　　　　　　　　　（b）用户名输入框获得焦点

（c）密码输入框获得焦点　　　　　（d）用户名和密码输入框均失去焦点

图 8-10　jQuery 表单事件 blur()和 focus()的简单应用效果

【代码说明】

本例使用了一个简易表单元素<form>，在该表单中主要包含了用户名和密码输入框以测试 blur()和 focus()事件的效果。在这两个输入框的右侧均追加了一个初始状态下无任何内容的<span>元素作为焦点获得/失去时的提示语句。当对应的事件被触发时，将使用 jQuery 代码更新<span>元素中的文本内容。

图 8-10（a）为页面初始状态，由图可见此时两个输入框均未获得焦点；图 8-10（b）为鼠标选中用户名输入框时的效果，此时用户名输入框的 focus()事件被触发；图 8-10（c）为鼠标选中密码输入框时的效果，此时用户名输入框的 blur()事件与密码输入框的 focus()事件同时被触发；图 8-10（d）为鼠标单击页面上两个输入框以外的位置使其均失去焦点的效果，此时先前被选中的密码输入框的 blur()事件被触发。

3．change()事件

当输入框或下拉菜单中的内容发生变化时将触发 change()事件，其语法格式如下。

```
$(selector).change(function)
```

其选择器可以是表单中的输入框<input>、多行文本框<textarea>或者下拉菜单<select>。其触发效果的不同之处如下。

- 选择器为<input>或<textarea>：用户更改输入框中的内容，然后让该输入框失去焦点才触发 change()事件。
- 选择器为<select>：用户选择不同的选项时触发 change()事件。

以下拉菜单<select>元素为例，选项被切换后弹出警告框的代码如下。

```
$("select").change(function(){
    alert("change 事件被触发！");
});
```

当 change 事件被触发时，会执行其中的 alert()方法。该方法也可以替换成其他代码块。

4．select()事件

当文本输入框中有文字内容被选中时，将触发该元素的 select()事件，其语法格式如下。

```
$(selector).select(function)
```

其选择器只能是单行文本框<input type="text">或多行文本框<textarea>。

以表单中的<input>元素为例，被鼠标选中文本内容后弹出警告框的代码如下。

```
$("input").select(function(){
    alert("select 事件被触发！");
});
```

当 select 事件被触发时，会执行其中的 alert()方法。该方法也可以替换成其他代码块。

【例 8-11】　jQuery 表单事件 change()和 select()的简单应用

测试 change()和 select()事件被触发的效果。

```
1.  <!DOCTYPE html>
2.  <html>
```

```
3.      <head>
4.          <meta charset="utf-8">
5.          <title>jQuery 表单事件示例 2</title>
6.          <script src="js/jquery-1.12.3.min.js"></script>
7.          <script>
8.              $(document).ready(function(){
9.                  //触发<input>元素的 change()事件
10.                     $("input").change(function(){
11.                         $(this).next("span").text("内容发生改变!");
12.                     });
13.
14.                     //触发<input>元素的 select()事件
15.                     $("input").select(function(){
16.                         $(this).next("span").text("文字被选中! ");
17.                     });
18.                 });
19.          </script>
20.      </head>
21.      <body>
22.          <h3>jQuery 表单事件 change()和 select()示例</h3>
23.          <hr>
24.          <form>
25.              测试框：<input type="text" /><span></span>
26.          </form>
27.      </body>
28. </html>
```

运行效果如图 8-11 所示。

（a）页面初始状态　　　　　　　　　　（b）改变输入框中的内容

（c）输入框中有文字被选中　　　　　　（d）再次改变输入框中的部分内容

图 8-11　jQuery 表单事件 change()和 select()的简单应用效果

【代码说明】

本例使用了一个简易表单元素<form>，在该表单中主要包含了一个文本输入框以测试 change()和 select()事件的效果。在这个输入框的右侧追加了一个初始状态下无任何内容的 <span>元素，作为测试时的提示语句。当对应的事件被触发时，将使用 jQuery 代码更新 <span>元素中的文本内容。

图 8-11（a）为页面初始状态，由图可见此时输入框中无任何内容；图 8-11（b）为改变输入框中的文字内容然后让输入框失去焦点的状态，此时输入框的 change()事件被触发；图 8-11（c）为鼠标选中输入框中部分文字内容的效果，此时输入框的 select()事件被触发；图 8-11（d）为再次修改输入框中部分文字内容并在完成后使输入框失去焦点的效果，此时输入框的 change()事件再次被触发。

5．submit()事件

当用户尝试提交表单时，将触发表单元素<form>的 submit()事件，其语法格式如下。

```
$(selector).submit(function)
```

显然，该事件的选择器只能是表单元素<form>。

用户有两种提交表单的方式——单击特定的"提交"按钮或者使用键盘上的 Enter 键，特定的"提交"按钮包括<input type="submit">、<input type="image">以及<button type="submit">；使用 Enter 键的前提是表单中只有一个文本域，或者表单中包含了"提交"按钮。

以 id="form01"的<form>元素为例，用户提交表单时弹出警告框的代码如下。

```
$("#form01").submit(function(e){
    alert("click 事件被触发！");
});
```

与其他表单事件的不同之处在于，其中 function(e)中的参数 e 为必填内容，也可以用其他自定义变量名称代替，例如 event 较为常见。

由于 submit()事件会在表单正式提交给服务器之前触发，因此常用其进行有效性检测：当表单中填写的内容验证不通过时显示提示语句，并停止表单提交的动作；当内容验证通过时继续完成表单提交的动作。

【例 8-12】 jQuery 事件 submit()的简单应用

使用 submit()事件模拟表单提交的客户端验证环节。

```
1.    <!DOCTYPE html>
2.    <html>
3.        <head>
4.            <meta charset="utf-8">
5.            <title>jQuery 表单事件示例 3</title>
6.            <script src="js/jquery-1.12.3.min.js"></script>
7.            <script>
8.                $(document).ready(function(){
9.                    //触发<form>元素的 submit()事件
```

```
10.                        $("form").submit(function(){
11.                            //获取用户输入的内容
12.                            var x = $("input[type='text']").val();
13.                            //检测数据有效性
14.                            if(x==""||isNaN(x)){
15.                                $("#tip").text("您输入的不是数字，请重新输入!");
16.                                return false;//停止提交
17.                            }
18.                            else
19.                                $("#tip").text("内容正确，正在提交。");
20.                        });
21.                });
22.        </script>
23.    </head>
24.    <body>
25.        <h3>jQuery 表单事件 submit()示例</h3>
26.        <hr>
27.        <form action="javascript:alert('提交成功！');">
28.            请输入数字：<input type="text" /> <input type="submit" value="
            提交" />
29.            <br />
30.            <span id="tip"></span>
31.        </form>
32.    </body>
33. </html>
```

运行效果如图 8-12 所示。

（a）输入错误内容触发 submit()事件

（b）输入正确内容触发 submit()事件

图 8-12　jQuery 事件 submit()的简单应用效果

【代码说明】

本例使用了一个简易表单元素<form>，在该表单中主要包含了单个文本输入框和"提交"按钮以测试 submit()事件的效果。当用户单击"提交"按钮时将触发 submit()事件，进行输入内容的有效性验证：如果用户输入的不是数字将停止表单提交动作，并给出建议重新输入的提示语句；如果用户输入的是数字，将继续提交表单。

图 8-12（a）为输入错误内容并单击"提交"按钮后的效果，由图可见此时将无法继续提交表单；图 8-12（b）为输入正确内容并单击"提交"按钮后的效果，此时提示语句发生了变化，并且可以看到出现了表单提交成功后的警告框。

由于当前只是模拟表单提交的效果，并没有真正的后端服务器，因此<form>元素的action 属性值填写了一个简易的脚本语句用于显示警告框。开发者在实际运用中将<form>元素的 action 属性值更改为正确的服务器 URL 地址即可正常使用。

8.3　jQuery 事件的绑定与解除

在 jQuery 中 HTML 元素的事件监听是可以通过特定的方法来绑定或者解除的，本节将介绍如何为指定的 HTML 元素绑定事件、解除事件以及追加临时事件。

8.3.1　jQuery 事件的绑定

目前 jQuery 常用的事件绑定方法如表 8-5 所示。

表 8-5　jQuery 常用的事件绑定方法

事件绑定方法	解　　释
bind()	用于给指定的元素绑定一个或多个事件
delegate()	用于给指定元素的子元素绑定一个或多个事件
on()	用于给指定元素或其子元素绑定一个或多个事件

需要注意的是，jQuery 3.0 之后的版本将彻底取消对 bind()和 delegate()方法的支持，因此在未来的实践开发中建议使用 on()来替换前两种方法。

1．bind()方法

bind()方法可以用于给指定的元素绑定一个或多个事件，其语法格式如下。

```
$(selector).bind(event, [data,] function)
```

参数解释如下。

* event：必填参数，用于指定事件名称，例如"click"。
* data：可选参数，用于规定需要传递给函数的额外数据。
* function：必填参数，用于规定事件触发时的执行函数。

例如为按钮元素<button>绑定单击事件（鼠标左键单击），代码如下。

```
$("button").bind("click", function(){
    alert("按钮的单击事件被触发！");
})
```

如果指定元素绑定的多个事件需要调用同一个函数，可以将这些事件名称用空格隔开后并列添加在参数 event 中，例如：

```
$("button").bind("click dblclick mouseenter", function(){
    alert("按钮的单击/双击/鼠标进入事件被触发！");
})
```

如果需要为指定元素同时绑定多个事件并触发不同的函数，其语法格式如下。

```
$(selector).bind({event1:function1, event2:function2, …eventN:functionN})
```

该方法可以为每个事件单独绑定函数，使用起来更加灵活。

例如为按钮元素<button>同时绑定单击、双击和鼠标悬停事件，并实现不同的触发效果，其代码如下。

```
$("button").bind({
    "click":function(){$("body").css("background-color","red");},
    "dblclick":function(){$("body").css("background-color ","yellow");},
    "mouseover":function(){$("body").css("background-color ","blue");}
});
```

上述代码表示单击、双击或鼠标悬停于按钮时网页背景色分别更换为红色、黄色或蓝色。

2. delegate()方法

delegate()方法可以用于给指定元素的子元素绑定一个或多个事件，其语法格式如下。

```
$(selector).delegate(childSelector, event, [data,] function)
```

参数解释如下。

- childSelector：必填参数，用于规定需要绑定事件的一个或多个子元素。
- event：必填参数，用于指定需要绑定给子元素的一个或多个事件名称，例如"click"。如果有多个事件同时绑定需要用空格隔开，例如"click dblclick mouseover"。
- data：可选参数，用于规定需要传递给函数的额外数据。
- function：可选参数，用于规定需要绑定的事件触发时的执行函数。

例如在 id="test"的<div>元素中包含一个子元素<button>，其 HTML 页面代码如下。

```
<div id="test">
    <button>我是按钮子元素</button>
</div>
```

此时可以使用 delegate()方法指定<div>元素，然后为其中的子元素<button>绑定事件。以鼠标左键单击事件为例，jQuery 代码如下。

```
$("#test").delegate("button","click",function(){
    alert("按钮被单击! ");
});
```

上述代码通过 id="test"的<div>元素来准确定位其中的子元素，此时绑定事件不会影响到该<div>元素以外的其他任何<button>元素。

delegate()方法的优势在于还可以为指定元素的未来子元素（解释：即当前尚未创建，后续通过代码动态添加的子元素）绑定事件。

3. on()方法

on()方法是 jQuery 1.7 版之后新增的内容，可以用于给指定元素的子元素绑定一个或多个事件，包含了 bind() 和 delegate() 方法的全部功能。

其语法格式如下。

```
$(selector).on(event, [childSelector,] [data,] function)
```

参数解释如下。

- event：必填参数，用于指定需要绑定给指定元素的一个或多个事件名称，例如 "click"。如果有多个事件同时绑定需要用空格隔开，例如"click dblclick mouseover"。
- childSelector：可选参数，用于规定需要绑定事件的子元素，如果没有可以不填。
- data：可选参数，用于规定需要传递给函数的额外数据。
- function：可选参数，用于规定需要绑定的事件触发时的执行函数。

将 bind() 方法改写为 on() 方法只需要修改方法名称，其他参数无须变化。

例如改用 on() 方法为按钮元素<button>绑定单击事件（鼠标左键单击），代码如下。

```
$("button").on("click", function(){
    alert("按钮的单击事件被触发！");
})
```

在将 delegate() 方法改写为 on() 方法时需要注意子元素参数的位置：delegate() 方法中的子元素参数在事件名称参数之前，而 on() 方法正好相反。

例如改用 on() 方法指定 id="test"的<div>元素，然后为其中的子元素<button>绑定事件。以鼠标左键单击事件为例，jQuery 代码如下。

```
$("#test").on("click", "button", function(){
    alert("按钮被单击！");
});
```

【例 8-13】　jQuery 事件绑定 on() 方法的简单应用

使用 on() 方法进行按钮元素的事件绑定。

```
1.  <!DOCTYPE html>
2.  <html>
3.    <head>
4.        <meta charset="utf-8">
5.        <title>jQuery 事件绑定方法示例</title>
6.        <script src="js/jquery-1.12.3.min.js"></script>
7.        <script>
8.            $(document).ready(function(){
9.                //id="test"的段落元素的 click()事件被触发
10.               $("#test").click(function(){
11.                   //使用 on()方法为<button>按钮绑定单击事件
12.                   $("button").on("click",function(){
13.                       alert("测试按钮已激活！");
14.                   });
15.                   //更新状态描述
```

```
16.                    $("span").text("已绑定 click()事件");
17.                });
18.            });
19.        </script>
20.    </head>
21.    <body>
22.        <h3>jQuery 事件绑定 on()方法的简单应用</h3>
23.        <hr>
24.        <p>按钮状态：<span>未绑定 click()事件</span></p>
25.        <button>测试按钮</button>
26.        <p id="test">请单击此处为测试按钮追加单击事件。</p>
27.    </body>
28. </html>
```

运行效果如图 8-13 所示。

（a）页面初始状态

（b）按钮已绑定 click()事件

（c）按钮的 click()事件被触发

图 8-13   jQuery 事件绑定 on()方法的简单应用效果

【代码说明】

本例包含了一个按钮元素<button>和两个段落元素<p>，用于测试使用 on()方法动态追加<button>元素的 click()事件的效果。其中，第 1 个<p>元素仅用于生成关于按钮当前状态的提示，以告知用户目前按钮是否已绑定事件；第 2 个<p>元素为可单击区域，当用户单击该元素时将使用 on()方法为按钮绑定事件。

图 8-13（a）为页面初始效果，此时单击"测试按钮"无效；图 8-13（b）为单击按钮下方段落文字后的效果，此时动态地为"测试按钮"绑定了 click()事件，并且由图可见按钮上方的提示语句发生了变化；图 8-13（c）是再次单击"测试按钮"后的效果，由图可见本次单击后弹出了警告消息框，这正是使用 on()方法为按钮绑定事件中要求执行的代码内容。

8.3.2   jQuery 事件的解除

目前 jQuery 常用的事件解除方法如表 8-6 所示。

表 8-6   **jQuery 常用的事件解除方法**

事件解除方法	解　　释
unbind()	用于给指定的元素解除一个或多个事件
undelegate()	用于给指定元素的子元素解除一个或多个事件
off()	用于给指定元素或其子元素解除一个或多个事件

需要注意的是，jQuery 3.0 之后的版本将彻底取消对 unbind()和 undelegate()方法的支持，因此建议在未来的实践开发中使用 off()来替换前两种方法。

1．unbind()方法

unbind()方法可以用于给指定的元素解除事件触发效果，其语法格式如下。

```
$(selector).unbind([event] [, function])
```

参数解释如下。

- event：可选参数，用于指定需要解除的一个或多个事件名称，例如"click"或"click

dblclick mouseover"。如果该参数不填写，则表示解除指定元素的全部事件。

- function：可选参数，用于规定需要解除的事件触发时的执行函数。

例如为按钮元素<button>解除单击事件（鼠标左键单击），代码如下。

```
$("button").unbind("click", function(){
    alert("按钮的单击事件被解除！");
});
```

2．undelegate()方法

undelegate()方法可以用于给指定元素的子元素解除一个或多个事件，其语法格式如下。

```
$(selector). undelegate([childSelector,] [event,] [function])
```

参数解释如下。

- childSelector：可选参数，用于规定需要解除事件的一个或多个子元素。
- event：可选参数，用于指定需要解除的一个或多个事件名称，例如"click"或"click dblclick mouseover"。
- function：可选参数，用于规定需要解除的事件触发时的执行函数。

注：如果不填写任何参数，则表示解除之前使用 delegate()方法绑定的全部事件。

例如在 id="test"的<div>元素中包含一个子元素<button>，其 HTML 页面代码如下。

```
<div id="test">
    <button>我是按钮子元素</button>
</div>
```

使用 undelegate()方法为其中的子元素<button>解除全部事件，代码如下。

```
$("#test").undelegate("button");
```

如果只希望解除子元素<button>的 click()事件，将代码修改如下。

```
$("#test").undelegate("button", "click");
```

需要注意的是，undelegate()方法主要是用于解除之前使用 delegate()方法绑定的事件，不能用于解除使用其他方法（例如 bind()方法）绑定的事件。

3．off()方法

off()方法是 jQuery 1.7 版之后新增的内容，可以用于给指定元素的子元素解除一个或多个事件，包含了 unbind()和 undelegate()方法的全部功能。

其语法格式如下。

```
$(selector).off(event, [childSelector,] [data,] function)
```

参数解释如下。

- event：必填参数，用于指定需要给指定元素解绑的一个或多个事件名称，例如"click"。如果有多个事件同时解绑需要用空格隔开，例如"click dblclick mouseover"。

- childSelector：可选参数，用于规定需要解绑事件的子元素，如果没有可以不填。
- data：可选参数，用于规定需要传递给函数的额外数据。
- function：可选参数，用于规定需要解绑的事件触发时的执行函数。

将 unbind()方法改写为 off()方法只需要修改方法名称，其他参数无须变化。

例如改用 off()方法为按钮元素<button>解绑单击事件（鼠标左键单击），代码如下。

```
$("button").off("click", function(){
    alert("按钮的单击事件被解除！");
})
```

在将 undelegate()方法改写为 off()方法时需要注意子元素参数的位置：undelegate()方法中的子元素参数在事件名称参数之前，而 off()方法正好相反。

例如改用 off()方法指定 id="test"的<div>元素，然后为其中的子元素<button>解除事件。以鼠标左键单击事件为例，jQuery 代码如下。

```
$("#test").off("click", "button", function(){
    alert("按钮的单击事件被解除！");
});
```

【例 8-14】 jQuery 事件解除 off()方法的简单应用

使用 off()方法进行按钮元素的事件解除。

```
1.   <!DOCTYPE html>
2.   <html>
3.       <head>
4.           <meta charset="utf-8">
5.           <title>jQuery 事件绑定方法示例</title>
6.           <script src="js/jquery-1.12.3.min.js"></script>
7.           <script>
8.               $(document).ready(function(){
9.                   //触发按钮的 click()事件
10.                  $("button").on("click",function(){
11.                      alert("测试按钮已激活！");
12.                  });
13.
14.                  //id="test"的段落元素的 click()事件被触发
15.                  $("#test").click(function(){
16.                      //使用 off()方法为<button>按钮解除单击事件
17.                      $("button").off("click");
18.                      //更新状态描述
19.                      $("span").text("已解除 click()事件");
20.                  });
21.              });
22.          </script>
23.      </head>
24.      <body>
25.          <h3>jQuery 事件解除 off()方法的简单应用</h3>
26.          <hr>
```

```
27.          <p>按钮状态：<span>已绑定 click()事件</span></p>
28.          <button>测试按钮</button>
29.          <p id="test">请单击此处为测试按钮解除单击事件。</p>
30.     </body>
31. </html>
```

运行效果如图 8-14 所示。

（a）页面初始状态

（b）按钮已解除 click()事件

（c）按钮的 click()事件无效

图 8-14　jQuery 事件解除 off()方法的简单应用效果

【代码说明】

本例包含了一个按钮元素<button>和两个段落元素<p>，用于测试使用 off()方法动态解除<button>元素的 click()事件的效果。其中，第 1 个<p>元素仅用于生成关于按钮当前状态的提示，以告知用户目前按钮是否已绑定事件；第 2 个<p>元素为可单击区域，当用户单击该元素时将使用 off()方法为按钮解除事件。

图 8-14（a）为页面初始效果，此时"测试按钮"已绑定了 click()事件；图 8-14（b）为点击按钮后的效果，由图可见本次单击后弹出了警告消息框；图 8-14（c）是单击按钮下方段落文字后的效果，此时按钮元素的 click()事件已被 off()方法解除，由图可见本次单击后不再弹出警告消息框。

8.3.3 jQuery 临时事件

在某些特殊情况下，为元素绑定的事件仅需要执行一次就必须解除绑定，此类情况称为元素的临时事件。

例如为按钮元素<button>绑定临时的单击事件（鼠标左键单击），代码如下。

```
$("button").on("click", function(){
    alert("按钮的单击事件被触发！");
    $(this).off("click");
})
```

上述代码使用了 on()方法为按钮进行了 click()事件的绑定，当 click()事件首次被触发时立刻调用 off()方法解绑事件。

事实上，在 jQuery 中已经提供了专门的 one()方法来代替 on()和 off()方法处理此类情况。one()方法绑定的事件在触发一次之后将自动解除，其语法格式如下。

```
$(selector).one(event, [childSelector,] [data,] function)
```

参数解释如下。

- event：必填参数，用于指定需要绑定给指定元素的一个或多个事件名称，例如 "click"。如果有多个事件同时绑定需要用空格隔开，例如"click dblclick mouseover"。
- childSelector：可选参数，用于规定需要绑定事件的子元素，如果没有可以不填。
- data：可选参数，用于规定需要传递给函数的额外数据。
- function：可选参数，用于规定需要绑定的事件触发时需要执行的函数。

例如使用 one()方法修改上例代码，更改后的代码如下。

```
$("button").one("click", function(){
    alert("按钮的单击事件被触发！");
})
```

上述代码只能被执行一次，然后就会自行解除 click()事件的绑定。注意，使用这种方式只需要定义绑定的事件即可，无须特意在处理之后追加事件解绑的脚本代码。

【例 8-15】 jQuery 临时事件 one()方法的简单应用

使用 one()方法进行按钮元素的临时事件绑定。

```
1.  <!DOCTYPE html>
2.  <html>
3.    <head>
4.        <meta charset="utf-8">
5.        <title>jQuery 临时事件方法示例</title>
6.        <script src="js/jquery-1.12.3.min.js"></script>
7.        <script>
8.            $(document).ready(function(){
9.                //临时触发按钮的 click()事件
10.               $("button").one("click",function(){
11.                   alert("测试按钮已激活！");
12.               });
13.           });
14.       </script>
15.   </head>
16.   <body>
17.       <h3>jQuery 临时事件 one()的简单应用</h3>
18.       <hr>
19.        <button>测试按钮</button>
20.     </body>
21. </html>
```

运行效果如图 8-15 所示。

（a）首次单击按钮 click()事件生效

（b）再次单击按钮 click()事件无效

图 8-15　jQuery 临时事件 one()方法的简单应用效果

【代码说明】

本例包含了一个按钮元素<button>用于测试使用 one()方法临时绑定一次 click()事件的效果。图 8-15（a）为首次单击按钮的效果，由图可见本次单击触发了 click()事件并弹出警告消息框；图 8-15（b）为再次单击按钮后的效果，由图可见本次单击后没有弹出警告消息框，这是由于 one()方法在执行过一次之后会主动为元素解除事件绑定效果。

8.4　本章小结

本章主要介绍了 jQuery 事件的概念与常见用法。常用的 jQuery 事件根据类型可分为文档/窗口事件、键盘事件、鼠标事件和表单事件。HTML 元素的事件监听也可以通过特定的方法来绑定或者解除，在 jQuery 1.7 之后的版本中推荐使用 on() 和 off() 方法代替之前所有的事件绑定和解绑方法。

习题 8

1．常用的 jQuery 事件根据其性质可以分成哪几类？
2．试列举常用的 jQuery 键盘事件。
3．试列举常用的 jQuery 鼠标事件。
4．jQuery 常用的事件绑定函数有哪些？
5．jQuery 常用的事件解除函数有哪些？
6．试用 jQuery 临时事件 one() 为按钮元素 <button> 绑定一次性的单击事件。

第9章

jQuery 特效

本章主要介绍 jQuery 常用特效，包括 jQuery 隐藏和显示、淡入和淡出、滑动、动画、方法链接以及停止动画效果。

本章学习目标：

- 掌握 jQuery 隐藏/显示相关函数 hide()、show()和 toggle()的用法；
- 掌握 jQuery 淡入/淡出相关函数 fadeIn()、fadeOut()、fadeToggle()、fadeTo()的用法；
- 掌握 jQuery 滑动相关函数 slideDown()、slideUp()、slideToggle()的用法；
- 掌握 jQuery 动画（Animation）的用法；
- 掌握 jQuery 方法链接（Chaining）的用法；
- 掌握 jQuery 停止动画相关函数 stop()的用法。

9.1 jQuery 隐藏和显示

jQuery 可以控制元素的隐藏和显示，包括自定义变化效果的持续时间。其中，hide()方法用于隐藏指定的元素，show()方法用于显示指定的元素。

9.1.1 jQuery hide()

jQuery hide()方法用于隐藏指定的 HTML 元素，其语法结构如下。

```
$(selector).hide([duration] [, callback]);
```

该方法中的 selector 参数位置可以是任意有效的选择器，hide()方法中的两个参数均为可选。其中，duration 参数用于设置隐藏动作的持续时间，可以填入 slow、fast 或者具体的时间长度（单位默认为毫秒）；callback 参数为隐藏动作执行完成后下一步需要执行的函数名称，若无后续函数可省略不填。

使用不带任何参数的 hide()方法可实现无动画效果的隐藏动作。该方法能立刻隐藏处于显示状态的元素，相当于将指定元素的 CSS 属性设置为"display: none"。例如：

```
$("p").hide();
```

该代码表示立刻隐藏文档中所有的段落元素<p>及其内部所有内容。

带有 duration 参数值的 jQuery hide()方法拥有动画效果。该参数默认单位为毫秒，数值越大代表持续时间越长，动画效果越慢。其中，fast 默认持续时间是 200 毫秒，而 slow 默认持续时间是 600 毫秒。

jQuery show()方法用于显示指定元素，其语法结构如下。

```
$(selector).show([duration] [, callback]);
```

和 jQuery hide()方法类似，该方法中的 selector 参数位置可以是任意有效的选择器，show()方法中的两个参数均为可选，duration 参数用于设置显示的持续时间，可填入 slow、fast 或者具体的时间长度（单位默认为毫秒）；callback 参数为显示动作执行完成后下一步需要执行的函数名称，若无后续函数可省略不填。

使用不带任何参数的 show()方法可实现无动画效果的显示动作，该方法能立刻显示处于隐藏状态的元素。例如：

```
$("p").show();
```

该代码表示立刻显示文档中所有的段落元素<p>及其内部所有内容。

带有 duration 参数值的 jQuery show()方法拥有动画效果。该参数默认单位为毫秒，数值越大代表持续时间越长，动画效果越慢。其中，fast 默认持续时间是 200 毫秒，而 slow 默认持续时间是 600 毫秒。

【例 9-1】 jQuery 隐藏和显示的应用

分别使用无参数以及带有 duration 参数值的 hide()和 show()方法测试元素的隐藏和显示效果。

```
1.   <!DOCTYPE html>
2.   <html>
3.     <head>
4.         <meta charset="utf-8">
5.         <title>jQuery 隐藏和显示的应用</title>
6.         <script src="js/jquery-1.12.3.min.js"></script>
7.     </head>
8.     <body>
9.         <h3>jQuery 隐藏和显示的应用(默认效果)</h3>
10.        <button id="hide01" type="button">隐藏</button>
11.        <button id="show01" type="button">显示</button>
12.        <p id="test01">测试段落 01</p>
13.        <hr>
14.        <h3>jQuery 隐藏和显示的应用(规定时长)</h3>
15.        <button id="hide02" type="button">隐藏</button>
16.        <button id="show02" type="button">显示</button>
17.        <p id="test02">测试段落 02</p>
18.        <script>
19.           $(document).ready(function() {
20.               $("#hide01").click(function() {
21.                   $("p#test01").hide();
22.               });
23.
24.               $("#show01").click(function() {
```

```
25.                    $("p#test01").show();
26.                });

27.
28.                $("#hide02").click(function() {
29.                    $("p#test02").hide(3000);
30.                });

31.
32.                $("#show02").click(function() {
33.                    $("p#test02").show(3000);
34.                });
35.            });
36.        </script>
37.    </body>
38. </html>
```

运行效果如图 9-1 所示。

（a）隐藏段落 01 的默认效果

（b）显示段落 01 的默认效果

（c）隐藏段落 02 的动画过程

（d）显示段落 02 的动画过程

图 9-1   jQuery 隐藏和显示的应用效果

【代码说明】

本例包含两个段落元素<p>，并分别将其 id 值定义为 test01 和 test02 以示区别。分别在这两个<p>元素上方配套两个按钮元素<button>，共计 4 个按钮。其中，对应 id="test01"

的段落元素的两个按钮 id 值为 hide01 和 show01；对应 id="test02"的段落元素的两个按钮 id 值为 hide02 和 show02。

在 jQuery 中分别为这 4 个按钮添加 click 单击事件。其中，hide01 和 show01 按钮用于快速隐藏和显示段落元素 test01；hide02 和 show02 按钮用于持续 3 秒钟效果来隐藏和显示段落元素 test02。

其中，图 9-1（a）和（b）是段落元素 test01 的默认隐藏和显示效果，速度较快；图 9-1（c）和（d）是段落元素 test02 的缓慢隐藏和显示效果。由于效果图无法显示单击过程的动画效果，请读者运行本书配套代码来体验该示例效果。

9.1.3 jQuery toggle()

jQuery toggle()方法用于切换元素的隐藏和显示。该方法可以替代 hide()和 show()方法单独使用，用于显示已隐藏的元素，或隐藏正在显示的元素。

【例 9-2】 jQuery 隐藏/显示切换的应用

使用 toggle()方法切换元素的隐藏/显示效果。

```
1.  <!DOCTYPE html>
2.  <html>
3.     <head>
4.        <title>jQuery 隐藏/显示切换的应用</title>
5.        <meta charset="utf-8">
6.        <style>
7.           p {
8.              width:100px;
9.              height:100px;
10.             background-color:orange
11.          }
12.       </style>
13.       <script src="js/jquery-1.12.3.min.js"></script>
14.       <script>
15.          $(document).ready(function() {
16.             $("#toggle").click(function() {
17.                $("p").toggle();
18.             });
19.          });
20.       </script>
21.    </head>
22.    <body>
23.       <h3>jQuery 隐藏/显示切换的应用</h3>
24.       <hr>
25.       <button id="toggle" type="button">隐藏/显示切换</button>
26.       <p>测试段落</p>
27.    </body>
28. </html>
```

运行效果如图 9-2 所示。

（a）段落元素切换为显示状态　　　（b）段落元素切换为隐藏状态

图 9-2　jQuery 隐藏/显示切换的应用效果

【代码说明】

本例包含一个段落元素<p>，并在其上方配套一个按钮元素<button>。该按钮元素的 id 值为 toggle，用于切换段落元素的隐藏/显示效果。在 jQuery 中为按钮添加 click 单击事件，要求事件触发时使用 toggle()方法切换段落元素的当前状态。

其中，图 9-2（a）是段落元素的显示效果；图 9-2（b）是段落元素的隐藏效果。由于效果图无法显示单击过程的动画效果，请读者运行本书配套代码来体验该示例效果。

9.2　jQuery 淡入和淡出

jQuery 可以控制元素的透明度，使元素的颜色加深或者淡化，相关方法有以下 4 种。

- fadeIn()：通过更改元素的透明度逐渐加深元素颜色，直到元素完全显现，又称为淡入。
- fadeOut()：通过更改元素的透明度逐渐淡化元素颜色，直到元素完全隐藏，又称为淡出。
- fadeToggle()：元素淡出和淡入效果的切换，可用于淡入隐藏的元素，也可用于淡出可见的元素。
- fadeTo()：用于将元素变为指定的透明度（数值为 0～1）。

9.2.1　jQuery fadeIn()

jQuery fadeIn()方法用于实现元素的淡入效果，即将原先隐藏的元素逐渐显示出来，其语法结构如下。

```
$(selector).fadeIn([duration] [, callback])
```

该方法中的 selector 参数位置可以是任意有效的选择器，fadeIn()方法中的两个参数均为可选参数，参数 duration 用于规定淡入效果的时长，可填入 fast、slow 或具体时长数值（单位为毫秒）；可选参数 callback 指的是 fadeIn()方法完成时需要执行的下一个函数名称，若无后续函数可省略不填。

9.2.2　jQuery fadeOut()

jQuery fadeOut()用于实现元素的淡出效果，即将原先存在的元素逐渐隐藏起来，其语法结构如下。

```
$(selector).fadeOut([duration] [, callback])
```

与 fadeIn()方法类似,该方法中的 selector 参数位置可以是任意有效的选择器,fadeOut()方法中的两个参数也均为可选参数。其中，可选参数 duration 用于规定淡出效果的时长，可填入 fast、slow 或具体时长数值（单位为毫秒）；可选参数 callback 指的是 fadeOut()方法完成时需要执行的下一个函数名称，若无后续函数可省略不填。

【例 9-3】　jQuery 淡入和淡出的应用

分别使用无参数以及带有 duration 参数值的 fadeIn()和 fadeOut()方法测试元素的淡入和淡出效果。

```
1.  <!DOCTYPE html>
2.  <html>
3.    <head>
4.        <meta charset="utf-8">
5.        <title>jQuery 淡入和淡出的应用</title>
6.        <script src="js/jquery-1.12.3.min.js"></script>
7.        <style>
8.            p {
9.                width:100px;
10.               height:100px;
11.               background-color:orange;
12.           }
13.       </style>
14.   </head>
15.   <body>
16.       <h3>jQuery 淡入和淡出的应用(默认效果)</h3>
17.       <button id="btn1-1" type="button">
18.           淡入
19.       </button>
20.       <button id="btn1-2" type="button">
21.           淡出
22.       </button>
23.       <p id="test01">
24.           测试段落 01
25.       </p>
26.       <hr>
27.       <h3>jQuery 淡入和淡出的应用(规定时长)</h3>
28.       <button id="btn2-1" type="button">
```

```
29.          淡入
30.      </button>
31.      <button id="btn2-2" type="button">
32.          淡出
33.      </button>
34.      <p id="test02">
35.          测试段落 02
36.      </p>
37.      <script>
38.          $(document).ready(function() {
39.              $("#btn1-1").click(function() {
40.                  $("p#test01").fadeIn();
41.              });
42.
43.              $("#btn1-2").click(function() {
44.                  $("p#test01").fadeOut();
45.              });
46.
47.              $("#btn2-1").click(function() {
48.                  $("p#test02").fadeIn(3000);
49.              });
50.
51.              $("#btn2-2").click(function() {
52.                  $("p#test02").fadeOut(3000);
53.              });
54.          });
55.      </script>
56.  </body>
57. </html>
```

运行效果如图 9-3 所示。

（a）淡出段落 01 的默认效果　　　　（b）淡入段落 01 的默认效果

（c）淡出段落 02 的动画过程　　　　　（d）淡入段落 02 的动画过程

图 9-3　jQuery 淡入和淡出的应用效果

【代码说明】

本例包含两个段落元素<p>，并分别将其 id 值定义为 test01 和 test02 以示区别。分别在这两个<p>元素上方配套两个按钮元素<button>，共计 4 个按钮。其中，对应 id="test01" 的段落元素的两个按钮 id 值为 btn1-1 和 btn1-2；对应 id="test02"的段落元素的两个按钮 id 值为 btn2-1 和 btn2-2。

在 jQuery 中分别为这 4 个按钮添加 click 单击事件。其中，btn1-1 和 btn1-2 按钮用于快速淡入和淡出段落元素 test01；btn2-1 和 btn2-2 按钮用于持续 3 秒钟效果来淡入和淡出段落元素 test02。

其中，图 9-3（a）和（b）是段落元素 test01 的默认淡入和淡出效果，速度较快；图 9-3（c）和（d）是段落元素 test02 的缓慢淡入和淡出效果。由于效果图无法显示单击过程的动画效果，请读者运行本书配套代码来体验该示例效果。

9.2.3　jQuery fadeToggle()

jQuery fadeToggle()方法用于切换元素的淡出和淡入效果，其语法结构如下。

```
$(selector).fadeToggle([duration] [, callback])
```

该方法中的 selector 参数位置可以是任意有效的选择器。其中，可选参数 duration 用于规定淡出效果的时长，可填入 fast、slow 或具体时长数值（单位为毫秒）；可选参数 callback 指的是 fadeToggle()方法完成时需要执行的下一个函数名称。

【例 9-4】 jQuery 淡入/淡出切换的应用

使用 fadeToggle()方法切换元素的淡入/淡出效果。

```
1.  <!DOCTYPE html>
2.  <html>
3.    <head>
4.        <meta charset="utf-8">
5.        <title>jQuery 淡入/淡出切换的应用</title>
6.        <script src="js/jquery-1.12.3.min.js"></script>
7.        <style>
```

```
8.              p {
9.                  width:100px;
10.                 height:100px;
11.                 background-color:green;
12.                 color:white;
13.             }
14.         </style>
15.     </head>
16.     <body>
17.         <h3>jQuery 淡入/淡出切换的(应用默认效果)</h3>
18.         <button id="btn01" type="button">
19.             淡出/淡入切换
20.         </button>
21.         <p id="test01">
22.             测试段落 01
23.         </p>
24.         <hr>
25.         <h3>jQuery 淡入/淡出切换的(规定时长)</h3>
26.         <button id="btn02" type="button">
27.             淡出/淡入切换
28.         </button>
29.         <p id="test02">
30.             测试段落 02
31.         </p>
32.         <script>
33.             $(document).ready(function() {
34.                 $("#btn01").click(function() {
35.                     $("p#test01").fadeToggle();
36.                 });
37.
38.                 $("#btn02").click(function() {
39.                     $("p#test02").fadeToggle(3000);
40.                 });
41.             });
42.         </script>
43.     </body>
44. </html>
```

运行效果如图 9-4 所示。

【代码说明】

本例包含两个段落元素<p>，并分别将其 id 值定义为 test01 和 test02 以示区别。分别在这两个<p>元素上方配套一个按钮元素<button>，共计两个按钮。其中，对应 id="test01"的段落元素的按钮 id 值为 btn01；对应 id="test02"的段落元素的按钮 id 值为 btn02。

在 jQuery 中分别为这两个按钮添加 click 单击事件。其中，btn01 按钮用于切换快速淡入/淡出段落元素 test01；btn02 按钮用于持续 3 秒钟效果来切换淡入/淡出段落元素 test02。

（a）淡出段落 01 的默认效果

（b）淡入段落 01 的默认效果

（c）淡出段落 02 的动画过程

（d）淡入段落 02 的动画过程

图 9-4　jQuery 淡入/淡出切换的应用效果

其中，图 9-4（a）和（b）是段落元素 test01 的默认淡入和淡出效果，速度较快；图 9-4（c）和（d）是段落元素 test02 的缓慢淡入和淡出效果。由于效果图无法显示单击过程的动画效果，请读者运行本书配套代码来体验该示例效果。

9.2.4　jQuery fadeTo()

jQuery fadeTo()方法用于指定渐变效果的透明度，透明度数值的取值范围为 0～1，其语法结构如下。

```
$(selector).fadeTo (duration, opacity [, callback])
```

该方法中的 selector 参数位置可以是任意有效的选择器，对 fadeTo()方法中的参数解释如下。

- duration：该参数为必填内容，表示透明度渐变的持续时间，其默认单位为毫秒，可填入 fast 或 slow 分别代表 200 毫秒和 600 毫秒的持续时间，也可填入自定义的数值，填入的数值越大代表持续时间越长，因此动画效果越缓慢。
- opacity：该参数为必填内容，用于设置元素的透明度。透明度数值的取值范围为 0～

1，数值越小透明度越高，0 为完全透明，1 为非透明。

- callback：该参数为可选内容，用于指定当前效果结束后的下一个函数名称，如果没有可以省略不填。

【例 9-5】 jQuery 设置淡入/淡出渐变值

```
1.   <!DOCTYPE html>
2.   <html>
3.     <head>
4.        <meta charset="utf-8">
5.        <title>jQuery 设置淡入/淡出渐变值</title>
6.        <script src="js/jquery-1.12.3.min.js"></script>
7.        <style>
8.           p {
9.              width:100px;
10.             height:100px;
11.             background-color:coral;
12.          }
13.       </style>
14.    </head>
15.    <body>
16.       <h3>jQuery 设置淡入/淡出渐变值(完全透明效果)</h3>
17.       <button id="btn01" type="button">
18.          隐藏/显示切换
19.       </button>
20.       <p id="test01">
21.          测试段落 01
22.       </p>
23.       <hr>
24.       <h3>jQuery 设置淡入/淡出渐变值(半透明效果)</h3>
25.       <button id="btn02" type="button">
26.          隐藏/显示切换
27.       </button>
28.       <p id="test02">
29.          测试段落 02
30.       </p>
31.       <hr>
32.       <h3>jQuery 设置淡入/淡出渐变值(完全不透明效果)</h3>
33.       <button id="btn03" type="button">
34.          隐藏/显示切换
35.       </button>
36.       <p id="test03">
37.          测试段落 03
38.       </p>
39.       <script>
40.          $(document).ready(function() {
```

```
41.              //完全透明效果
42.              $("#btn01").click(function() {
43.                  $("p#test01").fadeTo("slow", 0);
44.              });
45.              //半透明效果
46.              $("#btn02").click(function() {
47.                  $("p#test02").fadeTo("slow", 0.5);
48.              });
49.              //完全不透明效果
50.              $("#btn03").click(function() {
51.                  $("p#test03").fadeTo("slow", 1);
52.              });
53.          });
54.      </script>
55.  </body>
56. </html>
```

运行效果如图 9-5 所示。

（a）页面初始加载效果

（b）完全透明的淡入/淡出效果

（c）半透明的淡入/淡出效果

（d）完全不透明的淡入/淡出效果

图 9-5　jQuery 设置淡入/淡出渐变值效果

【代码说明】

本例包含 3 个段落元素<p>，并分别将其 id 值定义为 test01、test02 和 test03 以示区别。分别在这 3 个<p>元素上方配套按钮元素<button>，共计 3 个按钮。按钮元素的 id 值分别为 btn01、btn02 和 btn03，数字序号与段落元素的 id 值一一对应。

在 jQuery 中分别为这 3 个按钮添加 click 单击事件。其中，btn01 按钮用于缓慢地将段落元素 test01 变为完全透明效果；btn02 按钮用于缓慢地将段落元素 test02 变为半透明效果；

btn03 按钮用于缓慢地将段落元素 test03 变为完全不透明效果。

其中，图 9-5（a）为页面初始效果；图 9-5（b）～（d）分别为按钮 btn01、btn02 和 btn03 的单击效果。由于效果图无法显示点击过程的动画效果，请读者运行本书配套代码来体验该示例效果。

9.3　jQuery 滑动

jQuery 的滑动共有以下 3 种方法。

- slideDown()：向下滑动元素。
- slideUp()：向上滑动元素。
- slideToggle()：切换向上和向下滑动元素。

9.3.1　jQuery slideDown()

jQuery slideDown()方法用于向下滑动元素，其语法结构如下。

```
$(selector).slideDown ([duration] [, callback])
```

该方法中的两个参数均为可选。其中，duration 参数用于设置向下滑动效果的持续时间，可以填入 slow、fast 或者具体的时间长度（单位默认为毫秒）；callback 参数为滑动动作执行完成后下一步需要执行的函数名称，若无后续函数可省略不填。

jQuery slideDown()方法中的 duration 参数默认单位为毫秒，数值越大则动画效果越慢，其中 fast 默认为 200 毫秒、slow 默认为 600 毫秒，在 duration 参数值省略的情况下默认持续时间为 400 毫秒。

9.3.2　jQuery slideUp()

jQuery slideUp()方法用于向上滑动元素，其语法结构如下。

```
$(selector).slideUp ([duration] [, callback])
```

该方法中的两个参数均为可选。其中，duration 参数用于设置向上滑动效果的持续时间，可以填入 slow、fast 或者具体的时间长度（单位默认为毫秒）；callback 参数为滑动动作执行完成后下一步需要执行的函数名称，若无后续函数可省略不填。

jQuery slideUp()方法中的 duration 参数默认单位为毫秒，数值越大则动画效果越慢，其中 fast 默认为 200 毫秒、slow 默认为 600 毫秒，在 duration 参数值省略的情况下默认持续时间为 400 毫秒。

【例 9-6】　jQuery 滑动的应用

使用带有 duration 参数值的 slideUp()和 slideDown()方法分别演绎投影幕上升和下降的滑动效果。

```
1.   <!DOCTYPE html>
2.   <html>
3.     <head>
4.       <meta charset="utf-8">
5.       <title>jQuery 滑动的应用</title>
```

```
6.          <script src="js/jquery-1.12.3.min.js"></script>
7.          <style>
8.              div {
9.                  border:1px solid;
10.                 padding:20px 50px;
11.                 display:none;
12.                 width:300px;
13.             }
14.         </style>
15.     </head>
16.     <body>
17.         <h3>jQuery 滑动的应用</h3>
18.         <hr>
19.         <div>
20.             <h3>第 12 章 jQuery 技术</h3>
21.             <ul>
22.                 <li>12.1 jQuery 基础
23.                 <li>12.2 jQuery 选择器
24.                 <li>12.3 jQuery 过滤器
25.                 <li>12.4 jQuery 事件
26.                 <li>12.5 jQuery 效果
27.             </ul>
28.         </div>
29.         <br>
30.         <button id="btn01" type="button">
31.             投影幕下降
32.         </button>
33.         <button id="btn02" type="button">
34.             投影幕上升
35.         </button>
36.         <script>
37.             $(document).ready(function() {
38.                 //投影幕下降
39.                 $("#btn01").click(function() {
40.                     $("div").slideDown(5000);
41.                 });
42.                 //投影幕上升
43.                 $("#btn02").click(function() {
44.                     $("div").slideUp(5000);
45.                 });
46.             });
47.         </script>
```

```
48.    </body>
49. </html>
```

运行效果如图 9-6 所示。

（a）页面初始加载效果

（b）投影幕下降的动画过程

（c）投影幕完全展开效果

（d）投影幕上升的动画过程

图 9-6　jQuery 滑动的应用效果

【代码说明】

本例包含一个<div>元素用于测试上下滑动效果，并在 CSS 内部样式表中设置其初始状态为不可见状态（display:none）。为了模拟效果，在<div>元素中放置了标题元素<h3>、无序列表元素<ul>以及 5 个列表元素<li>。在<div>元素下方配套两个按钮元素<button>，其 id 值分别为 btn01 和 btn02，分别用于控制<div>元素内容向上和向下滑动效果，用以模拟投影幕的动画过程。

在 jQuery 中分别为这两个按钮添加 click 单击事件。其中，btn01 按钮用于花 5 秒钟时间将<div>元素下降直至全部显现；btn02 按钮用于花 5 秒钟时间将<div>元素向上收起直至完全看不见。

其中，图 9-6（a）为页面初始效果；图 9-6（b）为投影幕下降的过程；图 9-6（c）为投影幕完全展开的效果；图 9-6（d）为投影幕上升的过程。由于效果图无法显示单击过程的动画效果，请读者运行本书配套代码来体验该示例效果。

9.3.3　jQuery slideToggle()

jQuery slideToggle()方法用于切换滑动方向，其语法结构如下。

```
$(selector).slideToggle([duration] [, callback])
```

该方法中的 selector 参数位置可以是任意有效的选择器。其中，可选参数 duration 用于规定淡出效果的时长，可填入 fast、slow 或具体时长数值（单位为毫秒）；可选参数 callback 指的是 slideToggle()方法完成时需要执行的下一个函数名称。

【例 9-7】 jQuery 滑动方向切换的应用

修改例 9-6 中的部分代码，使用 slideToggle()方法代替 slideUp()和 slideDown()方法，用同一个按钮切换投影幕上升和下降的滑动效果。

```
1.    <!DOCTYPE html>
2.    <html>
3.      <head>
4.          <meta charset="utf-8">
5.          <title>jQuery 滑动方向切换的应用</title>
6.          <script src="js/jquery-1.12.3.min.js"></script>
7.          <style>
8.              div {
9.                  border:1px solid;
10.                 padding:20px 50px;
11.                 display:none;
12.                 width:300px;
13.             }
14.         </style>
15.     </head>
16.     <body>
17.         <h3>jQuery 滑动的应用</h3>
18.         <hr>
19.         <div>
20.             <h3>第 12 章 jQuery 技术</h3>
21.             <ul>
22.                 <li>12.1 jQuery 基础
23.                 <li>12.2 jQuery 选择器
24.                 <li>12.3 jQuery 过滤器
25.                 <li>12.4 jQuery 事件
26.                 <li>12.5 jQuery 效果
27.             </ul>
28.         </div>
29.         <br>
30.         <button type="button">
31.             投影幕上升/下降
32.         </button>
33.         <script>
34.             $(document).ready(function() {
35.                 $("button").click(function() {
36.                     $("div").slideToggle(5000);
37.                 });
```

```
38.              });
39.          </script>
40.      </body>
41. </html>
```

运行效果如图 9-7 所示。

（a）页面初始加载效果

（b）投影幕下降的动画过程

（c）投影幕完全展开效果

（d）投影幕上升的动画过程

图 9-7　jQuery 滑动方向切换的应用效果

【代码说明】

本例在例 9-6 的基础上去掉了一个按钮元素<button>，只保留一个按钮元素用于切换投影幕上升/下降的效果。在 jQuery 中为这个按钮添加 click 单击事件，事件触发时会执行 slideToggle(5000)方法切换上升/下降的动画效果，参数 5000 表示动画将在 5 秒钟内完成。

其中，图 9-7（a）为页面初始效果；图 9-7（b）为投影幕下降的过程；图 9-7（c）为投影幕完全展开的效果；图 9-7（d）为投影幕上升的过程。由于效果图无法显示单击过程的动画效果，请读者运行本书配套代码来体验该示例效果。

9.4　jQuery 动画

jQuery animate()方法通过更改元素的 CSS 属性值实现动画效果，其语法结构如下。

```
$(selector).animate({params} [, duration] [, callback])
```

其中，params 参数为必填项，duration 和 callback 参数为可选项。对各参数的具体解释如下。

- params：表示形成动画的 CSS 属性，允许同时实现多个属性的改变。
- duration：表示规定的效果时长，默认单位为毫秒，可以填入 slow、fast 或具体数值，其中 fast 表示持续时间为 200 毫秒，slow 表示持续时间为 600 毫秒。若填入具体数值，则数值越大动画效果越缓慢。
- callback：表示动画完成后需要执行的函数名称，若无下一步需执行的函数可省略不填。

9.4.1　改变元素的基本属性

jQuery animate()方法可以用于实现绝大部分 CSS 属性的变化，例如元素的宽度、高度、透明度等的变化。但是 jQuery 核心库中并没有包含色彩变化效果，因此如果要实现颜色动画，需要在 jQuery 的官方网站另外下载色彩动画的相关插件。

当 CSS 属性名称中包含连字符"-"时，需要使用 Camel 标记法（注：又称为驼峰标记法，其特点是首个单词小写，接下来的单词都是首字母大写）进行重新改写。例如，字体大小在 CSS 属性中写为"font-size"，如需在 jQuery animate()中使用则必须改写为"fontSize"。

jQuery animate()方法可作用于各种 HTML 元素，例如段落元素<p>、标题元素<h1>、块元素<div>等。

这里以一个简单的<div>元素为例，并为其配置测试按钮，代码如下。

```
<button id="btn" type="button">开始动画效果</button>
<br>
<div>
你好，jQuery 动画！
</div>
```

为<div>元素设置一些初始属性，在内部样式表中相关代码的写法如下。

```
<style>
div{width:200px; height:200px; background-color:yellow}
</style>
```

这段代码表示规定元素的宽度和高度均为 200 像素，并且背景颜色为黄色。

为<div>元素设置动画效果，当单击按钮时执行该动画内容。

```
$("#btn").click(function(){
$("div").animate({
    width:"400px",
    fontSize:"30px",
    opacity:0.25
    }, 2000);
});
```

此段代码表示，当单击 id 为"btn"的按钮时激发\<div\>元素的动画效果，在两秒的持续时间内\<div\>元素的宽度从 200 像素变为 400 像素，字体大小从默认值变为 30 像素，透明度从默认值 1 变为 0.25。

其完整代码如例 9-8 所示。

【例 9-8】　jQuery 简单动画效果

```
1.   <!DOCTYPE html>
2.   <html>
3.     <head>
4.         <meta charset="utf-8">
5.         <title>jQuery 简单动画效果</title>
6.         <script src="js/jquery-1.12.3.min.js"></script>
7.         <style>
8.             div {
9.                 width:200px;
10.                height:200px;
11.                background-color:yellow
12.            }
13.        </style>
14.    </head>
15.    <body>
16.        <h3>jQuery 简单动画效果</h3>
17.        <hr>
18.        <button id="btn" type="button">
19.            开始动画效果
20.        </button>
21.        <br>
22.        <div>
23.            你好，jQuery 动画！
24.        </div>
25.        <script>
26.            $(document).ready(function() {
27.                $("#btn").click(function() {
28.                    $("div").animate({
29.                        width:"400",
30.                        fontSize:"30",
31.                        opacity:0.25
32.                    }, 2000);
33.                });
34.            });
35.        </script>
36.    </body>
37. </html>
```

运行效果如图 9-8 所示。

（a）页面初始加载效果　　　　（b）动画过程的页面效果　　　　（c）动画完毕的页面效果

图 9-8　jQuery 简单动画效果

【代码说明】

jQuery animate()方法中长度的单位默认为像素（px），因此本例中的宽度和字体大小直接写数值并省略默认单位，效果完全一样。

9.4.2　改变元素的位置

jQuery animate()方法也可以通过使用 CSS 属性中的方位值 left、right、top 和 bottom 改变元素位置实现移动效果。由于这些属性值均为相对值，而在 HTML 中所有元素的 position 属性值均默认为静态（static）无法移动的，因此需要事先设置指定元素的 position 为 relative、absolute 或者 fixed 才能生效。

这里以一个简单的<div>元素为例，并为其配置测试按钮，代码如下。

```
<button id="btn" type="button">开始移动</button>
<br>
<div>
你好，jQuery动画！
</div>
```

为<div>元素设置一些初始属性，在内部样式表中相关代码的写法如下。

```
<style>
div{width:100px; height:100px; background-color:green; color:white; position:
relative}
</style>
```

这段代码表示规定元素的宽度和高度均为 200 像素，并且背景颜色为绿色，元素初始位置为相对位置。

为<div>元素设置动画效果，当单击按钮时执行该动画内容。

```
$("#btn").click(function(){
    $("div").animate({
        left:"+=200",
        top:"+=100"
        }, 2000);
    });
```

```
});
```

上述代码表示当单击 id 为"btn"的按钮时激发<div>元素的动画效果。在两秒的持续时间内<div>元素从初始位置向右平移 200 像素，并且同时向下垂直移动 100 像素。其中，left:"+=200"和 top:"+=100"为相对值写法，表示相对于初始位置的移动效果并省略了单位像素（px）。

其完整代码如例 9-9 所示。

【例 9-9】 jQuery 位置移动动画效果

```
1.   <!DOCTYPE html>
2.   <html>
3.      <head>
4.         <meta charset="utf-8">
5.         <title>jQuery 位置移动动画效果</title>
6.         <script src="js/jquery-1.12.3.min.js"></script>
7.         <style>
8.            div {
9.               width:100px;
10.              height:100px;
11.              background-color:green;
12.              color:white;
13.              position:relative;
14.           }
15.        </style>
16.     </head>
17.     <body>
18.        <h3>jQuery 位置移动动画效果</h3>
19.        <hr>
20.        <button id="btn" type="button">
21.           开始移动
22.        </button>
23.        <br>
24.        <div>
25.           你好，jQuery 动画！
26.        </div>
27.        <script>
28.           $(document).ready(function() {
29.              $("#btn").click(function() {
30.                 $("div").animate({
31.                    left:"+=200px",
32.                    top:"+=100px"
33.                 }, 2000);
34.              });
35.           });
36.        </script>
```

```
37.    </body>
38. </html>
```

运行效果如图 9-9 所示。

（a）页面初始加载效果

（b）动画过程的页面效果

（c）动画完毕的页面效果

图 9-9　jQuery 位置移动动画效果

9.4.3　动画队列

　　jQuery 可以为多个连续的 animate()方法创建动画队列，然后依次执行队列中的每一项动画从而实现更加复杂的动画效果。在同一个 animate()方法中描述的多个动画效果会同时发生，但在不同的 animate()方法中描述的动画效果会按照动画队列中的先后次序发生。

　　这里以一个简单的<div>元素为例，并为其配置测试按钮，代码如下。

```
<button id="btn" type="button">开始移动</button>
<br>
<div>
你好，jQuery 动画！
</div>
```

　　为<div>元素设置一些初始属性，在内部样式表中相关代码的写法如下。

```
<style>
div{width:100px; height:100px; color:white; background-color:purple; position:
relative}
</style>
```

　　这段代码表示规定元素的宽度和高度均为 200 像素，并且背景颜色为紫色，元素初始位置为相对位置。

　　为<div>元素设置多种动画效果，当单击按钮时依次执行这些动画内容。

```
$("#btn").click(function(){
    $("div").animate({left:"+=200", opacity:0.25}, 2000);
    $("div").animate({top:"+=100", opacity:0.5}, 2000);
    $("div").animate({left:"-=200", opacity: 0.75}, 2000);
    $("div").animate({top:"-=100", opacity:1 }, 2000);
});
```

上述代码表示，当单击 id 为 "btn" 的按钮时激发<div>元素的动画效果，具体效果如下。

- 在第 1、2 秒的持续时间内<div>元素从初始位置向右平移 200 像素，透明度变为 0.25。
- 在第 3、4 秒的持续时间内<div>元素继续向下垂直移动 100 像素，透明度变为 0.5。
- 在第 5、6 秒的持续时间内<div>元素继续向左平移 200 像素，透明度变为 0.75。
- 在第 7、8 秒的持续时间内<div>元素继续向上垂直移动 100 像素，透明度变为 1。

其完整代码如例 9-10 所示。

【例 9-10】 jQuery 动画队列效果

```
1.   <!DOCTYPE html>
2.   <html>
3.     <head>
4.        <meta charset="utf-8">
5.        <title>jQuery 动画队列效果</title>
6.        <script src="js/jquery-1.12.3.min.js"></script>
7.        <style>
8.           div {
9.              width:100px;
10.             height:100px;
11.             color:white;
12.             background-color:purple;
13.             position:relative;
14.          }
15.        </style>
16.     </head>
17.     <body>
18.        <h3>jQuery 动画队列效果</h3>
19.        <hr>
20.        <button id="btn" type="button">
21.           开始系列动画
22.        </button>
23.        <br>
24.        <div>你好，jQuery 动画！</div>
25.        <script>
26.           $(document).ready(function() {
27.              $("#btn").click(function() {
28.                 $("div").animate({
29.                    left:"+=200px",
30.                    opacity:0.25
31.                 }, 2000);
32.                 $("div").animate({
33.                    top:"+=100px",
34.                    opacity:0.5
35.                 }, 2000);
36.                 $("div").animate({
```

```
37.                    left:"-=200px",
38.                    opacity:0.75
39.                }, 2000);
40.                $("div").animate({
41.                    top:"-=100px",
42.                    opacity:1
43.                }, 2000);
44.            });
45.        });
46.    </script>
47.  </body>
48. </html>
```

运行效果如图 9-10 所示。

（a）第 0～2 秒的动画过程

（b）第 2～4 秒的动画过程

（c）第 4～6 秒的动画过程

（d）第 6～10 秒的动画过程

图 9-10　jQuery 动画队列效果

9.5　jQuery 方法链接

jQuery 允许在同一个元素上连续运行多条 jQuery 命令，这种技术称为 jQuery 方法链接（Chaining）。对于同一个元素，如果有多个动作需要依次执行，只要将新的动作追加到上一个动作的后面，形成一个方法链，无须每次重复查找选择相同的元素。

其基本语法如下。

```
$(selector).action1().action2().action3()...actionN();
```

每个动作也可以另起一行，写法如下。

```
$(selector).action1()
.action2()
.action3()
...
.actionN();
```

前面的 action 动作可以任意换行，只要最后一个动作加上分号表示完成即可。jQuery
会自动过滤多余的空格和折行，并按照单行方法链接进行执行。

【例 9-11】 jQuery 方法链接的应用

```
1.   <!DOCTYPE html>
2.   <html>
3.     <head>
4.         <meta charset="utf-8">
5.         <title>jQuery 方法链接的应用</title>
6.         <script src="js/jquery-1.12.3.min.js"></script>
7.         <style>
8.             p {
9.                 width:100px;
10.                height:100px;
11.                background-color:red
12.            }
13.        </style>
14.    </head>
15.    <body>
16.        <h3>jQuery 方法链接的应用</h3>
17.        <hr>
18.        <button id="btn" type="button">
19.            开始
20.        </button>
21.        <p>测试段落</p>
22.        <script>
23.            $(document).ready(function() {
24.                $("#btn").click(function() {
25.                    $("p").slideUp("slow")
26.                        .slideDown("fast")
27.                        .css("background-color", "orange")
28.                        .fadeTo("slow", 0)
29.                        .fadeTo("slow", 1);
30.                });
```

```
31.              });
32.          </script>
33.      </body>
34. </html>
```

运行效果如图 9-11 所示。

（a）页面初始加载状态

（b）上下滑动的动画过程

（c）透明度变化的动画过程

（d）动画结束后的页面效果

图 9-11　jQuery 方法链接的应用效果

【代码说明】

本例包含一个测试段落元素<p>，在 CSS 内部样式表中为其设置初始样式：宽和高均为 100 像素，背景颜色为红色；为其自定义了 5 组动画连续播放，分别是缓慢上升、快速下降、背景颜色更换为橙色、缓慢淡出直至消失、缓慢淡入直至全部显现；并设置了开始按钮用于启动动画，当单击该按钮时，则开始依次播放这 5 组动画效果。

其中，图 9-11（a）为页面初始加载效果；图 9-11（b）为段落元素<p>上下滑动的过程；图 9-11（c）为段落元素<p>透明度变化的过程；图 9-11（d）为动画全部结束时的状态。

9.6　jQuery 停止动画

在 jQuery 中 stop()方法可用于停止动画或效果，其语法结构如下。

```
$(selector).stop([stopAll] [, goToEnd]);
```

该方法中的 selector 参数位置可以是任意有效的选择器。stop() 方法中的两个参数均为可选参数,具体解释如下。

- stopAll:用于规定是否清除后续的所有动画内容,可填入布尔值。其默认值为 false,表示仅停止当前动画,允许动画队列中的后续动画继续执行。
- goToEnd:用于规定是否立即完成当前的动画内容,可填入布尔值。其默认值为 false,表示直接终止当前的动画效果。

【例 9-12】 jQuery stop() 方法的应用

自定义一段动画效果,并使用带有不同参数内容的 stop() 方法对比停止效果的不同。

```
1.  <!DOCTYPE html>
2.  <html>
3.    <head>
4.      <meta charset="utf-8">
5.      <title>jQuery stop()不同参数对比效果</title>
6.      <script src="js/jquery-1.12.3.min.js"></script>
7.      <style>
8.        p {
9.          width:200px;
10.         height:200px;
11.         background-color:orange;
12.         font-size:18px;
13.       }
14.     </style>
15.   </head>
16.   <body>
17.     <h3>jQuery stop()不同参数对比效果</h3>
18.     <hr>
19.     <button id="btnStart" type="button">
20.       开始
21.     </button>
22.     <button id="btnStop01" type="button">
23.       停止当前动画
24.     </button>
25.     <button id="btnStop02" type="button">
26.       停止所有动画
27.     </button>
28.     <button id="btnStop03" type="button">
29.       停止并直接完成当前动画
30.     </button>
31.     <p>
32.       你好,jQuery动画!
33.     </p>
34.     <script>
35.       $(document).ready(function() {
36.         //开始动画
37.         $("#btnStart").click(function() {
38.           $("p").animate({width:"100"}, 2000)
39.           .animate({height:"100"}, 2000)
```

```
40.                    .animate({fontSize:"30"}, 2000);
41.                });
42.                //停止当前动画
43.                $("#btnStop01").click(function() {
44.                    $("p").stop();
45.                });
46.                //停止所有动画
47.                $("#btnStop02").click(function() {
48.                    $("p").stop(true, false);
49.                });
50.                //停止并直接完成当前动画
51.                $("#btnStop03").click(function() {
52.                    $("p").stop(true, true);
53.                });
54.            });
55.        </script>
56.    </body>
57. </html>
```

运行效果如图 9-12 所示。

（a）页面初始加载状态

（b）仅停止第一段动画的效果

（c）停止后续所有动画的效果

（d）停止并直接完成当前动画的效果

图 9-12   jQuery stop()方法的应用效果

【代码说明】

本例包含了一个测试段落元素<p>，在 CSS 内部样式表中为其设置初始样式：宽和高均为 200 像素，背景颜色为橙色，字体大小为 18 像素；为其自定义了 3 组动画连续播放，分别是宽度缩小至 100 像素、高度缩小至 100 像素、字体大小放大至 30 像素；设置了"开始"按钮用于启动动画，当单击该按钮时开始依次播放这 3 组动画；并设置了 3 个停止按钮，分别是 stop()方法无参数形式、stop(true, false)以及 stop(true, true)的参数形式。

其中图 9-12（a）为页面初始加载效果，后面 3 幅图均为开始播放第一段动画（宽度减少）时使用 stop()方法的停止效果，不同之处在于 stop()的参数形式。图 9-12（b）为使用了 stop()方法的停止效果，由图可见无参数的 stop()方法仅停止了宽度减少这一个动画内容，后续减少高度与放大字体的动画均正常执行。图 9-12（c）为使用 stop(true, false)方法的停止效果，由图可见该方法立即停止了后续的所有动画，画面定格在宽度减少的过程中。图 9-12（d）为使用 stop(true, true)方法的停止效果，由图可见该方法立即停止并完成了当前第一段动画，即将宽度减少至 100 像素，然后停止了后续的所有动画内容。

9.7　本章小结

本章首先介绍了 3 组 jQuery 常用特效，包括元素的隐藏和显示、淡入和淡出、上下滑动和切换；其次介绍了 jQuery 动画效果，该效果是通过更改元素的 CSS 属性值来实现的；然后介绍了 jQuery 方法链接技术，该技术允许在同一个元素上连续运行多条 jQuery 命令；最后介绍了 jQuery stop()方法用于停止动画或常用特效，开发者可以根据自定义的参数值决定是仅停止当前动画还是停止后续所有队列中的动画效果。

习题 9

1．jQuery 特效中的哪两个函数分别用于元素的隐藏和显示？

2．jQuery 特效中的哪两个函数分别用于元素的淡入和淡出？

3．jQuery 特效中的哪两个函数分别用于元素的向上和向下滑动？

4．试用 jQuery 方法链接对段落元素<p>依次执行隐藏-显示-淡入-淡出的系列动作，每个动作均要求持续 3 秒。

5．stop(true, false)停止的是哪些状态的动画效果？

第10章

jQuery HTML DOM

DOM 指的是 Document Object Model（文档对象模型），jQuery 提供了一系列与 DOM 相关的方法能让用户更方便地选择和操作 HTML 文档中的元素及其属性。本章主要内容是 jQuery HTML DOM 技术的应用，包括 jQuery 获取和设置、添加、删除、类属性设置以及尺寸相关函数的应用。

本章学习目标：

- 掌握 jQuery 获取和设置相关函数 text()、html()、val()、attr()、css()的使用；
- 掌握 jQuery 添加相关函数 append()和 prepend()、after()和 before()的使用；
- 掌握 jQuery 删除相关函数 remove()、empty()和 removeAttr()的使用；
- 掌握 jQuery 类属性设置相关函数 addClass()、removeClass()和 toggleClass()的使用；
- 掌握 jQuery 尺寸相关 width()、height()系列函数的使用。

10.1 jQuery 获取和设置

jQuery 能获取或设置 5 种特定内容，具体如表 10-1 所示。

表 10-1　jQuery 获取或设置常见方法

方 法 名 称	解　　　释
text()	获取或设置选定元素标签之间的文本内容
html()	获取或设置选定元素标签的全部内容，包括 HTML 标记本身
val()	获取或设置选定表单元素字段的值
attr()	获取或设置选定元素的属性值
css()	获取或设置选定元素的 CSS 属性值

以上 5 种方法用于获取特定内容时括号中不填写任何内容，用于设置时括号中需要添加设置的新内容，并且用引号括住。

10.1.1　jQuery text()

jQuery text()可用于获取或设置选定元素标签之间的文本内容，不包含元素标签本身。

1. 获取文本内容

使用不带任何参数的 text()方法可以获取选定元素标签之间的所有文本内容,其语法格式如下。

```
$(selector).text()
```

该方法的返回结果为字符串类型，包含了所有匹配元素内部的文本内容。

例如 id="test01"的段落元素<p>表示如下。

```
<p id="test01">hello</p>
```

使用$("p#test01").text()方法获取其中的文本内容，返回值如下。

```
hello
```

返回值只包含文本内容，不带前后的 HTML 标签。

如果是元素内部的后代元素中包含有文本，则使用 text()也会获取其中的文本内容。例如以下情况：

```
<div id="container">
    <p>
        element<i>1</i>
    </p>
    <p>
        element<strong>2</strong>
    </p>
</div>
```

上述代码在 id="container"的<div>元素中包含了两个段落元素<p>，并且这两个段落元素内部的文本内容还分别包括了格式标签<i>和<strong>。此时使用$("div#container").text()方法获取该<div>元素的文本内容，返回值如下。

```
element1
element2
```

返回值只包含文本内容，其中的格式化标签<i>和<strong>均被忽略。

需要注意的是，text()方法不能用于处理表单元素的文本内容，如果需要获取或设置表单中<textarea>或<input>元素的文本值需要使用 val()方法。

2. 设置文本内容

设置选定元素标签之间文本内容的方法如下。

```
$(selector).text("新文本内容")
```

【例 10-1】　jQuery text()方法获取和设置文本内容

使用 text()方法获取和设置指定元素的文本内容。

```
1.    <!DOCTYPE html>
2.    <html>
3.        <head>
4.            <meta charset="utf-8">
5.            <title>jQueryHTML 之 text()</title>
6.            <script src="js/jquery-1.12.3.min.js"></script>
7.            <style>
8.                div {
```

```
9.                width:180px;
10.               height:50px;
11.               border:1px solid;
12.           }
13.       </style>
14.   </head>
15.   <body>
16.       <h3>jQueryHTML 之 text()</h3>
17.       <hr>
18.       <div>Hello JavaScript</div>
19.       <button id="btn01">获取文本内容</button>
20.       <button id="btn02">重置文本内容</button>
21.       <script>
22.           $(document).ready(function() {
23.               //按钮 1 的单击事件：获取文本内容
24.               $("#btn01").click(function() {
25.                   var text=$("div").text();
26.                   alert("当前的文本内容为："+text);
27.               });
28.               //按钮 2 的单击事件：设置文本内容
29.               $("#btn02").click(function() {
30.                   $("div").text("Hello jQuery");
31.                   alert("文本内容已重置。");
32.               });
33.           });
34.       </script>
35.   </body>
36. </html>
```

运行效果如图 10-1 所示。

（a）获取当前文本内容

（b）设置文本内容

图 10-1　jQuery text()方法的使用效果

【代码说明】

本例包含一个<div>元素，其中包含的文本内容为"Hello JavaScript"。为<div>元素配套两个按钮元素<button>，这两个按钮的 id 值分别为 btn01 和 btn02。在 jQuery 中分别为这两个按钮添加 click 点击事件，分别用于获取和重置<div>元素的文本内容。

其中图 10-1（a）是单击了按钮 btn01 的效果，由图可见会获取<div>元素内部的文本内容，并显示在对话框中；图 10-1（b）是单击了按钮 btn02 的效果，由图可见<div>元素内部的文本内容发生了变化。

10.1.2　jQuery html()

jQuery html()用于获取或设置选定元素标签的全部内容，包括内部的文本以及其他 HTML 标记。该方法调用的是 JavaScript 原生属性 innerHTML。

1. 获取 HTML 内容

获取选定元素标签之间 HTML 代码内容的方法如下。

```
$(selector).html()
```

当用来获取元素的 HTML 内容时该方法无须带有参数。

例如某段 HTML 代码如下。

```
<div class="test">
    <div>这是一段内容。</div>
</div>
```

使用$("div.test").html()获取到的结果如下。

```
<div>这是一段内容。</div>
```

需要注意的是，如果符合要求的元素不止一个，该方法只获取第一个符合选择器要求的元素内部的 HTML 代码。例如：

```
<div class="test">
    <div class="style01">这是第一段内容。</div>
</div>
<div class="test">
    <div class="style02">这是第二段内容。</div>
</div>
```

上述代码中有两个<div>均具有相同属性——class="test"，其内部 HTML 代码不同。使用$("div.test").html()方法获取的结果如下。

```
<div class="style01">这是第一段内容。</div>
```

该方法表示获取属性 class="test"的<div>标签内部的 HTML 代码。由于 class 属性可以分配给任意元素，因此如果有多个<div>元素符合 class="test"条件，也只获取第一个符合的元素标签内部的 HTML 代码。

2. 设置 HTML 内容

设置选定元素标签之间 HTML 内容的方法如下。

```
$(selector).html("新 HTML 内容")
```

【例 10-2】 jQuery html()方法获取和设置 HTML 内容

使用 html()方法获取和设置指定元素的 HTML 内容。

```
1.  <!DOCTYPE html>
2.  <html>
3.     <head>
4.         <meta charset="utf-8">
5.         <title>jQueryHTML 之 html()</title>
6.         <script src="js/jquery-1.12.3.min.js"></script>
7.         <style>
8.             div {
9.                 width:200px;
10.                height:50px;
11.                border:1px solid;
12.            }
13.        </style>
14.    </head>
15.    <body>
16.        <h3>jQueryHTML 之 html()</h3>
17.        <hr>
18.        <div>Hello <i>JavaScript</i></div>
19.        <button id="btn01">获取 HTML 内容</button>
20.        <button id="btn02">重置 HTML 内容</button>
21.        <script>
22.            $(document).ready(function() {
23.                //按钮 1 的单击事件：获取 HTML 内容
24.                $("#btn01").click(function() {
25.                    var html=$("div").html();
26.                    alert("当前的 HTML 内容为："+html);
27.                });
28.                //按钮 2 的单击事件：设置 HTML 内容
29.                $("#btn02").click(function() {
30.                    $("div").html("Hello <strong>jQuery</strong>");
31.                    alert("HTML 内容已重置。");
32.                });
33.            });
34.        </script>
35.    </body>
36. </html>
```

运行效果如图 10-2 所示。

（a）获取当前 HTML 内容

（b）设置 HTML 内容

图 10-2　jQuery html()方法的使用效果

【代码说明】

本例包含一个<div>元素，其中包含的 HTML 内容为"Hello <i>JavaScript</i>"。为<div>元素配套两个按钮元素<button>，这两个按钮的 id 值分别为 btn01 和 btn02。在 jQuery 中分别为这两个按钮添加 click 单击事件，分别用于获取和重置<div>元素的 HTML 代码内容。

其中，图 10-2(a)是单击了按钮 btn01 的效果，由图可见会获取<div>元素内部的 HTML 代码内容，并显示在对话框中；图 10-2（b）是单击了按钮 btn02 的效果，由图可见<div>元素内部的 HTML 代码内容发生了变化。

10.1.3　jQuery val()

jQuery val()用于获取或设置选定表单元素的 value 属性值。

1. 获取表单元素值

获取选定元素标签之间文本内容的方法如下。

```
$(selector).val()
```

2. 设置表单元素值

设置选定元素标签之间文本内容的方法如下。

```
$(selector).val("新文本内容")
```

【例 10-3】　jQuery val()方法获取和设置表单元素字段值

使用 val()方法获取和设置表单元素的值。

```
1.    <!DOCTYPE html>
2.    <html>
3.      <head>
4.          <meta charset="utf-8">
5.          <title>jQueryHTML 之 val()</title>
6.          <script src="js/jquery-1.12.3.min.js"></script>
7.      </head>
8.      <body>
9.          <h3>jQueryHTML 之 val()</h3>
10.         <hr>
11.         <form>
12.             <input type="text" value="Hello JavaScript" />
13.         </form>
14.         <button id="btn01">获取表单元素的值</button>
15.         <br>
16.         <button id="btn02">重置表单元素的值</button>
17.         <script>
18.             $(document).ready(function() {
19.                 //按钮 1 的单击事件：获取当前文档输入框的值
20.                 $("#btn01").click(function() {
21.                     var html=$("input").val();
```

```
22.                    alert("当前文本输入框内容为："+html);
23.                });
24.                //按钮 2 的单击事件：设置文本框的值
25.                $("#btn02").click(function() {
26.                    $("input").val("Hello jQuery");
27.                    alert("文本输入框内容已重置。");
28.                });
29.            });
30.        </script>
31.    </body>
32. </html>
```

运行效果如图 10-3 所示。

（a）获取当前文本输入框的值

（b）设置文本输入框的值

图 10-3　jQuery val()方法的使用效果

【代码说明】

本例包含一个表单元素<form>，其中包含了一个单行文本输入框<input>，并默认输入框中显示"Hello JavaScript"字样。为<input>元素配套两个按钮元素<button>，这两个按钮的 id 值分别为 btn01 和 btn02。在 jQuery 中分别为这两个按钮添加 click 单击事件，分别用于获取和重置<input>元素的 value 值。

其中，图 10-3（a）是单击了按钮 btn01 的效果，由图可见会获取<input>元素的 value 值，并显示在对话框中；图 10-3（b）是单击了按钮 btn02 的效果，由图可见<input>元素中显示的文字内容发生了变化，即 value 值发生改变。

10.1.4　jQuery attr()

jQuery attr()用于获取或设置选定元素的属性值。

1. 获取元素属性值

获取选定元素标签之间文本内容的方法如下。

```
$(selector).attr(attributeName)
```

该方法只能获取符合条件的第一个元素的值。例如以下情况：

```
<img src="image/flower.jpg" />
```

```
<img src="image/balloon.jpg" />
```

如果使用$("img").attr("src")则只能获取第一个<img>元素的 src 属性值，即 image/flower.jpg。

2. 设置元素属性值

设置选定元素标签之间文本内容的方法如下。

```
$(selector).attr(attributeName, value)
```

该方法可以将所有符合条件的元素属性值全部设置。

例如：

```
$("a").attr("href","http://www.test.com")
```

上述代码会将所有超链接元素<a>的 href 属性更改为 http://www.test.com。

【例 10-4】 jQuery attr()方法获取和设置元素属性值

使用 attr()方法获取和设置图像元素<img>的 src 属性值。

```
1.  <!DOCTYPE html>
2.  <html>
3.      <head>
4.          <meta charset="utf-8">
5.          <title>jQueryHTML 之 attr()</title>
6.          <script src="js/jquery-1.12.3.min.js"></script>
7.      </head>
8.      <body>
9.          <h3>jQueryHTML 之 attr()</h3>
10.         <hr>
11.         <img src="image/rings.jpg" width="300" height="450">
12.         <br>
13.         <button id="btn01">单击此处获取海报图片 URL</button>
14.         <button id="btn02">单击此处切换海报图片 URL</button>
15.         <script>
16.             $(document).ready(function() {
17.                 //按钮 1 的单击事件：获取图像元素<img>的 src 属性值
18.                 $("#btn01").click(function() {
19.                     var src = $("img").attr("src");
20.                     alert("当前图片的 src 属性值为: " + src);
21.                 });
22.                 //按钮 2 的单击事件：设置图像元素<img>的 src 属性值
23.                 $("#btn02").click(function() {
24.                     $("img").attr("src","image/hobbiten.jpg");
25.                 });
26.             });
27.         </script>
28.     </body>
29. </html>
```

运行效果如图 10-4 所示。

（a）获取图像元素<img>的 src 属性值

（b）设置图像元素<img>的 src 属性

图 10-4 jQuery attr()方法的使用效果

【代码说明】

本例包含一个宽 300 像素、高 450 像素的图片元素<img>，其初始图片素材来源为
"image/rings.jpg"。为<img>元素配套两个按钮元素<button>，这两个按钮的 id 值分别为
btn01 和 btn02。在 jQuery 中分别为这两个按钮添加 click 单击事件，分别用于获取和重置
<img>元素的 src 值。

其中，图 10-4（a）是单击了按钮 btn01 的效果，由图可见会获取<img>元素的 src 值，
并显示在对话框中；图 10-4（b）是单击了按钮 btn02 的效果，由图可见<img>元素中显示
的图片内容发生了变化，即 src 值发生改变。

10.1.5 jQuery css()

jQuery css()用于获取或设置选定元素的 CSS 属性值。

1. 获取 CSS 属性值

获取选定元素标签 CSS 属性的方法如下。

```
$(selector).css (propertyName)
```

其中，selector 可以是任意有效的 jQuery 选择器，propertyName 参数位置为 CSS 属性
名称。该方法可以获得符合条件的第一个元素的指定 CSS 属性值。

例如：

```
var bgColor = $("p").css ("background-color");
```

上述代码表示获取页面上第一个段落元素<p>的背景颜色。

在 jQuery 1.9 版本中新增了数组类型的 propertyNames 参数，用于批量获取元素的多个属性值，其语法格式如下。

```
$(selector).css (propertyNames)
```

其中，selector 参数位置可以是任意有效的选择器，propertyNames 参数位置为 CSS 属性名称的数组。该方法的返回值为数据形式，包含了符合条件的第一个元素的指定 CSS 属性值。

例如：

```
var props = $("p").css (["background-color","color","font-size"]);
```

上述代码的返回值包含了页面上第一个段落元素<p>的背景颜色、字体颜色与字体大小。

2. 设置 CSS 属性值

设置选定元素标签 CSS 属性值的方法如下。

```
$(selector).css(propertyName, value)
```

其中，selector 参数位置可以是任意有效的选择器，propertyName 参数位置为 CSS 属性名称，value 参数位置为字符串或数值类型的 CSS 属性值。该方法可以批量设置所有符合条件的元素的指定 CSS 属性值。

例如将页面上所有段落元素<p>的字体颜色更新为红色，写法如下。

```
$("p").css ("color","red");
```

如果有多个 CSS 属性需要同时设置，语法结构如下。

```
$(selector).css({propertyName1:value1,propertyName2:value2...,
propertyNameN:valueN});
```

即在 css()方法中填入一个自定义对象，该对象中的成员名称为 CSS 属性名称，成员的值为对应的 CSS 属性值。此时属性名称不需要加引号，并且需要写成 Camel 标记法的形式（第一个单词小写，后面每个单词的首字母大写，例如 testDemo）。例如字体粗细 font-weight 在这里需要改写成 fontWeight。

例如将所有的段落元素设置为字体加粗、背景颜色为浅蓝色，写法如下。

```
$("p").css({fontWeight:"bold", backgroundColor:"lightblue"});
```

【例 10-5】 jQuery css()方法获取和设置元素属性值

使用 css()方法获取和设置段落元素<p>的 CSS 属性值。

```
1.    <!DOCTYPE html>
2.    <html>
3.       <head>
4.          <meta charset="utf-8">
5.          <title>jQueryHTML 之 css()</title>
```

```
6.          <script src="js/jquery-1.12.3.min.js"></script>
7.          <style>
8.             div {
9.                 width:200px;
10.                height:50px;
11.                border:1px solid silver;
12.            }
13.         </style>
14.    </head>
15.    <body>
16.        <h3>jQueryHTML 之 css()</h3>
17.        <hr>
18.        <div>Hello jQuery</div>
19.        <button id="btn01">获取 CSS 样式</button>
20.        <button id="btn02">重置 CSS 样式</button>
21.        <script>
22.            $(document).ready(function() {
23.                //按钮 1 的单击事件：获取段落元素的 CSS 样式
24.                $("#btn01").click(function() {
25.                    //批量获取多个 CSS 样式
26.                    var css = $("div").css(["color","background-color",
                         "font-size"]);
27.                    alert("当前的 CSS 样式为：\ncolor:"+css["color"]+
28.                        "\nbackground-color:"+css["background-color"]+
29.                            "\nfont-szie:"+css["font-size"]);
30.                });
31.                //按钮 2 的单击事件：设置段落元素的 CSS 样式
32.                $("#btn02").click(function() {
33.                    //批量设置多个 CSS 样式
34.                    $("div").css({color:"white",backgroundColor:"lightcoral",
                         fontSize:30, fontWeight:"bold"});
35.                    alert("CSS 样式已重置。");
36.                });
37.            });
38.        </script>
39.    </body>
40. </html>
```

运行效果如图 10-5 所示。

（a）获取段落元素<p>的 CSS 属性值

（b）设置段落元素<p>的 CSS 属性

图 10-5　jQuery css()方法的使用效果

【代码说明】

本例包含一个<div>元素，其中包含的文本内容为 "Hello jQuery"，无其他 CSS 样式设置。为<div>元素配套两个按钮元素<button>，这两个按钮的 id 值分别为 btn01 和 btn02。在 jQuery 中分别为这两个按钮添加 click 单击事件，分别用于获取和重置<div>元素的 CSS 样式。

其中，图 10-5（a）是单击了按钮 btn01 的效果，由图可见会获取<div>元素的 CSS 样式值，并显示在对话框中；图 10-5（b）是单击了按钮 btn02 的效果，由图可见<div>元素的 CSS 样式发生了变化。

10.2　jQuery 添加

jQuery 可以快速在页面上添加新元素或内容，有以下 4 种常见用法。

- append()：在指定元素内部的结尾插入内容。
- prepend()：在指定元素内部的开头插入内容。
- after()：在指定元素之后添加内容。
- before()：在指定元素之前添加内容。

10.2.1　jQuery append()和 prepend()

jQuery append()方法用于在所有符合条件的元素内部的结尾处追加内容。

append()方法的语法格式如下。

```
append(content [,content])
```

其中，content 参数的类型可以是文本、数组、HTML 代码或元素标签。

jQuery prepend()与 append()方法的参数完全相同，只不过追加位置从指定元素内部的结尾处变更为开头处。prepend()方法的语法格式如下。

```
prepend(content [,content])
```

1. 追加文本

使用 append()或 prepend()方法添加文本内容允许带有格式化标签。

例如下面这段 HTML 代码：

```
<div id="test">
    <div>这是第一个子元素。</div>
    <div>这是第二个子元素。</div>
</div>
```

对其使用 jQuery append()方法选定 id="test"的<div>元素，并在其内部追加文本内容。相关 jQuery 代码如下。

```
$("div#test").append("这段文本带有<i>格式化</i>标签。");
```

HTML 代码片段更新如下。

```
<div id="test">
    <div>这是第一个子元素。</div>
    <div>这是第二个子元素。</div>
    这段文本带有<i>格式化</i>标签。
</div>
```

上述 jQuery 代码相当于下面这段 JavaScript 代码。

```
//创建一个新的文本节点
var text=document.createTextNode("这段文本带有<i>格式化</i>标签。");
//获取 id="test"的<div>元素
var div=document.getElementById("test");
//将新建的文本内容添加到指定的 div 元素中
div.appendChild(text);
```

由此可见，jQuery 化简了 JavaScript 关于文本内容创建与添加的代码。

如果换成使用 prepend()方法追加文本内容，相关 jQuery 代码如下。

```
$("div#test").prepend("这段文本带有<i>格式化</i>标签。");
```

HTML 代码片段更新如下。

```
<div id="test">
    这段文本带有<i>格式化</i>标签。
    <div>这是第一个子元素。</div>
    <div>这是第二个子元素。</div>
</div>
```

2. 追加元素

使用 append()或 prepend()方法添加新元素可以直接在参数位置填入相关 HTML 代码。
以 append()为例，添加一个新的标题元素<h1>的方法如下。

```
append("<h1>这是一个标题</h1>")
```

例如，使用 append()方法在指定元素的内容的结尾处添加段落元素<p>。
相关 HTML 代码片段如下。

```
<div id="test">
    <div>这是第一个子元素。</div>
    <div>这是第二个子元素。</div>
</div>
```

使用 jQuery append()方法选定 id="test"的<div>元素，并在其内部追加子元素。
相关 jQuery 代码如下。

```
$("div#test").append("<p>这是新的子元素。</p>");
```

HTML 代码片段更新如下。

```
<div id="test">
    <div>这是第一个子元素。</div>
    <div>这是第二个子元素。</div>
    <p>这是新的子元素。</p>
</div>
```

上述 jQuery 代码相当于下面这段 JavaScript 代码。

```
//创建一个新的段落元素<p>
var p=document.createElement("p");
//为该段落元素添加文本内容
p.innerHTML="这是新的子元素。";
//获取 id="test"的<div>元素
var div=document.getElementById("test");
//将新建的段落元素<p>添加到指定的 div 元素中
div.appendChild(p);
```

由此可见，jQuery 大幅度化简了 JavaScript 中关于元素创建与添加的代码。

如果换成使用 prepend()方法追加元素，相关 jQuery 代码如下。

```
$("div#test").prepend("<p>这是新的子元素。</p>");
```

HTML 代码片段更新如下。

```
<div id="test">
    <p>这是新的子元素。</p>
    <div>这是第一个子元素。</div>
    <div>这是第二个子元素。</div>
</div>
```

如果在 append()或 prepend()方法的参数位置使用选择器，可以将已存在的其他元素对象移动到指定元素中，例如以下情况：

```
<h3>这是一个标题</h3>
<div id="test">
    <p>这是一个段落</p>
</div>
```

对其使用$("div#test").append($("h3"))会将标题元素<h3>整个移动到<div>元素中，运行结果如下。

```
<div id="test">
    <h3>这是一个标题</h3>
    <p>这是一个段落</p>
</div>
```

3. 追加混合内容

如果有不同类型的内容（例如文本和 HTML 元素）需要同时添加，可以在参数位置添加若干个变量，其间用逗号隔开。例如：

```
//使用 HTML 代码创建段落元素
var p="<p>段落元素</p>";
//使用 JavaScript 代码创建标题元素
var h1=document.createElement("h1");
h1.innerHTML="标题元素";
//创建文本内容
var text="纯文本内容";
//依次追加到 id="test"的<div>元素中
$("div#test").append(p, [h1, text]);
```

上述代码将分别创建新的段落元素、标题元素和一段文本内容，并按照先后顺序添加到 id="test"的<div>元素内部的结尾处。

【例 10-6】　jQuery append()和 prepend()方法追加内容

使用 append()和 prepend()方法为指定元素内部的开头和结尾处追加内容。

```
1.    <!DOCTYPE html>
2.    <html>
3.       <head>
4.           <meta charset="utf-8">
5.           <title>jQueryHTML 之 append()和 prepend()</title>
6.           <script src="js/jquery-1.12.3.min.js"></script>
7.           <style>
8.               div {
9.                   width:200px;
10.                  border:1px solid silver;
11.              }
12.          </style>
13.      </head>
14.      <body>
15.          <h3>jQueryHTML 之 append()和 prepend()</h3>
16.          <hr>
17.          <div>jQuery</div>
18.          <button id="btn01">append()</button>
19.          <button id="btn02">prepend()</button>
20.          <script>
21.              $(document).ready(function() {
22.                  //按钮 1 的单击事件：在<div>元素内部的结尾处追加内容
23.                  $("#btn01").click(function() {
24.                      $("div").append("<p>Bye!</p>");
25.                  });
26.                  //按钮 2 的单击事件：在<div>元素内部的开头处追加内容
27.                  $("#btn02").click(function() {
28.                      $("div").prepend("<p>Hello!</p>");
29.                  });
30.              });
```

```
31.          </script>
32.      </body>
33. </html>
```

运行效果如图 10-6 所示。

（a）使用 append()方法追加内容

（b）使用 prepend()方法追加内容

图 10-6   jQuery append()和 prepend()方法的使用效果

【代码说明】

本例包含一个<div>元素，其中包含的文本内容为"jQuery"。为<div>元素配套两个按钮元素<button>，这两个按钮的 id 值分别为 btn01 和 btn02。在 jQuery 中分别为这两个按钮添加 click 单击事件，分别用于在<div>元素内部文本的结尾和开头处追加文本内容。

其中，图 10-6（a）是单击了按钮 btn01 的效果，由图可见<div>元素中"jQuery"文本的下方多了一行"Bye！"；图 10-6（b）是单击了按钮 btn02 的效果，由图可见<div>元素中"jQuery"文本的上方多了一行"Hello！"。

10.2.2   jQuery after()和 before()

jQuery after()方法用于在选定元素之后加入新的内容。

after()方法的语法格式如下。

```
after(content [,content])
```

其中，content 参数的类型可以是文本、数组、HTML 代码或元素标签。

jQuery before()与 jQuery after()方法的参数完全相同，只不过追加位置从指定元素之后变为元素之前。before()方法的语法格式如下。

```
before(content [,content])
```

1. 追加文本

使用 after()或 before()方法添加文本内容允许带有格式化标签。

例如下面这段 HTML 代码。

```
<p id="test">这是测试用的段落元素</p>
```

对其使用 jQuery after()方法在该元素后面追加文本内容，相关 jQuery 代码如下。

```
$("p#test").after("这段文本带有<i>格式化</i>标签。");
```

HTML 代码片段更新如下。

```
<p id="test">这是测试用的段落元素</p>
这段文本带有<i>格式化</i>标签。
```

如果换成使用 before()方法追加文本内容，相关 jQuery 代码如下。

```
$("div#test").before("这段文本带有<i>格式化</i>标签。");
```

HTML 代码片段更新如下。

```
这段文本带有<i>格式化</i>标签。
<p id="test">这是测试用的段落元素</p>
```

2. 追加元素

使用 after()或 before()方法添加新元素可以直接在参数位置填入相关 HTML 代码。

以 after()为例，添加一个新的段落元素<p>的方法如下。

```
after("<p>这是一个段落元素。</p>")
```

例如以下情况：

```
<div id="test">这是一个测试元素。</div>
```

使用 jQuery after()方法选定 id="test"的<div>元素，并在其后面追加段落元素。

相关 jQuery 代码如下。

```
$("div#test").after("<p>这是一个段落元素。</p>");
```

HTML 代码片段更新如下。

```
<div id="test">这是一个测试元素。</div>
<p>这是一个段落元素。</p>
```

如果换成使用 before()方法追加元素，相关 jQuery 代码如下。

```
$("div#test").before("<p>这是一个段落元素。</p>");
```

HTML 代码片段更新如下。

```
<p>这是一个段落元素。</p>
<div id="test">这是一个测试元素。</div>
```

如果在 after()或 before()方法的参数位置使用选择器，可以将已存在的其他元素对象移动到指定位置。例如以下情况：

```
<h3>这是一个标题</h3>
<div>
    <p id="test">这是一个段落</p>
</div>
```

对其使用$("p#test").after($("h3"))会将标题元素<h3>整个移动到<p>元素的后面，运行结果如下。

```
<div id="test">
    <p>这是一个段落</p>
    <h3>这是一个标题</h3>
</div>
```

3. 追加混合内容

如果有不同类型的内容（例如文本和 HTML 元素）需要同时添加，可以在参数位置添加若干个变量，其间用逗号隔开。例如：

```
//使用 HTML 代码创建段落元素
var p="<p>段落元素</p>";
//使用 JavaScript 代码创建标题元素
var h1=document.createElement("h1");
h1.innerHTML="标题元素";
//创建文本内容
var text="纯文本内容";
//依次追加到 id="test"的<div>元素中
$("div#test").after(p, [h1, text]);
```

上述代码将分别创建新的段落元素、标题元素和一段文本内容，并按照先后顺序添加到 id="test"的<div>元素内部的结尾处。

【例 10-7】 jQuery after()和 before()方法追加内容

使用 after()和 before()方法为指定元素内部的开头和结尾处追加内容。

```
1.   <!DOCTYPE html>
2.   <html>
3.     <head>
4.       <meta charset="utf-8">
5.       <title>jQueryHTML 之 after()和 before()</title>
6.       <script src="js/jquery-1.12.3.min.js"></script>
7.     </head>
8.     <body>
9.       <h3>jQueryHTML 之 after()和 before()</h3>
10.      <hr>
11.      <img src="image/lotus.jpg" />
12.      <br>
13.      <button id="btn01">after()</button>
14.      <button id="btn02">before()</button>
15.      <script>
16.        $(document).ready(function() {
17.          //按钮 1 的单击事件：在<img>元素之后追加内容
18.          $("#btn01").click(function() {
19.            $("img").after("<p>Bye!</p>");
20.          });
21.          //按钮 2 的单击事件：在<img>元素之前追加内容
```

```
22.                $("#btn02").click(function() {
23.                    $("img").before("<p>Hello!</p>");
24.                });
25.            });
26.        </script>
27.    </body>
28. </html>
```

运行效果如图 10-7 所示。

（a）使用 after()方法追加内容

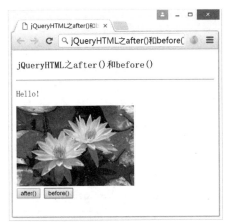

（b）使用 before()方法追加内容

图 10-7　jQuery after()和 before()方法的使用效果

【代码说明】

本例包含一个<img>元素，其图片素材来源为 "image/lotus.jpg"。为<img>元素配套两个按钮元素<button>，这两个按钮的 id 值分别为 btn01 和 btn02。在 jQuery 中分别为这两个按钮添加 click 单击事件，分别用于在<img>元素之后或之前追加内容。

其中，图 10-7（a）是单击了按钮 btn01 的效果，由图可见<img>元素的下方多了一行 "Bye!"；图 10-7（b）是单击了按钮 btn02 的效果，由图可见<img>元素的上方多了一行 "Hello!"。

10.3　jQuery 删除

10.3.1　jQuery remove()

jQuery remove()用于删除指定元素及其子元素，其语法格式如下。

```
$(selector).remove();
```

其中，selector 可以是任意有效的 jQuery 选择器。

例如，删除页面上所有段落元素<p>的写法如下。

```
$("p").remove();
```

jQuery remove()方法也可以在括号中填入一个参数，用于筛选出特定的元素进行删除。该参数可以是任何 jQuery 选择器的语法。

例如，删除所有 class="style01"的段落元素<p>的写法如下。

```
$("p").remove(".style01");
```

【例 10-8】 jQuery remove()方法的简单应用

使用 remove()方法删除指定元素及其内部的所有子元素。

```
1.  <!DOCTYPE html>
2.  <html>
3.     <head>
4.         <meta charset="utf-8">
5.         <title>jQueryHTML 之 remove()</title>
6.         <script src="js/jquery-1.12.3.min.js"></script>
7.         <style>
8.         div{
9.             width:200px;
10.            height:150px;
11.            border:1px solid silver;
12.            background-color:lightblue;
13.            margin-bottom:10px;
14.         }
15.         </style>
16.     </head>
17.     <body>
18.         <h3>jQueryHTML 之 remove()</h3>
19.         <hr>
20.         <div>
21.             <h4>这是标题</h4>
22.             <p>这是段落。</p>
23.         </div>
24.         <button>remove()</button>
25.         <script>
26.             $(document).ready(function() {
27.                 //按钮的单击事件：删除<div>元素
28.                 $("button").click(function() {
29.                     $("div").remove();
30.                 });
31.             });
32.         </script>
33.     </body>
34. </html>
```

运行效果如图 10-8 所示。

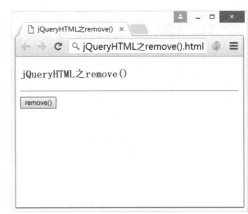

（a）页面初始加载后的效果　　　　　　　（b）使用 remove()方法删除元素后的效果

图 10-8　jQuery remove()方法的使用效果

【代码说明】

本例包含一个<div>元素，其中包含两个子元素，分别是标题元素<h4>和段落元素<p>。为<div>元素配套一个按钮元素<button>，并在 jQuery 中为该按钮添加 click 单击事件，用于删除<div>元素及其内部所有子元素。

其中，图 10-8（a）是页面初始效果，此时<div>元素与其中的子元素尚在；图 10-8（b）是单击了按钮的效果，由图可见整个<div>元素消失，这表示<div>元素及其中的子元素均被删除。

10.3.2　jQuery empty()

jQuery empty()用于清空元素，即从指定元素中删除其子元素和文本内容，其语法格式如下。

```
$(selector).empty();
```

该方法仅用于清空元素内部的内容，但保留元素本身的结构。

例如下面这种情况：

```
<h1>这是标题</h1>
<p>这是段落</p>
```

使用$("h1").empty()方法清空标题元素<h1>，运行结果如下。

```
<h1> </h1>
<p>这是段落</p>
```

由此可见，指定元素的首尾标签仍保留在页面结构中。

【例 10-9】　jQuery empty()方法的简单应用

使用 empty()方法清空指定元素内部的所有子元素。

```
1.   <!DOCTYPE html>
2.   <html>
3.      <head>
```

```
4.          <meta charset="utf-8">
5.          <title>jQueryHTML 之 empty()</title>
6.          <script src="js/jquery-1.12.3.min.js"></script>
7.          <style>
8.          div{
9.              width:200px;
10.             height:150px;
11.             border:1px solid silver;
12.             background-color:lightblue;
13.             margin-bottom:10px;
14.         }
15.         </style>
16.     </head>
17.     <body>
18.         <h3>jQueryHTML 之 empty()</h3>
19.         <hr>
20.         <div>
21.             <h4>这是标题</h4>
22.             <p>这是段落。</p>
23.         </div>
24.         <button>empty()</button>
25.         <script>
26.             $(document).ready(function() {
27.                 //按钮的单击事件：清空<div>元素
28.                 $("button").click(function() {
29.                     $("div").empty();
30.                 });
31.             });
32.         </script>
33.     </body>
34. </html>
```

运行效果如图 10-9 所示。

（a）页面初始加载后的效果 　　　　（b）使用 empty()方法删除元素后的效果

图 10-9　jQuery empty()方法的使用效果

【代码说明】

本例包含一个<div>元素，其中包含两个子元素，分别是标题元素<h4>和段落元素<p>。为<div>元素配套一个按钮元素<button>，并在 jQuery 中为该按钮添加 click 单击事件，用于清空<div>元素内部所有子元素，但是保留<div>元素本身。

其中，图 10-9（a）是页面初始效果，此时<div>元素与其中的子元素尚在；图 10-9（b）是单击了按钮的效果，由图可见<div>元素仍存在但内容消失，这表示<div>元素中的子元素均被删除。

10.3.3　jQuery removeAttr()

jQuery removeAttr()用于删除元素的指定属性，其语法格式如下。

```
$(selector).removeAttr(propertyName);
```

例如下面这种情况：

```
<p id="test">这是段落</p>
```

使用$("p").removeAttr("id")方法可以清除段落元素的 id 属性，运行结果如下。

```
<p>这是段落</p>
```

【例 10-10】　jQuery removeAttr()方法的简单应用

使用 removeAttr()方法清除元素的指定属性。

```
1.   <!DOCTYPE html>
2.   <html>
3.     <head>
4.        <meta charset="utf-8">
5.        <title>jQueryHTML 之 removeAttr()</title>
6.        <script src="js/jquery-1.12.3.min.js"></script>
7.        <style>
8.        #test{
9.            font-style:italic;
10.           font-size:30px;
11.           font-weight:bold;
12.           background-color:lightblue;
13.        }
14.        div{
15.           width:200px;
16.           height:100px;
17.           border:1px solid gray;
18.           margin-bottom:10px;
19.        }
20.        </style>
21.     </head>
22.     <body>
23.        <h3>jQueryHTML 之 removeAttr()</h3>
```

```
24.         <hr>
25.         <div id="test">Hello jQuery</div>
26.         <button>清除元素的 id 属性</button>
27.         <script>
28.             $(document).ready(function() {
29.                 //按钮的单击事件：删除<div>元素的 id 属性
30.                 $("button").click(function() {
31.                     $("div").removeAttr("id");
32.                 });
33.             });
34.         </script>
35.     </body>
36. </html>
```

运行效果如图 10-10 所示。

（a）页面初始加载后的效果　　　　　　（b）使用 removeAttr()方法删除元素的 id 属性

图 10-10　jQuery removeAttr()方法的使用效果

【代码说明】

本例包含一个 id 值为 "test" 的<div>元素，其中包含文本内容 "Hello jQuery"。在 CSS 内部样式表中为#test 设置特有样式：斜体字、字体大小 30 像素、加粗字体并且背景颜色为浅蓝色；然后为<div>元素设置样式：宽 200 像素、高 100 像素，具有 1 像素宽的灰色实线边框，底边外边距为 10 像素。

为<div>元素配套一个按钮元素<button>，并在 jQuery 中为该按钮添加 click 单击事件，用于去掉<div>元素的 id 属性。

其中，图 10-10（a）是页面初始效果，此时 CSS 内部样式表中#test 的样式要求尚在；图 10-10（b）是单击了按钮的效果，由图可见<div>元素仍存在但#test 中设定的样式消失，这表示<div>元素中的 id 属性被删除。

10.4　jQuery 类属性

在 jQuery 中还有一系列操作 CSS 类的方法，这里主要介绍 3 种。

- addClass()：为元素添加指定名称的 class 属性。

- removeClass()：为元素删除指定名称的 class 属性。
- toggleClass()：为元素添加/删除（切换）指定名称的 class 属性。

10.4.1　jQuery addClass()

当需要为元素设置多项 CSS 样式属性时，除了可以使用 css()方法逐行添加以外，还可以使用 addClass()方法直接为元素添加 CSS 样式表中的类名称。例如：

```
<style>
.style01{
    color:red;
    background-color:yellow;
    font-size:20px;
    margin:20px;
    padding:20px;
}
</style>
```

上述代码为 CSS 样式表内容，表示声明了一种类名称为 style01 的样式集合，即字体颜色为红色，背景颜色为黄色，字体大小为 20 像素，各边的内、外边距为 20 像素。

如果使用 css()方法为指定元素添加这些属性，需要写大量的代码。但使用 addClass()方法只需写一行代码，如下。

```
$("p").addClass("style01");
```

如果有多个 CSS 类需要同时添加，可以都写在 addClass()方法的参数位置，之间用空格隔开。例如：

```
$("p").addClass("style01 style02");
```

上述代码表示为段落元素添加 class="style01 style02"的属性。

10.4.2　jQuery removeClass()

如果需要为元素取消某个 CSS 样式的类名称，只要使用 removeClass()方法即可，其语法格式如下。

```
$(selector).removeClass(className)
```

其中，selector 为任意有效的 jQuery 选择器，className 参数位置需要填入 CSS 样式的类名称。例如：

```
$("p").removeClass("style01");
```

上述代码表示为段落元素<p>删除 class="style01"的属性。

【例 10-11】jQuery 添加和删除 CSS 类

使用 addClass()和 removeClass()方法为元素添加和删除指定名称的 CSS 类。

```
1.  <!DOCTYPE html>
2.  <html>
```

```
3.      <head>
4.          <meta charset="utf-8">
5.          <title>jQuery 添加和删除 CSS 类</title>
6.          <script src="js/jquery-1.12.3.min.js"></script>
7.          <style>
8.          div{
9.              width:200px;
10.             height:100px;
11.             margin:20px;
12.             padding:20px;
13.             border:1px solid gray;
14.             text-align:center;
15.          }
16.          .coral{
17.               background-color:coral;
18.          }
19.          .fontStyle{
20.              font-weight:bold;
21.              font-size:30px;
22.              font-style:italic;
23.              color:white;
24.          }
25.          button{
26.              margin-left:20px;
27.          }
28.          </style>
29.      </head>
30.      <body>
31.          <h3>jQuery 添加和删除 CSS 类</h3>
32.          <hr>
33.          <div>
34.              Hello jQuery
35.          </div>
36.          <button id="btn1">为元素 div 添加 CSS 样式</button>
37.          <button id="btn2">为元素 div 删除 CSS 样式</button>
38.          <script>
39.              $(document).ready(function() {
40.                  //按钮 1 单点击事件：为<div>元素添加 CSS 类
41.                  $("#btn1").click(function() {
42.                      $("div").addClass("coral fontStyle");
43.                  });
44.                  //按钮 2 的单击事件：为<div>元素删除 CSS 类
45.                  $("#btn2").click(function() {
46.                      $("div").removeClass("coral fontStyle");
47.                  });
```

```
48.            });
49.        </script>
50.    </body>
51. </html>
```

运行效果如图 10-11 所示。

（a）使用 addClass()方法添加 CSS 类

（b）使用 removeClass()方法删除 CSS 类

图 10-11　jQuery 添加和删除 CSS 类

【代码说明】

本例包含一个<div>元素，其中包含文本内容"Hello jQuery"。在 CSS 内部样式表中为<div>元素设置样式：宽 200 像素、高 100 像素，内外边距均为 20 像素，具有 1 像素宽的灰色实线边框，文本居中显示。在 CSS 内部样式表中追加了两个自定义样式：.coral和.fontStyle。其中，.coral 用于设置背景颜色为珊瑚色；.fontStyle 用于设置字体大小为 30像素的加粗、斜体字，并且字体颜色为白色。

为<div>元素配套两个按钮元素<button>，这两个按钮的 id 值分别为 btn01 和 btn02。在 jQuery 中分别为这两个按钮添加 click 单击事件，用于为<div>元素添加和删除指定的CSS 样式。

其中，图 10-11（a）是单击了 btn01 按钮的效果，使用了 addClass("coral fontStyle")语句为<div>元素追加 class 值 coral 和 fontStyle；图 10-11（b）是单击了 btn02 按钮的效果，使用了 removeClass("coral fontStyle")语句为<div>元素删除 class 值 coral 和 fontStyle。由图可见之前单击 btn01 按钮设定的样式消失，<div>元素恢复到页面初始状态。

10.4.3　jQuery toggleClass()

如果需要为元素切换（轮流删除/添加）某个 CSS 样式的类名称，只要使用 toggleClass()方法即可，其语法格式如下。

```
$(selector).toggleClass(className)
```

其中，selector 为任意有效的 jQuery 选择器，className 参数位置需要填入 CSS 样式的类名称。例如：

```
$("p").toggleClass("style01");
```

上述代码表示为段落元素<p>删除或添加 class="style01"的属性。

同样可以一次性添加或删除多个 class 属性。例如：

```
$("p").toggleClass("style01 style02");
```

上述代码表示为段落元素<p>删除或添加 class="style01 style02"的属性。这里的 CSS
类名称可以填入任意数量。

【例 10-12】 jQuery 添加/删除 CSS 类的切换

使用 toggleClass()方法为元素切换添加/删除指定名称的 CSS 类。

```
1.   <!DOCTYPE html>
2.   <html>
3.     <head>
4.         <meta charset="utf-8">
5.         <title>jQuery 添加/删除 CSS 类的切换</title>
6.         <script src="js/jquery-1.12.3.min.js"></script>
7.         <style>
8.         div{
9.             width:200px;
10.            height:100px;
11.            margin:20px;
12.            padding:20px;
13.            border:1px solid gray;
14.            text-align:center;
15.            }
16.         .fontStyle{
17.            font-weight:bold;
18.            font-size:30px;
19.            font-style:italic;
20.            color:red;
21.            }
22.         button{
23.            margin-left:20px;
24.            }
25.         </style>
26.     </head>
27.     <body>
28.         <h3>jQuery 添加/删除 CSS 类的切换</h3>
29.         <hr>
30.         <div>
31.             Hello jQuery
32.         </div>
33.         <button id="btn1">为元素 div 添加/删除 CSS 样式</button>
34.         <script>
35.             $(document).ready(function() {
```

```
36.                 //按钮的单击事件：为<div>元素添加/删除 CSS 类
37.                 $("button").click(function() {
38.                     $("div").toggleClass("fontStyle");
39.                 });
40.             });
41.         </script>
42.     </body>
43. </html>
```

运行效果如图 10-12 所示。

（a）为元素添加 CSS 类的效果　　　　（b）为元素删除 CSS 类的效果

图 10-12　jQuery 添加/删除 CSS 类的切换

10.5　jQuery 尺寸

jQuery 还提供了一系列方法用于获取和设置元素或浏览器窗口的尺寸，如表 10-2 所示。

表 10-2　jQuery 尺寸相关方法示例

方 法 名 称	解　　释
width()	获取或设置元素的宽度（不包括内、外边距和边框宽度）
height()	获取或设置元素的高度（不包括内、外边距和边框宽度）
innerWidth()	获取或设置元素的宽度（包括内边距）
innerHeight()	获取或设置元素的高度（包括内边距）
outerWidth()	获取或设置元素的宽度（包括内边距和边框宽度）
outerHeight()	获取或设置元素的高度（包括内边距和边框宽度）

当以上方法不带任何参数值时表示获取元素的尺寸。例如：

```
var width = $("div").width();
```

上述代码表示获取<div>元素的宽度（不包含内、外边距和边框宽度）。

当 width()或 height()方法的参数值为数值时可以用于设置元素的尺寸。例如：

```
var width = $("div").width(300);
```

上述代码表示将<div>元素的宽度（不包含内、外边距和边框宽度）设置为 300 像素。

如果需要获取带有外边距的尺寸，可以使用 outerWidth()或 outerHeight()方法加上参数值 true 来表示。例如：

```
var width = $("div").outerWidth(true);
```

上述代码表示获取<div>元素的宽度（包含内、外边距和边框宽度）。

【例 10-13】 jQuery 获取元素尺寸

使用 jQuery 的系列方法获取元素的尺寸。

```
1.  <!DOCTYPE html>
2.  <html>
3.    <head>
4.        <meta charset="utf-8">
5.        <title>jQuery 尺寸</title>
6.        <script src="js/jquery-1.12.3.min.js"></script>
7.        <style>
8.        div{
9.            width:200px;
10.           height:200px;
11.           border:7px solid silver;
12.           background-color:lightblue;
13.           margin:20px;
14.           padding:20px;
15.        }
16.        button{
17.            margin-left:20px;
18.        }
19.        </style>
20.    </head>
21.    <body>
22.      <h3>jQuery 尺寸</h3>
23.      <hr>
24.      <div>
25.          <h4>测试元素 div 的尺寸</h4>
26.          <p>测试前。</p>
27.      </div>
28.      <button>获取元素 div 的尺寸</button>
29.      <script>
30.          $(document).ready(function() {
31.              //按钮的单击事件：获取<div>元素的尺寸
32.              $("button").click(function() {
33.                  var w=$("div").width();
34.                  var h=$("div").height();
35.                  var iw=$("div").innerWidth();
36.                  var ih=$("div").innerHeight();
```

```
37.              var ow=$("div").outerWidth();
38.              var oh=$("div").outerHeight();
39.              $("p").html("width: "+w+"px<br>height: "+h
40.              +"px<br>innerWidth: "+iw+"px<br>innerHeight: "+ih
41.              +"px<br>outerWidth: "+ow+"px<br>outerHeight:
                 "+oh+"px");
42.          });
43.       });
44.    </script>
45.    </body>
46. </html>
```

运行效果如图 10-13 所示。

（a）页面初始加载后的效果

（b）获取元素<div>的尺寸

图 10-13　jQuery 获取元素尺寸的效果

【代码说明】

本例包含了一个<div>元素，测试获取其尺寸效果。在 CSS 内部样式表中为其设置样式：宽、高均为 200 像素，各边的内、外边距均为 20 像素，带有 7 像素宽的银色实线边距，背景颜色为浅蓝色。在<div>元素下方添加一个<button>按钮，并在其 click 事件的回调函数中获取<div>元素的尺寸，然后将数据显示在<div>元素内部的段落中。

由图 10-13 可见，width 和 height 值就是 CSS 内部样式表中设置的元素的宽与高，不包含内、外边距和边框的宽度；innerWidth 与 innerHeight 值是包含了元素内边距宽度后的数值，因此是 $200+20×2=240px$；outerWidth 与 outerHeight 值是包含了元素内边距与边框宽度后的数值，因此是 $200+20×2+7×2=254px$；outerWidth(true)与 outerHeight(true)值是在之前的基础上包含了外边距的数值，因此是 $200+20×2+7×2+20×2=294px$。

10.6 本章小结

本章主要内容是 jQuery 对于文档对象模型（DOM）的使用方法。首先介绍了 jQuery 获取或重置元素的文本、HTML、表单值、元素属性值以及 CSS 属性值的方法；其次介绍了 jQuery 快速在页面上添加新元素或内容的用法；然后介绍了 jQuery 删除元素、清空内容或元素属性的方法；之后讲解了如何为元素添加、删除或切换类属性；最后介绍了获取/设置元素或浏览器窗口尺寸的一系列函数。

习题 10

1. jQuery 用何种函数可以获取或重置元素的文本内容？
2. jQuery 用何种函数可以获取或重置元素的 CSS 属性？
3. 在 jQuery 添加功能中 append() 和 prepend() 函数有何不同？
4. 在 jQuery 删除功能中 remove() 和 empty() 函数有何不同？
5. jQuery 用何种函数可以获取元素的宽度（包括内边距和边框的尺寸）？

第11章

jQuery 遍历

jQuery 遍历指的是在 HTML 页面上沿着某个指定元素节点位置进行移动,直到查找到需要的 HTML 元素为止。本章主要内容是 jQuery 遍历技术的应用,包括 HTML 家族树概念的介绍、jQuery 后代遍历、同胞遍历以及祖先遍历的相关函数用法。

本章学习目标:
- 了解什么是 HTML 家族树结构;
- 掌握 jQuery 后代遍历相关函数 children()、find()的使用;
- 掌握 jQuery 同胞遍历相关函数 siblings()、next()系列函数、prev()系列函数的使用;
- 掌握 jQuery 祖先遍历相关函数 parent()、parents()、parentsUntil()的使用。

11.1 HTML 家族树简介

同一个 HTML 页面上的所有元素按照层次关系可以形成树状结构,这种结构称为家族树(Family Tree)。最常见的遍历方式统称为树状遍历(Tree Traversal)。遍历根据移动的层次方向可以分为向下移动(后代遍历)、水平移动(同胞遍历)和向上移动(祖先遍历)。其中,后代遍历指的是元素的子、孙、曾孙元素等;同胞遍历指的是具有同一个父元素的其他元素;祖先遍历指的是元素的父、祖父、曾祖父元素等。

例如以下这段 HTML 代码:

```
<div>
   <ul>
      <li>item01</li>
      <li>item02</li>
   </ul>
   <p>
     这是一个<span>段落元素</span>
   </p>
</div>
```

将上述代码转换为家族树结构关系,如图 11-1 所示。

对元素关系的解释如下。

- <div>元素:无序列表元素<ul>和段落元素<p>的父元素,同时也是其他所有元素的祖先元素。
- <ul>元素:两个列表选项元素<li>的父元素,也是<div>的子元素。它与段落元素<p>互为同胞元素。

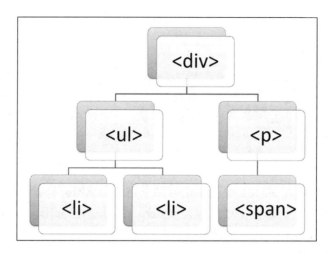

图 11-1   HTML 家族树结构图示例

- <p>元素：<span>元素的父元素，也是<div>的子元素。它与无序列表元素<ul>互为同胞元素。
- <li>元素：<ul>元素的子元素，同时也是<div>元素的后代。两个<li>元素互为同胞元素。
- <span>元素：<p>元素的子元素，同时也是<div>元素的后代。该元素没有同胞元素。

11.2   jQuery 后代遍历

jQuery 后代遍历指的是以指定元素为出发点，遍历该元素内部包含的子、孙、曾孙等后代元素，直到全部查找完毕。其常用的方法如下。

- children()：查找元素的直接子元素。
- find()：查找元素的全部后代，直到查找到最后一层元素。

11.2.1   jQuery children()

jQuery children()方法只能查找指定元素的第一层子元素，其语法结构如下。

```
.children([selector])
```

其中，selector 参数为可选内容，可以是任意 jQuery 选择器，用于进一步筛选需要匹配的子元素。如果不填写任何参数，则表示查找所有的子元素。例如：

```
$("p").children()
```

上述代码表示查找 HTML 页面上所有段落元素<p>的子元素。

如果加上参数，可以进一步匹配子元素。例如：

```
$("p").children(".style01")
```

上述代码表示在 HTML 页面上的所有段落元素<p>中查找 class="style01"的子元素。

【例 11-1】   jQuery 后代遍历 children()方法的应用

以本章开始介绍的家族树结构图（如图 11-1 所示）为例，使用 jQuery children()方法查找<div>元素的所有子元素。

```
1.   <!DOCTYPE html>
2.   <html>
3.      <head>
4.         <meta charset="utf-8">
5.         <title>jQuery 后代遍历 children()的应用</title>
6.         <script src="js/jquery-1.12.3.min.js"></script>
7.         <style>
8.         div{
9.             width:300px;
10.        }
11.        span{
12.            display:block;
13.        }
14.        ul{
15.            list-style:none;
16.        }
17.        div,ul,p,li,span{
18.            border:1px solid gray;
19.            padding:10px;
20.            margin:10px;
21.            background-color:white;
22.        }
23.        </style>
24.     </head>
25.     <body>
26.         曾祖父 body
27.         <div>
28.             祖父元素 div
29.             <ul>
30.                 父元素 ul
31.                 <li>元素 li</li>
32.                 <li>元素 li</li>
33.             </ul>
34.             <p>
35.                 父元素 p
36.                 <span>元素 span</span>
37.             </p>
38.         </div>
39.         <script>
40.             $(document).ready(function() {
41.                 $("div").children().css({border:"1px solid red",
                    backgroundColor:"pink"});
42.             });
```

```
43.          </script>
44.      </body>
45.  </html>
```

运行效果如图 11-2 所示。

图 11-2   jQuery 后代遍历 children()方法的应用

【代码说明】

本例使用 jQuery children()方法查找的是<div>元素所有的子元素。由图 11-2 可见，查找结果是无序列表<ul>和段落元素<p>，并统一为这些子元素添加了粉色背景与 1 像素宽的红色实线边框样式。

值得注意的是，此时虽然<ul>和<p>内部也有其自己的子元素（例如<li>和<span>），但这些子元素不会被选中。因为它们对于<div>元素而言已经属于后代元素了，并非第一层直接子元素。

11.2.2   jQuery find()

jQuery find()方法可用于查找指定元素的所有后代元素，其语法结构如下。

```
.find(selector)
```

其中，selector 参数可以是任意 jQuery 选择器，用于进一步筛选需要匹配的元素。例如：

```
$("p").find("span").css("border","1px solid red");
```

上述代码表示在段落元素<p>中找到所有的<span>元素，并为其设置 1 像素宽的红色实线边框。

在 selector 参数位置也可以填入元素对象，例如上述代码可以改写为以下。

```
var spans = $("span");
$("p").find(spans).css("border","1px solid red");
```

修改后的代码运行效果完全相同。

【**例 11-2**】　jQuery 后代遍历 find()方法的应用

以本章开始介绍的家族树结构图（如图 11-1 所示）为例，使用 jQuery find()方法查找 <div>元素的所有后代元素。

```
1.   <!DOCTYPE html>
2.   <html>
3.      <head>
4.          <meta charset="utf-8">
5.          <title>jQuery 后代遍历 find()的应用</title>
6.          <script src="js/jquery-1.12.3.min.js"></script>
7.          <style>
8.          div{
9.              width:300px;
10.         }
11.         span{
12.             display:block;
13.         }
14.         ul{
15.             list-style:none;
16.         }
17.         div,ul,p,li,span{
18.             border:1px solid gray;
19.             padding:10px;
20.             margin:10px;
21.             background-color:white;
22.          }
23.         </style>
24.     </head>
25.     <body>
26.         曾祖父 body
27.         <div>
28.             祖父元素 div
29.             <ul>
30.                 父元素 ul
31.                 <li>元素 li</li>
32.                 <li>元素 li</li>
33.             </ul>
34.             <p>
35.                 父元素 p
36.                 <span>元素 span</span>
37.             </p>
38.         </div>
```

```
39.        <script>
40.            $(document).ready(function() {
41.                $("div").find("*").css({border:"1px solid red",
                   backgroundColor:"pink"});
42.            });
43.        </script>
44.    </body>
45. </html>
```

运行效果如图 11-3 所示。

图 11-3 jQuery 后代遍历 find()方法的应用

【代码说明】

本例使用 jQuery find()方法查找的是<div>元素所有的后代元素。由图 11-3 可见，查找结果包括：① 无序列表<ul>和其子元素<li>；② 段落元素<p>及其子元素<span>，并统一为这些子元素添加了粉色背景与 1 像素宽的红色实线边框样式。

11.3 jQuery 同胞遍历

jQuery 同胞遍历指的是以指定元素为出发点，遍历与该元素具有相同父元素的同胞元素，直到全部查找完毕。其常用的方法如下。

- siblings()：查找指定元素的所有同胞元素。
- next()：查找指定元素的下一个同胞元素。
- nextAll()：查找指定元素后面的所有同胞元素。
- nextUntil()：查找指定元素后面指定范围内的所有同胞元素。
- prev()：查找指定元素的前一个同胞元素。
- prevAll()：查找指定元素前面的所有同胞元素。
- prevUntil()：查找指定元素前面指定范围内的所有同胞元素。

11.3.1 jQuery siblings()

jQuery siblings()方法可以查找指定元素的所有同胞元素，其语法结构如下。

```
.siblings([selector])
```

其中，selector 参数为可选内容，可以是任意 jQuery 选择器，用于进一步筛选需要匹配的同胞元素。如果不填写任何参数，则表示查找所有的同胞元素。例如：

```
$("p").siblings()
```

上述代码表示查找段落元素\<p\>的所有同胞元素。

如果加上参数，可以进一步匹配同胞元素。例如：

```
$("p"). siblings(".style01")
```

上述代码表示查找所有与段落元素\<p\>具有相同的父元素，并且class="style01"的元素。

【例 11-3】　jQuery 同胞遍历 siblings()方法的应用

以本章开始介绍的家族树结构图（如图 11-1 所示）为例，使用 jQuery siblings()方法查找其中段落元素\<p\>的同胞元素。

```
1.   <!DOCTYPE html>
2.   <html>
3.     <head>
4.        <meta charset="utf-8">
5.        <title>jQuery 同胞遍历 siblings()的应用</title>
6.        <script src="js/jquery-1.12.3.min.js"></script>
7.        <style>
8.        div{
9.             width:300px;
10.       }
11.       span{
12.            display:block;
13.       }
14.       ul{
15.            list-style:none;
16.       }
17.       div,ul,p,li,span{
18.            border:1px solid gray;
19.            padding:10px;
20.            margin:10px;
21.            background-color:white;
22.       }
23.       </style>
24.    </head>
25.    <body>
26.        曾祖父 body
27.        <div>
28.            祖父元素 div
29.            <ul>
```

```
30.             父元素 ul
31.             <li>元素 li</li>
32.             <li>元素 li</li>
33.         </ul>
34.         <p>
35.             父元素 p
36.             <span>元素 span</span>
37.         </p>
38.     </div>
39.     <script>
40.         $(document).ready(function() {
41.             $("p").siblings().css({border:"1px solid red",
                backgroundColor:"pink"});
42.         });
43.     </script>
44.     </body>
45. </html>
```

运行效果如图 11-4 所示。

图 11-4　jQuery 同胞遍历 siblings()方法的应用

【代码说明】

本例使用 jQuery siblings()方法查找的是段落元素<p>的同胞元素。由图 11-4 可见，查找结果是将无序列表元素<ul>添加了粉色背景与 1 像素宽的红色实线边框样式。

11.3.2　jQuery next()、nextAll()和 nextUntil()

1. jQuery next()

jQuery next()方法可以查找指定元素的下一个同胞元素，其语法结构如下。

```
.next([selector])
```

其中，selector 参数为可选内容，可以是任意 jQuery 选择器，用于进一步筛选需要匹配的同胞元素。如果不填写任何参数，则表示查找指定元素的下一个同胞元素。例如：

```
$("p").next()
```

上述代码表示查找段落元素<p>的下一个同胞元素。

如果加上参数，可以进一步匹配同胞元素。例如：

```
$("p").next(".style01")
```

上述代码表示查找段落元素<p>的下一个同胞元素，并且该元素必须带有 class="style01"
属性，否则认为没有找到匹配元素。

2．jQuery nextAll()

jQuery nextAll()方法可以查找指定元素后面的所有同胞元素，其语法结构如下。

```
.nextAll([selector])
```

其中，selector 参数为可选内容，可以是任意 jQuery 选择器，用于进一步筛选需要匹
配的同胞元素。如果不填写任何参数，则表示查找指定元素后面的所有同胞元素。例如：

```
$("p").nextAll()
```

上述代码表示查找段落元素<p>后面的所有同胞元素。

如果加上参数，可以进一步匹配同胞元素。例如：

```
$("p").nextAll(".style01")
```

上述代码表示查找 class="style01"并且位置处于段落元素<p>后面的所有同胞元素。

3．jQuery nextUntil()

jQuery nextUntil()方法可以查找从指定元素开始往后水平遍历直到指定元素结束的所
有同胞元素，不包括作为结束标识的元素本身，其语法结构如下。

```
.nextUntil([selector] [,filter])
```

其中，selector 和 filter 参数均为可选内容，可填入有效的 jQuery 选择器。selector 参数
表示水平遍历同胞元素时的结束位置，filter 参数表示进一步筛选指定范围内的同胞元素。

例如以下这种情况：

```
<div>
    <p id="test1">第 1 个子元素</p>
    <p id="test2">第 2 个子元素</p>
    <p id="test3">第 3 个子元素</p>
    <span>第 4 个子元素</span>
</div>
```

使用 nextUntil()方法如下：

```
$("p#test1").nextUntil("span")
```

上述语句表示从 id="test1"的段落元素<p>后面开始查找其同胞元素，直到<span>元素

为止，不包括结尾的<span>元素本身。其查找结果如下。

```
<p id="test2">第 2 个子元素</p>
<p id="test3">第 3 个子元素</p>
```

如果加上 filter 参数，可以进一步筛选指定范围内的同胞元素。例如：

```
$("p#test1").nextUntil("span", "#test3")
```

上述语句表示在上述结果中进一步筛选 id="test3"的元素，查找结果为如下。

```
<p id="test3">第 3 个子元素</p>
```

【例 11-4】 jQuery 同胞遍历 next()、nextAll()、nextUntil()方法的应用

分别使用 jQuery next()、nextAll()和 nextUntil()方法匹配指定元素的同胞元素。

```
1.    <!DOCTYPE html>
2.    <html>
3.        <head>
4.            <meta charset="utf-8">
5.            <title>jQuery 同胞遍历 next()、nextAll()、nextUntil()的应用</title>
6.            <script src="js/jquery-1.12.3.min.js"></script>
7.            <style>
8.            div{
9.                width:300px;
10.            }
11.            ul{
12.                list-style:none;
13.            }
14.            div,ul,li{
15.                border:1px solid gray;
16.                padding:10px;
17.                margin:10px;
18.                background-color:white;
19.            }
20.            .mark{
21.                border: 1px solid red;
22.                background-color:pink;
23.            }
24.            </style>
25.        </head>
26.        <body>
27.            <h3>jQuery 同胞遍历 next()、nextAll()、nextUntil()的应用</h3>
28.            <hr>
29.            <div>
30.                祖父元素 div
31.                <ul>
32.                    父元素 ul
33.                    <li>元素 li</li>
```

```
34.                <li>元素 li</li>
35.                <li>元素 li</li>
36.                <li>元素 li</li>
37.                <li>元素 li</li>
38.            </ul>
39.        </div>
40.        <button id="btn01">$("li:eq(0)").next()</button>
41.        <button id="btn02">$("li:eq(0)").nextAll()</button>
42.        <button id="btn03">$("li:eq(0)").nextUntil("li:eq(3)")</button>
43.        <script>
44.            $(document).ready(function() {
45.                //按钮 1 的单击事件：标记第 1 个 li 元素的下一个同胞元素
46.                $("#btn01").click(function() {
47.                    $("li:eq(0)").nextAll().removeClass("mark");
48.                    $("li:eq(0)").next().addClass("mark");
49.                });
50.                //按钮 2 的单击事件：标记第 1 个 li 元素后面的所有同胞元素
51.                $("#btn02").click(function() {
52.                    $("li:eq(0)").nextAll().addClass("mark");
53.                });
54.                //按钮 3 的单击事件：标记第 1 个 li 元素之后、第 4 个 li 元素之前的所
                   有同胞元素
55.                $("#btn03").click(function() {
56.                    $("li:eq(0)").nextAll().removeClass("mark");
57.                    $("li:eq(0)").nextUntil("li:eq(3)").addClass("mark");
58.                });
59.            });
60.        </script>
61.    </body>
62. </html>
```

运行效果如图 11-5 所示。

（a）页面初始加载状态

（b）使用 next()方法选择指定元素的下一个同胞元素

（c）使用 nextAll()方法选择指定元素后面的所有同胞元素　（d）使用 nextUntil()方法选择指定元素后面指定范围内的同胞元素

图 11-5　jQuery 同胞遍历 next()、nextAll()、nextUntil()方法的应用

【代码说明】

本例中包含了祖父元素<div>、父元素<ul>以及 5 个测试需要使用的列表选项元素<li>。以第 1 个<li>元素作为指定元素，用 jQuery 选择器$("li:eq(0)")表示。查找该元素后面的相关同胞元素，并将其样式设置为 1 像素宽的红色实线边框加上粉色背景。

由图 11-5 可见，图 11-5（a）显示的是页面初始加载的效果，当前尚未选择任何元素。图 11-5（b）显示的是使用 next()方法查找并标记$("li:eq(0)")的后一个同胞元素，即第 2 个<li>元素；图 11-5（c）显示的是使用 nextAll()方法查找并标记$("li:eq(0)")后面的所有同胞元素，即第 2～5 个<li>元素；图 11-5（d）显示的是使用 nextUntil()方法查找并标记$("li:eq(0)")后面的同胞元素，直到第 4 个<li>元素结束，即第 2 个和第 3 个<li>元素。

11.3.3　jQuery prev()、prevAll()和 prevUntil()

1. jQuery prev()

jQuery prev()方法可以查找指定元素的前一个同胞元素，其语法结构如下。

```
. prev([selector])
```

其中，selector 参数为可选内容，可以是任意 jQuery 选择器，用于进一步筛选需要匹配的同胞元素。如果不填写任何参数，则表示查找指定元素的前一个同胞元素。例如：

```
$("li").prev()
```

上述代码表示查找列表选项元素<li>的前一个同胞元素。

如果加上参数，可以进一步匹配同胞元素。例如：

```
$("li").prev(".style01")
```

上述代码表示查找列表选项元素<li>的前一个同胞元素，并且该元素必须带有 class="style01"属性，否则认为没有找到匹配元素。

2. jQuery prevAll()

jQuery prevAll()方法可以查找指定元素前面的所有同胞元素，其语法结构如下。

```
.prevAll([selector])
```

其中，selector 参数为可选内容，可以是任意 jQuery 选择器，用于进一步筛选需要匹配的同胞元素。如果不填写任何参数，则表示查找指定元素前面的所有同胞元素。例如：

```
$("div#test").prevAll()
```

上述代码表示查找 id="test"的\<div\>元素前面的所有同胞元素。

如果加上参数，可以进一步匹配同胞元素。例如：

```
$("div#test").prevAll(".style01")
```

上述代码表示查找 class="style01"并且处于 id="test"的\<div\>元素前面的所有同胞元素。

3. jQuery prevUntil()

jQuery prevUntil()方法可以查找从指定元素开始往前水平遍历直到指定元素结束的所有同胞元素，不包括作为结束标识的元素本身，其语法结构如下。

```
.prevUntil([selector] [,filter])
```

其中，selector 和 filter 参数均为可选内容，可填入有效的 jQuery 选择器。selector 参数表示水平遍历同胞元素时的结束位置，filter 参数表示进一步筛选指定范围内的同胞元素。

例如以下这种情况：

```
<div>
    <p id="test1">第 1 个子元素</p>
    <p id="test2">第 2 个子元素</p>
    <p id="test3">第 3 个子元素</p>
    <span>第 4 个子元素</span>
</div>
```

使用 prevUntil()方法如下。

```
$("span").prevUntil("p#test1")
```

上述语句表示从\<span\>元素开始向前查找其同胞元素，直到 id="test1"的段落元素\<p\>为止，不包括 id="test1"的段落元素\<p\>本身，查找结果如下。

```
<p id="test2">第 2 个子元素</p>
<p id="test3">第 3 个子元素</p>
```

如果加上 filter 参数，可以进一步筛选指定范围内的同胞元素。例如：

```
$("span").prevUntil("p#test1", "#test2")
```

上述语句表示在上述结果中进一步筛选 id="test2"的元素，查找结果如下。

```
<p id="test2">第 2 个子元素</p>
```

【例 11-5】 jQuery 同胞遍历 prev()、prevAll()、prevUntil()方法的应用

分别使用 jQuery prev()、prevAll()和 prevUntil()方法匹配指定元素的同胞元素。

```
1.    <!DOCTYPE html>
2.    <html>
3.        <head>
4.            <meta charset="utf-8">
5.            <title>jQuery 同胞遍历 prev()、prevAll()、prevUntil()的应用</title>
6.            <script src="js/jquery-1.12.3.min.js"></script>
7.            <style>
8.            div{
9.                width:300px;
10.           }
11.           ul{
12.               list-style:none;
13.           }
14.           div,ul,li{
15.               border:1px solid gray;
16.               padding:10px;
17.               margin:10px;
18.               background-color:white;
19.           }
20.           .mark{
21.               border: 1px solid red;
22.               background-color:pink;
23.           }
24.           </style>
25.       </head>
26.       <body>
27.           <h3>jQuery 同胞遍历 prev()、prevAll()、prevUntil()的应用</h3>
28.           <hr>
29.           <div>
30.               祖父元素 div
31.               <ul>
32.                   父元素 ul
33.                   <li>元素 li</li>
34.                   <li>元素 li</li>
35.                   <li>元素 li</li>
36.                   <li>元素 li</li>
37.                   <li>元素 li</li>
38.               </ul>
39.           </div>
40.           <button id="btn01">$("li:last").prev()</button>
41.           <button id="btn02">$("li:last").prevAll()</button>
42.           <button id="btn03">$("li:last").prevUntil("li:eq(1)")</button>
43.           <script>
44.               $(document).ready(function() {
45.                   //按钮 1 的单击事件：标记最后一个 li 元素的前一个同胞元素
46.                   $("#btn01").click(function() {
47.                       $("li:last").prevAll().removeClass("mark");
48.                       $("li:last").prev().addClass("mark");
49.                   });
50.                   //按钮 2 的单击事件：标记最后一个 li 元素前面的所有同胞元素
```

```
51.                        $("#btn02").click(function() {
52.                            $("li:last").prevAll().addClass("mark");
53.                        });
54.                        //按钮 3 的单击事件：标记第 2 个 li 元素之后、最后一个 li 元素之前的
                           所有同胞元素
55.                        $("#btn03").click(function() {
56.                            $("li:last").prevAll().removeClass("mark");
57.                            $("li:last").prevUntil("li:eq(1)").addClass("mark");
58.                        });
59.                    });
60.            </script>
61.        </body>
62. </html>
```

运行效果如图 11-6 所示。

（a）页面初始加载状态

（b）使用 prev() 方法选择元素

（c）使用 prevAll() 方法选择元素

（d）使用 prevUntil() 方法选择元素

图 11-6　jQuery 同胞遍历 prev()、prevAll()、prevUntil() 方法的应用

【代码说明】

本例中包含了祖父元素\<div\>、父元素\<ul\>以及 5 个测试需要使用的列表选项元素\<li\>。jQuery 选择器$("li:last")表示以最后一个\<li\>元素为指定元素查找其前面的相关同胞元素，并将其样式设置为 1 像素宽的红色实线边框加上粉色背景。

由图 11-6 可见，图 11-6（a）显示的是页面初始加载的效果，当前尚未选择任何元素；图 11-6（b）显示的是使用 prev()方法查找并标记$("li:last")的前一个同胞元素，即第 4 个\<li\>元素；图 11-6（c）显示的是使用 prevAll()方法查找并标记$("li:last")前面的所有同胞元素，即第 1~4 个\<li\>元素；图 11-6（d）显示的是使用 prevUntil()方法查找并标记$("li:last")前面的同胞元素，直到第 2 个\<li\>元素结束，即第 3 个和第 4 个\<li\>元素。

11.4　jQuery 祖先遍历

jQuery 祖先遍历指的是以指定元素为出发点遍历该元素的父、祖父、曾祖父元素等，直到全部查找完毕，其常用的方法如下。

- parent()：查找指定元素的直接父元素。
- parents()：查找指定元素的所有祖先元素。
- parentsUntil()：查找指定元素向上指定范围的所有祖先元素。

11.4.1　jQuery parent()

jQuery parent()方法可以查找指定元素的直接父元素，其语法结构如下。

```
.parent([selector])
```

其中，selector 参数为可选内容，可以是任意 jQuery 选择器，用于进一步筛选需要匹配的父元素。如果不填写任何参数，则表示查找所有的父元素。例如：

```
$("p").parent()
```

上述代码表示查找所有段落元素\<p\>的直接父元素。

如果加上参数，可以进一步匹配父元素。例如：

```
$("p").parent(".style01")
```

上述代码表示查找既是段落元素\<p\>的父元素，也是 class="style01"的元素。

【例 11-6】 jQuery 祖先遍历 parent()方法的应用

使用 jQuery parent()方法查找指定元素的父元素。

```
1.   <!DOCTYPE html>
2.   <html>
3.     <head>
4.       <meta charset="utf-8">
5.       <title>jQuery 祖先遍历 parent()的应用</title>
6.       <script src="js/jquery-1.12.3.min.js"></script>
7.       <style>
8.       div{
9.           width:300px;
```

```
10.            }
11.         span{
12.              display:block;
13.         }
14.         ul{
15.              list-style:none;
16.         }
17.         div,ul,p,li,span{
18.              border:1px solid gray;
19.              padding:10px;
20.              margin:10px;
21.              background-color:white;
22.         }
23.         </style>
24.     </head>
25.     <body>
26.         曾曾祖父 body
27.         <div>曾祖父元素 div
28.             <ul>祖父元素 ul
29.                 <li>父元素 li
30.                     <span>元素 span</span>
31.                 </li>
32.             </ul>
33.         </div>
34.         <script>
35.             $(document).ready(function() {
36.                  $("span").parent().css({border:"1px solid red",
                     backgroundColor:"pink"});
37.             });
38.         </script>
39.     </body>
40. </html>
```

运行效果如图 11-7 所示。

图 11-7　jQuery 祖先遍历 parent()方法的应用

【代码说明】

本例使用 jQuery parent()方法查找的是<span>元素的父元素。由图 11-7 可见，查找结果是将列表选项元素<li>添加了粉色背景与 1 像素宽的红色实线边框样式。

11.4.2　jQuery parents()

jQuery parents()方法可以查找指定元素的所有祖先元素，其语法结构如下。

```
.parents([selector])
```

其中，selector 参数为可选内容，可以是任意 jQuery 选择器，用于进一步筛选需要匹配的祖先元素。如果不填写任何参数，则表示查找所有的祖先元素。例如：

```
$("p").parents()
```

上述代码表示查找段落元素<p>的所有祖先元素。

如果加上参数，可以进一步匹配祖先元素。例如：

```
$("p").parents(".style01")
```

上述代码表示在段落元素<p>的所有祖先元素中查找 class="style01"的元素。

【例 11-7】　jQuery 祖先遍历 parents()方法的应用

使用 jQuery parents()方法查找指定元素的祖先元素。

```
1.    <!DOCTYPE html>
2.    <html>
3.      <head>
4.          <meta charset="utf-8">
5.          <title>jQuery 祖先遍历 parents()的应用</title>
6.          <script src="js/jquery-1.12.3.min.js"></script>
7.          <style>
8.          div{
9.              width:300px;
10.             }
11.         span{
12.             display:block;
13.             }
14.         ul{
15.             list-style:none;
16.             }
17.         div,ul,p,li,span{
18.             border:1px solid gray;
19.             padding:10px;
20.             margin:10px;
21.             background-color:white;
22.             }
23.         </style>
24.      </head>
```

```
25.    <body>
26.        曾祖父 body
27.        <div>
28.            祖父元素 div
29.            <ul>
30.                父元素 ul
31.                <li>元素 li</li>
32.                <li>元素 li</li>
33.            </ul>
34.            <p>
35.                父元素 p
36.                <span>元素 span</span>
37.            </p>
38.        </div>
39.        <script>
40.            $(document).ready(function() {
41.                $("li").parents().css({border:"1px solid red",
                    backgroundColor:"pink"});
42.            });
43.        </script>
44.    </body>
45. </html>
```

运行效果如图 11-8 所示。

图 11-8　jQuery 祖先遍历 parents()方法的应用

【代码说明】

本例使用 jQuery parents()方法查找的是列表选项元素<li>的所有祖先元素。由图 11-8 可见，查找结果是父元素<ul>、祖父元素<div>、曾祖父元素<body>等，并统一为这些祖先元素添加了粉色背景与 1 像素宽的红色实线边框样式。

11.4.3　jQuery parentsUntil()

jQuery parentsUntil()方法可以查找指定元素的所有祖先元素，其语法结构如下。

```
.parentsUntil([selector][,filter])
```

其中，selector 和 filter 参数均为可选内容，可填入有效的 jQuery 选择器。selector 参数表示向上遍历祖先元素时的结束位置，filter 参数表示进一步筛选指定范围内的祖先元素。

例如：

```
$("p").parentsUntil()
```

上述代码表示查找段落元素<p>的所有祖先元素。

例如以下这种情况：

```
<div id="layer01">曾祖父元素 div
  <div id="layer02">祖父元素 div
   <ul>父元素 ul
     <li>列表选项元素 li</li>
   </ul>
  </div>
</div>
```

使用 parentsUntil()方法如下。

```
$("li").parentsUntil("div")
```

上述语句表示从<li>元素开始向上追溯其祖先元素，直到<div>元素为止，不包括<div>元素本身。其查找结果如下。

```
<div id="layer02">祖父元素 div
  <ul>父元素 ul
  </ul>
</div>
```

如果加上 filter 参数，可以进一步筛选指定范围内的祖先元素。

使用 parentsUntil()方法如下。

```
$("li").parentsUntil("div#layer01","#layer02")
```

上述语句表示从<li>元素开始向上查找 id="layer02"的祖先元素，并且其查找范围不可超过 id="layer01"的<div>元素。

其查找结果如下。

```
<div id="layer02">祖父元素 div
</div>
```

【例 11-8】　jQuery 祖先遍历 parentsUntil()方法的应用

使用 jQuery parentsUntil()方法查找指定元素的祖先元素。

```
1.   <!DOCTYPE html>
2.   <html>
3.     <head>
4.         <meta charset="utf-8">
5.         <title>jQuery 祖先遍历 parentsUntil()的应用</title>
6.         <script src="js/jquery-1.12.3.min.js"></script>
7.         <style>
8.         div{
9.             width:300px;
10.        }
11.        span{
12.            display:block;
13.        }
14.        ul{
15.            list-style:none;
16.        }
17.        div,ul,p,li,span{
18.            border:1px solid gray;
19.            padding:10px;
20.            margin:10px;
21.            background-color:white;
22.        }
23.        </style>
24.    </head>
25.    <body>
26.        曾祖父 body
27.        <div>
28.            祖父元素 div
29.            <ul>
30.                父元素 ul
31.                <li>元素 li</li>
32.                <li>元素 li</li>
33.            </ul>
34.            <p>
35.                父元素 p
36.                <span>元素 span</span>
37.            </p>
38.        </div>
39.        <script>
40.          $(document).ready(function() {
41.              $("li").parentsUntil("body").css({border:"1px solid red",
             backgroundColor:"pink"});
42.          });
43.        </script>
44.    </body>
45. </html>
```

运行效果如图 11-9 所示。

图 11-9   jQuery 祖先遍历 parentsUntil()方法的应用

【代码说明】

本例使用 jQuery parentsUntil()方法查找的是从列表选项元素<li>开始，向上追溯其所有祖先元素，直到<body>元素结束，并且不包含<body>元素本身。由图 11-9 可见，查找结果是列表选项元素<li>的父元素<ul>和祖父元素<div>，并统一为这些祖先元素添加了粉色背景与 1 像素宽的红色实线边框样式。

11.5   本章小结

本章首先引入 HTML 家族树的概念，并以此为基础介绍 jQuery 遍历的相关知识。jQuery 遍历这一行为主要指的是在 HTML 页面上沿着某个指定元素节点位置进行移动，直到查找到需要的 HTML 元素为止。该技术主要用于准确地查找和定位指定的一个或多个元素。jQuery 遍历可以根据查找范围的不同划分为后代遍历、同胞遍历以及祖先遍历 3 种情况。

习题 11

1. 什么是 HTML 家族树？试将下列代码转换为 HTML 家族树结构图。

```
<div>
  <ul>
     <li>item01</li>
     <li>item02</li>
  </ul>
  <ul>
     <li>item03</li>
```

```
    <li>item04</li>
  </ul>
</div>
```

2. 什么是 jQuery 后代遍历？其中 children() 和 find() 函数的作用分别是什么？

3. 什么是 jQuery 同胞遍历？其中 siblings()、next() 以及 prev() 函数的作用分别是什么？

4. 什么是 jQuery 祖先遍历？其中 parent()、parents()、parentsUntil() 函数的作用分别是什么？

第12章

jQuery AJAX 技术

AJAX 是一种可以与服务器异步交互数据的网页开发技术，使用该技术可以在不重新加载整个页面的前提下直接更新当前页面中的指定内容。本章主要内容是 jQuery AJAX 技术的应用，包括 jQuery AJAX 技术简介、常用方法和事件处理 3 个部分。

本章学习目标：

- 了解什么是 AJAX 以及 AJAX 技术的组成部分；
- 了解什么是 jQuery AJAX；
- 掌握 jQuery load()、get()、post()以及 ajax()等常用方法的使用；
- 掌握 jQuery AJAX 事件的用法。

12.1 jQuery AJAX 简介

12.1.1 什么是 AJAX

AJAX 是英文词组 Asynchronous JavaScript and XML（异步 JavaScript 和 XML）的首字母缩写，是一种可以与服务器异步交互数据的网页开发技术。该名称在 2005 年 2 月首次出现，由 Adaptive Path 公司的 Jesse Garrett 在 Ajax: A new approach to Web Application 一文中提出。使用 AJAX 技术可以在不重新加载整个页面的前提下直接更新当前页面中的指定内容，例如 Google Suggest 和 Google Maps 就是两种使用了 AJAX 技术的 Web 应用。

事实上，AJAX 是由多种当前主流的技术组合而成的，包含如下内容。

- 使用 XTHML 和 CSS 进行标准化表达；
- 使用 DOM（Document Object Model）实现动态展示和交互；
- 使用 XMLHttpRequest 实现异步数据获取；
- 使用 JavaScript 绑定所有技术综合应用。

12.1.2 jQuery AJAX

jQuery 提供了关于 AJAX 的一系列方法，使得开发者可以更方便地从服务器端请求文本、HTML、XML 或 JSON 形式的数据。jQuery AJAX 技术中封装的函数可以化简原本复杂、烦琐的 AJAX 相关代码，使得程序员可以更多关注产品的实现。

注：由于 Chrome 浏览器的安全机制不允许使用 AJAX 请求本地 file 文件，因此本章均在 Internet Explorer 11.0 浏览器中截取例题运行效果的截图以供参考，后面不再逐一解释。读者在实际运用中如果采用了服务器环境，则无须考虑浏览器的限制问题。

12.2　jQuery AJAX 常用方法

12.2.1　jQuery AJAX load()方法

jQuery AJAX load()方法可以向服务器端发送数据获取请求，并将已获取到的数据加载到指定的 HTML 元素中，其语法格式如下。

```
$(selector).load(URL [, data] [, callback]);
```

其中，URL 为必填参数，data 和 callback 为可选参数，具体解释如下。

- URL：该参数用于规定需要获取数据的 URL 地址，可以是文本、XML 或者 JSON 数据。
- data：该参数用于规定与请求一起发送给服务器的字符串，该字符串以键/值对集合的形式组成。
- callback：该参数用于规定 load()方法完成后需要执行的函数。

1. 常规使用

例如将文件 test.txt 的内容加载到 id="demo"的段落元素\<p\>中。

```
$("#demo").load("test.txt");
```

jQuery 将使用.innerHTML 属性将指定元素中的所有内容更新为 test.txt 中的文本内容。

如果只需要加载的文件中的某个 HTML 元素，则可以在 URL 参数中追加 jQuery 选择器来筛选需要加载的元素。

例如将文件 test.txt 中 class="style01"的\<div\>元素加载到 id="demo"的段落元素\<p\>中。

```
$("#demo").load("test.txt  div.style01");
```

需要注意的是，以上两种情况的选择器都必须是在网页文档中实际存在的 HTML 元素，否则 AJAX 请求将不会被发出。

【例 12-1】 jQuery AJAX load()方法的简单应用

使用 jQuery AJAX load()方法加载外部的文件资源。

```
1.   <!DOCTYPE html>
2.   <html>
3.       <head>
4.           <meta charset="utf-8">
5.           <title>jQuery AJAX load()方法示例1</title>
6.           <style>
7.               p{
8.                   width:200px;
9.                   height:100px;
10.                  text-align:center;
11.                  border:1px solid;
12.                  margin:20px;
```

```
13.                    }
14.              </style>
15.              <script src="js/jquery-1.12.3.min.js"></script>
16.              <script>
17.              $(document).ready(function(){
18.                   $("#btn01").click(function(){
19.                        $("p").load("txt/example01.txt");
20.                   });
21.
22.                   $("#btn02").click(function(){
23.                        $("p").load("txt/example01.txt h3");
24.                   });
25.              });
26.              </script>
27.         </head>
28.         <body>
29.              <h3>jQuery AJAX load()方法示例 1</h3>
30.              <hr>
31.              <p>暂无内容</p>
32.              <button id="btn01">单击此处获取全文</button>
33.              <button id="btn02">单击此处获取 h3 元素</button>
34.         </body>
35.    </html>
```

其中，外部文件 example01.txt 的内容如下。

```
<h2>Hello!</h2>
<h3>jQuery AJAX!</h3>
```

运行结果如图 12-1 所示。

（a）页面初始效果　　　　　　（b）加载全部数据　　　　　　（c）加载指定元素

图 12-1　jQuery AJAX load()方法的简单应用

【代码说明】

本例主要包含了一个段落元素<p>和两个按钮元素<button>用于测试 load()方法是否生效，其中段落元素用于加载外部数据，两个按钮分别用于加载全部数据和指定元素片段。

图 12-1（a）为页面初始效果，由图可见目前段落元素中尚无任何来自外部文件的内

容；图 12-1（b）为段落元素下方左侧按钮的单击效果，由图可见此时外部文件中的所有内容均显示在了段落元素中；图 12-1（c）为段落元素下方右侧按钮的单击效果，由图可见此时外部文件中只有<h3>元素的内容被显示在了段落元素中。

2. 回调函数的使用

jQuery AJAX load()方法中的可选参数 callback 规定了数据加载完成后需要执行的回调函数，该函数包含 3 个参数，其语法格式如下。

```
$(selector).load(URL [,data] ,function(response, status, xhr){
    //回调函数的内部代码略
});
```

其中，3 个参数的具体解释如下。

- response：该参数为调用成功时的结果内容。
- status：该参数为调用的状态，例如"success"或"error"等。
- xhr：该参数表示 XMLHttpRequest 对象。

【例 12-2】　jQuery AJAX load()方法中回调函数的使用

使用 jQuery AJAX load()方法的回调函数确认当前的请求状态。

```
1.  <!DOCTYPE html>
2.  <html>
3.     <head>
4.         <meta charset="utf-8">
5.         <title>jQuery AJAX load()方法示例 2</title>
6.         <style>
7.             p{
8.                 width:200px;
9.                 height:100px;
10.                text-align:center;
11.                border:1px solid;
12.                margin:20px;
13.            }
14.        </style>
15.        <script src="js/jquery-1.12.3.min.js"></script>
16.        <script>
17.        $(document).ready(function(){
18.            $("#btn01").click(function(){
19.                $("p").load("txt/example02.txt", function(response,
                   status, xhr){
20.                    if (status=="success") {
21.                        var msg="加载成功, ";
22.                        $("#tip").html(msg+xhr.status+" "+xhr.
                       statusText );
23.                    }
24.                });
```

```
25.                    });
26.
27.              $("#btn02").click(function(){
28.                  $("p").load("txt/exampl02.txt", function(response,
                     status, xhr){
29.                      if (status=="error") {
30.                          var msg="请求发生错误，";
31.                          $("#tip").html(msg+xhr.status+" " +
                             xhr.statusText );
32.                      }
33.                  });
34.              });
35.          });
36.      </script>
37.  </head>
38.  <body>
39.      <h3>jQuery AJAX load()方法示例 2</h3>
40.      <hr>
41.      <div>加载状态: <span id="tip">尚未加载</span></div>
42.      <p id="demo">暂无内容</p>
43.      <button id="btn01">单击此处加载成功示例</button>
44.      <button id="btn02">单击此处加载失败示例</button>
45.  </body>
46. </html>
```

其中，外部文件 example02.txt 的内容如下。

```
<h3>jQuery AJAX load()方法是用于获取数据最常用的方法之一!</h3>
```

运行结果如图 12-2 所示。

（a）加载失败示例

（b）加载成功示例

图 12-2   jQuery AJAX load()方法中回调函数的使用

【代码说明】

本例主要包含了一个区域元素<div>、一个段落元素<p>和两个按钮元素<button>用于
测试 load()方法的回调函数所包含的信息。其中，<div>元素用于显示回调函数中所包含的

信息，段落元素<p>用于加载外部数据，两个按钮分别用于测试加载成功与失败的效果。

图 12-2（a）为段落元素下方右侧按钮的单击效果，由图可见目前段落元素中尚无任何来自外部文件的内容，并且段落元素上方的提示信息为"0 Error：系统无法找到指定的资源"，这是由于对应 load()方法中的 URL 参数内容不正确，加载了一个文件名拼写错误的外部文件"exampl02.txt"（事实上该文件不存在）；图 12-2（b）为段落元素下方左侧按钮的单击效果，由图可见此时外部文件中的所有内容均显示在了段落元素中，并且段落元素上方的提示信息为"200 success"。

需要注意的是，在实际测试中使用不同版本的浏览器会得到不一样的加载失败提示，例如 Chrome 浏览器的错误提示信息为"404 Not Found"。

12.2.2　jQuery AJAX get()方法

jQuery AJAX get()方法通过 HTTP GET 请求从服务器端获取数据，其语法格式如下。

```
$.get(URL [, data] [, success] [, dataType]);
```

其中，URL 为必填参数，data、success 和 dataType 均为可选参数，具体解释如下。

- URL：该参数用于规定请求的 URL 地址。
- data：该参数用于规定与请求一起发送给服务器的字符串，该字符串以键/值对集合的形式组成。
- success：该参数用于规定请求成功后需要执行的函数，如果没有该参数，则返回的数据将被忽略。
- dataType：该参数用于规定从服务器端获取的数据类型，例如 XML、JSON、HTML 等。

如果没有数据需要发送给服务器，也无须处理获取的数据，可以只使用参数 URL。例如：

```
$.get("demo.php");
```

上述代码表示向 demo.php 请求数据，但是获取到的数据将被忽略，不做任何处理。

如果需要处理获取到的数据，则需要追加参数 success。例如：

```
$.get("demo.php", function(data){
    alert("获取的数据是："+data);
});
```

上述代码表示向 demo.php 请求数据，并使用 alert()方法将获取到的数据显示在警告消息框中。其中，function(data)中的参数 data 就是获取到的数据返回值，在实际开发过程中可以对其进行更加具体的处理。

如果有数据需要一并提交给服务器，则需要再追加参数 data。例如：

```
$.get("demo.php", {name: "Tom", age: "23"}, function(data){
    alert("获取的数据是："+data);
});
```

上述代码表示向 demo.php 请求数据，并将 name 和 age 值发送给服务器等待处理，最后使用 alert()方法将获取到的数据显示在警告消息框中。其中，{name: "Tom", age: "23"}中的元素个数、名称和值均可以自定义，元素之间用逗号隔开即可。

【例 12-3】 jQuery AJAX get()方法的使用

使用 jQuery AJAX get()方法获取外部 PHP 文件内容。

```
1.  <!DOCTYPE html>
2.  <html>
3.     <head>
4.         <meta charset="utf-8">
5.         <title>jQuery AJAX get()方法示例</title>
6.         <style>
7.             p{
8.                 width:200px;
9.                 height:100px;
10.                text-align:center;
11.                border:1px solid;
12.            }
13.        </style>
14.        <script src="js/jquery-1.12.3.min.js"></script>
15.        <script>
16.        $(document).ready(function(){
17.            $("button").click(function(){
18.                $.get("example03.php", function(data){
19.                    $("p").html(data);
20.                });
21.            });
22.        });
23.        </script>
24.    </head>
25.    <body>
26.        <h3>jQuery AJAX get()方法示例</h3>
27.        <hr>
28.        <p>暂无内容</p>
29.        <button>单击此处从服务器获取数据</button>
30.    </body>
31. </html>
```

其中，外部文件 example03.php 的内容如下。

```php
<?php
    echo "Hello, jQuery AJAX!";
?>
```

上述代码表示输出"Hello, jQuery AJAX!"字符串。

运行结果如图 12-3 所示。

（a）页面初始加载状态

（b）从服务器端获取数据成功

图 12-3　jQuery AJAX get()方法的使用

【代码说明】

本例主要包含了一个段落元素<p>和一个按钮元素<button>用于测试 get()方法能否成功获取服务器端的数据。由于 PHP 类型的文件需要有服务器环境才能正常运行，该例选用了 Tomcat 7.0 与 PHP5 作为服务器环境，将相关文件均部署在服务器端。

图 12-3（a）为页面初始效果，由图可见此时尚未请求获取服务器端数据；图 12-3（b）为按钮的单击效果，由图可见此时已成功获取服务器端的数据，并将其显示在了段落元素中。

12.2.3　jQuery AJAX post()方法

jQuery AJAX post()方法通过 HTTP POST 请求从服务器端获取数据，其语法格式如下。

```
$.post(URL [, data] [, success] [, dataType]);
```

其中，URL 为必填参数，data、success 和 dataType 均为可选参数，具体解释如下。

- URL：该参数用于规定请求的 URL 地址。
- data：该参数用于规定与请求一起发送给服务器的字符串，该字符串以键/值对集合的形式组成。
- success：该参数用于规定请求成功后需要执行的函数名称，如果没有该参数，则返回的数据将被忽略。
- dataType：该参数用于规定从服务器端获取的数据类型，例如 XML、JSON、HTML 等。

post()与 get()方法的区别在于请求方式不同，而代码格式基本一致，因此这里不再举更多的例子，读者可以参照介绍 get()方法时的例子来对比学习。

在实际开发中，如果只是获取数据或查询结果建议使用 get()方法；如果需要更新资源信息建议使用 post()方法。用户还可以基于以下两点考虑选用 get()还是 post()方法。

- HTTP GET 请求只能向服务器发送 1024 字节的数据；HTTP POST 请求可以向服务器发送大量数据（理论上无限制，实际根据浏览器的类型上限稍有不同）。
- HTTP GET 请求提交的数据将明文显示在 URL 上；通过 HTTP POST 提交的数据会被放在 HTTP 包的包体中，更为安全。

【例 12-4】 jQuery AJAX post()方法的使用

使用 jQuery AJAX post()方法模拟用户登录验证。

```
1.    <!DOCTYPE html>
2.    <html>
3.        <head>
4.            <meta charset="utf-8">
5.            <title>jQuery AJAX post()方法示例</title>
6.            <style>
7.                form{
8.                    width:300px;
9.                    height:130px;
10.                   text-align:center;
11.                   border:1px solid;
12.               }
13.               input{
14.                   margin:10px;
15.               }
16.               input[type=text],input[type=password]{
17.                   width:150px;
18.               }
19.           </style>
20.           <script src="js/jquery-1.12.3.min.js"></script>
21.           <script>
22.           $(document).ready(function(){
23.               $("#form01").submit(function(event){
24.                   //禁用表单提交默认操作
25.                   event.preventDefault();
26.
27.                   //获取用户名和密码框的内容
28.                   var value01=$("#username").val();
29.                   var value02=$("#password").val();
30.
31.                   //使用 post()方法验证账号
32.                   $.post("example04.php",
33.                   {username:value01, password:value02},
34.                   function(data){
35.                       if(data=="yes")
36.                           alert("登录成功！");
37.                       else
38.                           alert("用户名或密码不正确！");
39.                   });
40.               });
```

```
41.          });
42.      </script>
43.    </head>
44.    <body>
45.      <h3>jQuery AJAX post()方法示例</h3>
46.      <hr>
47.      <form id="form01">
48.          用户名:<input type="text" id="username" />
49.          <br />
50.          密　码:<input type="password" id="password" />
51.          <br />
52.          <input type="submit" value="提交" />
53.      </form>
54.    </body>
55. </html>
```

其中，外部文件 example04.php 的内容如下。

```php
<?php
    $username=$_POST["username"];
    $password=$_POST["password"];

    if($username=="zhangsan"&&$password=="123")
        echo "yes";
    else
        echo "no";
?>
```

上述代码表示获取通过 HTTP POST 请求传递过来的用户名与密码，判断如果用户名为 zhangsan、密码为 123 就输出 "yes"，否则输出 "no"。

运行结果如图 12-4 所示。

（a）登录成功效果图　　　　　　　　（b）登录失败效果图

图 12-4　jQuery AJAX post()方法的使用

【代码说明】

本例使用表单元素<form>来模拟登录验证，该表单包含了用户名和密码输入框以及"提交"按钮。由于 PHP 类型的文件需要有服务器环境才能正常运行，该例选用了 Tomcat 7.0 与 PHP5 作为服务器环境，将相关文件均部署在服务器端。

图 12-4（a）为输入了正确的用户名和密码的结果，由图可见警告提示框中显示的内容为"登录成功！"；图 12-4（b）为输入了错误的用户名和密码的结果，由图可见此时警告提示框中显示的内容为"用户名或密码不正确！"。

该例仅为 post()的简单用法，旨在让读者了解模拟登录验证的原理。在实际开发中开发者还需要进一步考虑数据有效性、安全性以及访问数据库等相关事宜。

12.2.4　jQuery AJAX ajax()方法

jQuery AJAX ajax()是最完整的 AJAX 请求方法，包含了一系列参数的配置，可供开发者自定义更为灵活的个性化要求。事实上，之前所学习的 load()、get()和 post()方法均为 ajax()方法的简化版（省略了一些固定不变的参数配置），当简化版无法解决某些设置要求的时候可以选择使用 ajax()方法进一步配置。

其语法格式如下。

```
$.ajax({
    name1:value1,
    name2:value2,
    …
    nameN:valueN
});
```

该方法内部由一个或多个名称/值组成，这些参数的数量、顺序以及值均可以由开发者根据实际开发需求自定义。

jQuery ajax()可以使用的参数如表 12-1 所示。

表 12-1　jQuery ajax()方法常用参数一览表

参 数 名 称	解　释
async	布尔值，用于设置是否允许异步处理。其默认值为 true
cache	布尔值，用于设置是否需要浏览器缓存被请求页面。其默认值为 true
contentType	布尔值或字符串，用于设置发送给服务器端的数据类型。其默认值为 "application/x-www-form-urlencoded; charset=UTF-8"（注：在 jQuery 1.6 版本中可以填 false，表示不发送任何类型的请求头部）
context	简单对象，用于设置 ajax()方法中$(this)的指代对象。例如 context:document.body
crossDomain	布尔值，用于设置是否需要进行跨域请求。在跨域的情况下，其默认值为 true；在非跨域的情况下，其默认值为 false（注：jQuery 1.5 以上版本支持）
data	字符串、数组或简单对象，用于设置需要发送给服务器的数据。例如 data:{ID: "A01", age: "23"}
dataType	字符串，用于设置服务器返回的数据类型，常见类型有 xml、html、script、json、jsonp、text。例如 dataType: "json"
gobal	布尔值，用于设置是否需要触发全局 AJAX 事件处理程序，其默认值为 true。如果设置为 false，可以阻止 ajaxStart 或 ajaxStop 等全局事件被触发

参 数 名 称	解　释
ifModified	布尔值，用于规定是否检测请求头部内容与上一次是否一致。其默认值为 false
jsonp	字符串或布尔值，用于重写基于 JSONP 请求的回调函数
jsonpCallback	字符串或函数，用于规定 JSONP 请求的执行函数名称
method	字符串，用于规定请求的 HTTP 形式，例如"GET""POST"或"PUT"。其默认值为"GET"（注：jQuery 1.9.0 以上版本支持）
password	字符串，用于设置在 HTTP 访问认证请求中使用的密码
processData	布尔值，用于规定随着 AJAX 请求发送给服务器端的数据是否转换为查询字符串。其默认值为 true
scriptCharset	字符串，用于规定请求的字符集

statusCode	简单对象，用于存放一系列请求状态代码（例如请求成功对应的代码为 200）和对应的处理方式，其默认值为{}。例如：
	statusCode:{
	　　404: function(){ alert("页面无法访问！"); }
	}
	（注：jQuery 1.5 以上版本支持）

timeout	\<Number\>类型，用于设置请求超时的时间，单位为毫秒（ms）。例如 timeout:500
tranditional	布尔值，用于规定是否可以使用参数序列化的传统样式。
type	字符串，用于规定请求的类型，其默认值为"GET"（注：仅限 jQuery 1.9.0 之前的版本使用，相当于 method 参数的效果）
url	字符串，用于规定请求的 url 地址。其默认值为当前页面
username	字符串，用于设置在 HTTP 访问认证请求中使用的用户名
xhr	用于创建 XMLHttpRequest 对象的函数

注：简单对象（Plain Object）指的是包含了零到多个键/值对的 JavaScript 对象。

在 jQuery ajax()方法内部还可以添加一个或多个函数，可使用的函数如表 12-2 所示。

表 12-2　jQuery ajax()方法常用函数一览表

函 数 名 称	解　释
beforeSend(jqXHR)	AJAX 请求发送之前需要执行的函数（例如可自定义请求的头部配置）。如果该函数设置了返回值 false，则会取消当前的 AJAX 请求
complete(jqXHR, status)	当 AJAX 请求完成时（请求成功或失败均可）需要执行的内容。该函数将在 success 和 error 函数之后被调用
dataFilter(data, type)	用于处理原始响应数据的函数
error(jqXHR, status, error)	当 AJAX 请求失败时需要执行的函数
success(result, status, jqXHR)	当 AJAX 请求成功时需要执行的函数

上述函数对应的均为 AJAX 的局部事件，这些事件可以在 ajax()方法中自定义处理内容。

常见用法示例如下。

```
$.ajax({
    url: "demo.php",                              //请求的 URL 地址
    method: "POST",                               //请求的方式
    data:{username: "admin",password: "123"},     //需要发送给服务器端的数据
    dataType: "json",                             //从服务器端获取数据的类型
```

```
        success:function(){
            alert("请求成功！");
        },
        error:function(){
            alert("请求失败！");
        }
});
```

上述代码就是一个自定义的 ajax()方法，开发者可以在此模板的基础上修改参数值或追加其他参数内容。

【例 12-5】 jQuery AJAX ajax()方法的使用

使用 jQuery AJAX ajax()方法改造例 12-4 的登录验证模块。

```
1.    <!DOCTYPE html>
2.    <html>
3.        <head>
4.            <meta charset="utf-8">
5.            <title>jQuery AJAX ajax()方法示例</title>
6.            <style>
7.                form{
8.                    width:300px;
9.                    height:130px;
10.                    text-align:center;
11.                    border:1px solid;
12.                }
13.                input{
14.                    margin:10px;
15.                }
16.                input[type=text],input[type=password]{
17.                    width:150px;
18.                }
19.            </style>
20.            <script src="js/jquery-1.12.3.min.js"></script>
21.            <script>
22.                $(document).ready(function(){
23.                    $("#form01").submit(function(event){
24.                        //禁用表单提交默认操作
25.                        event.preventDefault();
26.
27.                        //获取用户名和密码框的内容
28.                        var value01=$("#username").val();
29.                        var value02=$("#password").val();
30.
31.                        //使用 ajax()方法验证账号
32.                        $.ajax({
```

```
33.                    url:"example05.php",
34.                    method:"POST",
35.                    data:{username:value01, password:value02},
36.                    dataType:"json",
37.                    success: function(data){
38.                        alert(data.tip+"，状态代码："+data.code);
39.                    }
40.                });
41.            });
42.        });
43.        </script>
44.    </head>
45.    <body>
46.        <h3>jQuery AJAX ajax()方法示例</h3>
47.        <hr>
48.        <form id="form01">
49.        用户名:<input type="text" id="username" />
50.        <br />
51.        密　码:<input type="password" id="password" />
52.        <br />
53.        <input type="submit" value="提交" id="btn01" />
54.        </form>
55.    </body>
56. </html>
```

其中，外部文件 example05.php 的内容如下。

```php
<?php
    $username=$_POST["username"];//获取用户名
    $password=$_POST["password"];//获取密码

    $msg["code"]="-1";
    $msg["tip"]="尚未开始";

    if($username=="zhangsan"&&$password=="123"){
        $msg["code"]="1";
        $msg["tip"]="登录成功";
    }else{
        $msg["code"]="0";
        $msg["tip"]="登录失败";
    }

    echo json_encode($msg); //以 JSON 形式返回数据
?>
```

上述代码表示获取通过 HTTP POST 请求传递过来的用户名与密码，判断如果用户名为 zhangsan、密码为 123 就提示"登录成功，状态代码：1"，否则提示"登录失败，状态代码：0"，并将结果以 JSON 数据的形式返回给客户端。

运行结果如图 12-5 所示。

（a）登录成功效果图	（b）登录失败效果图

图 12-5　jQuery AJAX ajax()方法的使用

【代码说明】

本例是根据例 12-4 的代码修改的，页面布局样式和例 12-4 完全相同。在发送 AJAX 请求的过程中做了两处修改：一是将原先的 post()方法更新为 ajax()方法，并修改了对应的参数和语法结构；二是修改了数据返回值为 JSON 类型，包含了状态代码 code 和提示语句 tip 两个信息。

图 12-5（a）为输入了正确的用户名和密码的结果，此时警告提示框中显示的内容为"登录成功，状态代码：1"；图 12-5（b）为输入了错误的用户名和密码的结果，此时警告提示框中显示的内容为"登录失败，状态代码：0"。由此可见服务器端的 JSON 数据返回值已经被成功获取。

12.2.5　jQuery AJAX 更多方法介绍

除了上述常用方法外，关于 jQuery AJAX 的更多方法如表 12-3 所示。

表 12-3　jQuery AJAX 常用方法一览表

方 法 名 称	解　释
ajaxComplete()	当 AJAX 请求完成时触发 ajaxComplete 事件，并执行该函数
ajaxError()	当 AJAX 请求完成并发生错误时触发 ajaxError 事件，并执行该函数
ajaxSend()	在 AJAX 请求发送之前触发 ajaxSend 事件，并执行该函数
jQuery.ajaxSetup()	设置未来 AJAX 请求的默认值，也可以写成$.ajaxSetup()
ajaxStart()	当第一个 AJAX 请求开始时触发 ajaxStart 事件，并执行该函数
ajaxStop()	当所有 AJAX 请求均完成时触发 ajaxStop 事件，并执行该函数
ajaxSuccess()	当 AJAX 请求成功时触发 ajaxSuccess 事件，并执行该函数
jQuery.getJSON()	通过 HTTP GET 请求从服务器获取 JSON 类型的数据返回值，也可以写成 $.getJSON()

方 法 名 称	解　　释
jQuery.getScript()	通过 HTTP GET 请求从服务器获取 JavaScript 文件，并执行该文件，也可以写成 $.getScript()
jQuery.param()	将数组或对象的序列化，也可以写成$.param()
serialize()	将表单中的数据序列化为字符串
serializeArray()	将表单中的数据序列化为 JSON 类型数据

注：表 12-3 中的 ajaxComplete()、ajaxError()、ajaxSend()、ajaxStart()、ajaxStop()、ajaxSuccess()方法均为 AJAX 全局事件触发时执行，关于 AJAX 全局事件的介绍请参考 12.3 节内容。

param()方法的作用示例如下。

```
//临时创建一个对象 x
var x=new Object();
x.name="Mary";
x.age="20";
//开始对 x 进行序列化
var result=$.param(x); //返回值为 name=Mary&age=20
```

serialize()和 serializeArray()方法均是对表单元素进行序列化，前者返回字符串，后者返回 JSON 类型的数据。

例如，一个包含了两个文本输入框的简易表单如下。

```
<form>
  <input type="text" name="productName" value="iPhone6s" /> <br />
  <input type="text" name="productPrice" value="6800" />
</form>
```

使用 serialize()将其中的数据值序列化。

```
var result=$("form").serialize();
//返回值为 productName=iPhone6s&productPrice=6800
```

使用 serializeArray()将其中的数据值序列化。

```
var x=$("form").serializeArray(); //此时 x 为数组对象
result=JSON.stringify(x); //将 x 转换为 JSON 字符串，其返回值如下面一行所示
//[{"name":"productName","value":"iPhone6s"},{"name":"productPrice",
//"value":"6800"}]
```

需要注意的是，serialize()和 serializeArray()方法均需要表单中的控件具有 name 属性才可正常使用。

12.3　jQuery AJAX 事件

AJAX 请求发送时会依次触发多个事件，这些事件按照作用范围可以分为局部事件和全局事件两种类型。AJAX 事件如表 12-4 所示（按照被触发的顺序）。

表 12-4　jQuery AJAX 事件一览表

事 件 名 称	事 件 类 型	解　释
ajaxStart	全局事件	该事件会在新的 AJAX 请求开始时被触发，并且此时没有其他 AJAX 请求正在被处理
beforeSend	局部事件	该事件在 AJAX 请求开始之前被触发
ajaxSend	全局事件	该事件也是在 AJAX 请求执行之前被触发
success	局部事件	该事件只有在 AJAX 请求成功时才被触发
ajaxSuccess	全局事件	该事件与 success 局部事件的解释相同
error	局部事件	该事件只有在 AJAX 请求发生错误时才被触发，它与 success 事件不能够同时发生
ajaxError	全局事件	该事件与 error 局部事件的解释相同
complete	局部事件	该事件在 AJAX 请求完成时被触发，无论该请求成功与否
ajaxComplete	全局事件	该事件在每一次 AJAX 请求完成时均被触发
ajaxStop	全局事件	该事件在当前所有的 AJAX 请求都已完成时触发

局部事件可以通过前面介绍的 ajax()方法来触发并自定义函数内容。例如：

```
$.ajax({
    beforeSend:function(){
        alert("AJAX 请求即将处理! ");
    },
    success:function(){
        alert("AJAX 请求成功! ");
    }
});
```

全局事件可以通过 bind()和 unbind()方法进行事件绑定与解除。例如为按钮元素 <button>绑定 AJAX 全局事件：

```
$("button").bind("ajaxSend", function(){
    $(this).text("加载中…");
});
```

上述代码表示在 AJAX 请求发送之前将按钮元素的文字内容更新为"加载中…"。

用户也可以直接为指定的元素调用全局事件对应的函数方法来触发。例如：

```
$("button").ajaxComplete(){
    $(this).text("已提交");
});
```

上述代码表示当 AJAX 请求已经完成时更新按钮元素的文字内容为"已提交"。

12.4　本章小结

本章主要介绍了 jQuery AJAX 技术，在不重新加载整个页面的前提下可以直接更新当前页面中的指定内容。在实际开发中通常使用 load()和 get()方法查询结果或获取数据，也可以使用 post()方法进行数据提交或资源更新。如果需要进一步配置 AJAX 的各项参数，可以使用 ajax()方法。

　　AJAX 请求发送时会依次触发多个事件，这些事件按照作用范围可以分为局部事件和全局事件两种类型。局部事件可以通过 ajax()方法来触发并自定义函数内容；全局事件可以通过 bind()和 unbind()方法进行事件绑定与解除，也可以直接为指定的元素调用对应的函数方法来触发。

习题 12

　　1．AJAX 的全称是什么？其中包含了哪些技术？

　　2．jQuery AJAX 的常用方法有哪些？

　　3．有哪些事件属于 AJAX 局部事件？说出它们触发的先后顺序。

　　4．有哪些事件属于 AJAX 全局事件？说出它们触发的先后顺序。

　　5．AJAX 全局事件可以通过何种方式进行事件绑定与解除？

第四部分　综合篇

第13章

综合应用设计实例

本章主要包含了三个综合应用设计实例，一是图片轮播特效的设计与实现，二是手动切换图片的设计与实现，三是天气预报查询的设计与实现。本章通过对完整项目实例的解析与实现，提高开发者项目分析能力以及强化对于 JavaScript 和 jQuery 的综合应用能力。

本章学习目标：

- 学习如何综合应用 JavaScript 和 jQuery 开发图片轮播特效；
- 学习如何综合应用 JavaScript 和 jQuery 开发手动切换图片；
- 学习如何综合应用 JavaScript 和 jQuery 开发天气预报查询。

13.1 jQuery 图片轮播特效的设计与实现

【例 13-1】 jQuery 图片轮播特效的设计与实现

背景介绍：现如今各类新闻、门户、电子商务等网站在页面的明显位置都具有图片轮播版块。图片轮播是网站的常用功能版块，可以在有限的页面空间内展示一组图片，同时还带有动画效果。该特效适用于展示一组新闻、产品或风景等。

功能要求：使用 jQuery 实现图片轮播特效，要求间隔固定的时间自动切换播放下一张图片。在图片的左、右两侧带有箭头标识的按钮，也可以手动单击按钮翻回上一张或下一张图片。最终效果如图 13-1 所示。

　（a）图片轮播第一张图片　　　　　（b）图片轮播第二张图片　　　　　（c）图片轮播第三张图片

图 13-1　jQuery 图片轮播特效的最终效果图

13.1.1 界面设计

下面介绍图片轮播版块的网页布局和样式设计，包括使用<div>标签进行整体布局、使用<ul>和<li>标签制作播放列表、使用<button>标签制作切换上一张和下一张图片的按钮，并配合 CSS 样式完成整个页面设计效果。

1. 整体布局设计

首先使用一个区域元素<div>在页面背景上创建图片轮播区域,在其内部预留图片列表与按钮的空间。相关 HTML5 代码片段如下。

```
<body>
    <!--标题-->
    <h3>jQuery 图片轮播特效的设计与实现</h3>
    <!--水平线-->
    <hr>
    <!--图片轮播区域-->
    <div class="ppt-container"></div>
</body>
```

这里为<div>元素定义了 class="ppt-container",以便可以使用 CSS 的类选择器进行样式设置。

本例使用 CSS 外部样式表规定页面样式。在本地 css 文件夹中创建 ppt.css 文件,并在<head>首尾标签中声明对 CSS 文件的引用。相关 HTML5 代码片段如下。

```
<head>
    <meta charset="utf-8">
    <title>jQuery 图片轮播特效的设计与实现</title>
    <link rel="stylesheet" href="css/ppt.css">
    <script src="js/jquery-1.12.3.min.js"></script>
</head>
```

在 CSS 文件中为 class="ppt-container"的<div>标签设置样式,具体样式要求如下。

- 尺寸:宽度为 500 像素,高度为 270 像素;
- 颜色:背景颜色为白色;
- 边距:各边的外边距为 20 像素,各边的内边距为 0;
- 文本:左对齐显示,采用默认字体;
- 位置:设置为相对位置。

相关 CSS 代码片段如下。

```
/*图片轮播区域样式设置*/
.ppt-container {
    width:500px;
    height:270px;
    margin:20px;
    padding:0px;
    position:relative;
}
```

其中,position 属性设置为 relative 表示相对位置,这样就可以将其内部的图片集中固定在<div>元素的左上角,不会出现位移。

由于目前尚未在<div>首尾标签之间填充相关内容，因此在网页上浏览没有完整效果。接下来介绍如何进行图片轮播区域的内容设计。

2. 图片轮播列表的设计

图片轮播区域使用无序列表标签<ul>和列表选项标签<li>来显示一系列图片。本项目以 3 张风景图为例，相关 HTML5 代码片段如下。

```
<!--图片轮播区域-->
<div class="ppt-container">
    <ul>
        <li><img src="image/ppt/1.jpg" /></li>
        <li><img src="image/ppt/2.jpg" /></li>
        <li><img src="image/ppt/3.jpg" /></li>
    </ul>
</div>
```

其中，在<li>元素中使用了<img>元素显示图片内容，图片素材来源于本地 image 目录中的 ppt 子文件夹，图片名称分别为 1.jpg、2.jpg 和 3.jpg。

在 CSS 外部样式表中为列表元素<ul>设置样式效果，具体样式要求如下。

- 列表样式：取消列表选项前端的黑点标识符；
- 位置：设置为相对位置。

相关 CSS 代码如下。

```
/*列表元素样式设置*/
ul {
    list-style:none;
    position:relative;
}
```

在 CSS 外部样式表中为列表选项元素<li>设置样式效果，具体样式要求如下。

- 位置：设置为绝对位置，<li>元素的左上角点与<ul>元素的左上角点对齐；
- 浮动：向左浮动；
- 文本：居中对齐显示。

相关 CSS 代码如下。

```
/*列表选项元素样式设置*/
li {
    position:absolute;
    top:0px;
    left:0px;
    float:left;
    text-align:center;
}
```

为保证每次只显示其中一张图片，先为第二、三张图片所在的<li>元素添加 class="hide" 标识，用于暂时隐藏这两个元素，然后在 CSS 外部样式表中设置类选择器为 hide 类得到隐藏效果。

相关 HTML 代码片段修改后如下。

```html
<!--图片轮播区域-->
<div class="ppt-container">
    <ul>
        <li><img src="image/ppt/1.jpg" /></li>
        <li class="hide"><img src="image/ppt/2.jpg" /></li>
        <li class="hide"><img src="image/ppt/3.jpg" /></li>
    </ul>
</div>
```

相关 CSS 代码如下。

```css
/*隐藏效果设置*/
.hide {
    display:none;
}
```

在 CSS 外部样式表中为<img>元素设置宽、高为 100%表示自适应图片轮播区域的尺寸，相关 CSS 代码如下。

```css
/*图片样式设置*/
.ppt-container img {
    width:100%;
    height:100%;
}
```

运行效果如图 13-2 所示。

图 13-2　图片轮播区域草稿图

由图 13-2 可见，目前页面上只显示第一张图片内容，并且隐藏后续的两张图。接下来介绍如何在图片靠近下方的位置添加提示文字内容。

3. 文本设计

下面介绍如何在图片上添加文字内容效果，将会使用段落元素<p>配合 CSS3 中的 rgba 方法定义透明度效果。

首先修改列表选项，在每个选项的图片元素后面增加一个段落元素<p>，并填写文字内容。相关 HTML 代码片段修改后如下。

```html
<!--图片轮播区域-->
<div class="ppt-container">
    <ul>
        <li>
            <img src="image/ppt/1.jpg" />
            <p>安徽九华山</p>
        </li>
        <li class="hide">
            <img src="image/ppt/2.jpg" />
            <p>安徽黄山</p>
        </li>
        <li class="hide">
            <img src="image/ppt/3.jpg" />
            <p>安徽宏村</p>
        </li>
    </ul>
</div>
```

在 CSS 外部样式表中为段落元素<p>设置样式效果，具体样式要求如下。

- 位置：设置为绝对位置，距离顶端 75%的位置处，水平方向距离左边 0；
- 尺寸：宽度设置为 100%，表示自适应<div>元素的宽度；
- 背景颜色：透明度为 0.8 的白色；
- 边距：各边的内边距为 10 像素；
- 字体：字体风格为微软雅黑 Light 格式。

相关 CSS 代码如下。

```css
/*段落元素样式设置*/
p {
    position:absolute;
    top:75%;
    left:0%;
    width:100%;
    background-color:rgba(255,255,255,0.8);
    padding:10px;
    font-family:"微软雅黑 Light";
}
```

运行效果如图 13-3 所示。

图 13-3　添加文字内容后的效果图

由图 13-3 可见，当前显示的图片靠近下方的位置出现了带有透明效果的白色区域，在居中的位置显示了文字内容。接下来介绍如何在图片的两侧添加按钮。

4. 按钮设计

下面介绍如何在图片的两侧添加箭头图案的按钮，手动单击按钮可以翻到上一张或下一张图片。

首先在<div>元素内部的<ul>元素下方使用<button>标签新建两个按钮，并在按钮元素中使用<img>标签设置按钮图片。相关 HTML5 代码片段修改后如下。

```
<!--图片轮播区域-->
<div class="ppt-container">
    <ul>
        <li>
            <img src="image/ppt/1.jpg" />
            <p>安徽九华山</p>
        </li>
        <li class="hide">
            <img src="image/ppt/2.jpg" />
            <p>安徽黄山</p>
        </li>
        <li class="hide">
            <img src="image/ppt/3.jpg" />
            <p>安徽宏村</p>
        </li>
    </ul>
    <!--按钮1，用于切换上一张图片-->
    <button id="btn01">
        <img src="image/ppt/left.png" width="100%" height="100%" />
    </button>
    <!--按钮2，用于切换下一张图片-->
    <button id="btn02">
```

```
        <img src="image/ppt/right.png" width="100%" height="100%" />
    </button>
</div>
```

其中，<img>的宽度和高度属性均设置为 100%，以便自适应按钮的尺寸。图标的素材来源为本地 image 下 ppt 目录中的 left.png 和 right.png 文件，用于显示向左和向右的两个箭头图案。为这两个按钮元素分别设置 id 名称为 btn01 和 btn02，以便可以在 CSS 外部样式表中分别设置按钮位置。

在 CSS 文件中为<button>标签进行统一样式设置。

- 位置：绝对位置；
- 边距：各边的外边距为 10 像素；
- 边框：无边框效果；
- 背景颜色：透明色；
- 尺寸：宽度为 50 像素，高度为 100 像素。

相关 CSS 代码片段如下。

```
/*按钮总体样式设置*/
button {
    position:absolute;
    margin:10px;
    border:none;
    outline:none;
    background-color:transparent;
    width:50px;
    height:100px;
}
```

然后在 CSS 文件中分别为按钮 1 和按钮 2 进行位置设置。

- 按钮 1：距离顶端 30%，距离左边 0%；
- 按钮 2：距离顶端 30%，距离左边 85%。

相关 CSS 代码片段如下。

```
/*按钮 1 位置设置*/
#btn01 {
    top:30%;
    left:0%;
}
/*按钮 2 位置设置*/
#btn02 {
    top:30%;
    left:85%;
}
```

至此，整个样式设计就全部完成，其界面运行效果如图 13-4 所示。

图 13-4　图片轮播界面的设计效果图

由图 13-4 可见，图片轮播界面的样式已完全实现。目前还没有图片自动播放和按钮切换图片功能，该内容将在下一节介绍。

13.1.2　图片轮播特效的实现

1．图片自动播放的实现

下面介绍如何实现在指定的时间内自动切换下一张图片，该功能需要用到 jQuery 中的 fadeIn()和 fadeOut()方法实现淡入/淡出效果。

在 HTML 页面的<body>元素内部使用<script>标签添加内部 jQuery 代码区域，并设置变量 index 表示当前图片序号，初始化为 0。相关 jQuery 代码如下。

```
<body>
    <!--图片轮播区域相关 HTML 代码略-->
    <script>
        //当前图片序号
        var index=0;
        $(document).ready(function() {
            //暂无内容
        });
    </script>
</body>
```

然后自定义名称为 next()的函数方法，用于切换下一张图片。如果当前已经是最后一张图片，则跳转回第一张继续循环播放。相关 jQuery 代码如下。

```
//切换下一张图片
function next() {
    //当前图片淡出
    $("li:eq("+index+")").fadeOut(1500);
    //判断当前图片是否为最后一张
    if (index==2)
        //如果是最后一张，序号跳转到第一张
```

```
        index=0;
    else
        //否则图片序号自增 1
        index++;
    //新图片淡入
    $("li:eq("+index+")").fadeIn(1500);
}
```

在上述代码中，jQuery 选择器$("li:eq(" + index + ")")指的是选择列表选项中的第 index 个元素，即当前显示图片的<li>元素；fadeOut(1500)指的是在 1.5 秒内播放淡出的动画效果；fadeIn(1500)指的是在 1.5 秒内播放淡入的动画效果。

最后在 jQuery 代码的$(document).ready()函数内部使用 setInterval()方法设置图片切换下一张的时间间隔。相关 jQuery 代码片段修改后如下。

```
$(document).ready(function() {
    setInterval("next()", 8000);
});
```

上述代码表示每隔 8 秒钟重新执行一次 next()函数，以动画效果显示下一张图片。

运行效果如图 13-5 所示。

　　（a）页面初始加载效果　　　　　　（b）自动切换的中间过程　　　　　　（c）切换完毕显示下一张

图 13-5　图片自动切换的全过程

由图 13-5 可见，目前已实现图片的自动切换效果，并且在切换的过程中，由于图片正在进行淡入/淡出的动画效果，因此会有一瞬间前、后两张图片重叠在一起。前一张图片的淡出与后一张图片的淡入效果同时进行，直到完全显示后一张图片。

2. 按钮切换效果的实现

下面介绍如何使用按钮单击触发图片切换效果。其中，下一张效果可直接调用之前已完成的 next()函数。为按钮 2 添加 onclick 事件，并将 next()方法作为该事件的回调函数。相关 HTML 代码片段修改后如下。

```html
<!--按钮 2，用于切换下一张图片-->
<button id="btn02" onclick="next()">
    <img src="image/ppt/right.png" width="100%" height="100%" />
</button>
```

此时按钮 2 已经可以实现手动单击切换下一张图片的效果。

然后为按钮 1 添加 onclick 事件，回调函数为 last()，该函数的名称可以自定义。相关 HTML 代码片段修改后如下。

```html
<!--按钮 1，用于切换上一张图片-->
<button id="btn01" onclick="last()">
    <img src="image/ppt/left.png" width="100%" height="100%" />
</button>
```

在 jQuery 代码部分添加 last()函数，用于切换上一张图片。如果当前已经是第一张图片，则直接跳转到最后一张图片。相关 jQuery 代码如下。

```javascript
//切换上一张图片
function last() {
    //当前图片淡出
    $("li:eq("+index+")").fadeOut(1500);
    //判断当前图片是否为第一张
    if (index==0)
        //如果是第一张，序号跳转到最后
        index=2;
    else
        //否则图片序号自减 1
        index--;
    //新图片淡入
    $("li:eq("+index+")").fadeIn(1500);
}
```

上述代码中的内容与 next()方法几乎相同，只是序号改为递减。

运行效果如图 13-6 所示。

（a）页面初始加载效果　　　　　（b）手动单击切换下一张　　　　　（c）手动单击切换上一张

图 13-6　jQuery 图片轮播特效的手动切换效果图

13.1.3　完整代码展示

HTML 完整代码如下。

```
1.  <!DOCTYPE html>
2.  <html>
```

```
3.      <head>
4.          <meta charset="utf-8">
5.          <title>jQuery 图片轮播特效的设计与实现</title>
6.          <link rel="stylesheet" href="css/ppt.css">
7.          <script src="js/jquery-1.12.3.min.js"></script>
8.      </head>
9.      <body>
10.         <!--标题-->
11.         <h3>jQuery 图片轮播特效的设计与实现</h3>
12.         <!--水平线-->
13.         <hr>
14.         <!--图片轮播区域-->
15.         <div class="ppt-container">
16.             <ul>
17.                 <li>
18.                     <img src="image/ppt/1.jpg" />
19.                     <p>安徽九华山</p>
20.                 </li>
21.                 <li class="hide">
22.                     <img src="image/ppt/2.jpg" />
23.                     <p>安徽黄山</p>
24.                 </li>
25.                 <li class="hide">
26.                     <img src="image/ppt/3.jpg" />
27.                     <p>安徽宏村</p>
28.                 </li>
29.             </ul>
30.             <!--按钮 1，用于切换上一张图片-->
31.             <button id="btn01" onclick="last()">
32.                 <img src="image/ppt/left.png" width="100%" height="100%" />
33.             </button>
34.             <!--按钮 2，用于切换下一张图片-->
35.             <button id="btn02" onclick="next()">
36.                 <img src="image/ppt/right.png" width="100%" height="100%" />
37.             </button>
38.         </div>
39.         <script>
40.             //当前图片序号
41.             var index=0;
42.             $(document).ready(function() {
43.                 setInterval("next()", 8000);
44.             });
45.
46.             //切换下一张图片
47.             function next() {
```

```
48.              //当前图片淡出
49.              $("li:eq("+index+")").fadeOut(1500);
50.              //判断当前图片是否为最后一张
51.              if (index==2)
52.                  //如果是最后一张，序号跳转到第一张
53.                  index=0;
54.              else
55.                  //否则图片序号自增1
56.                  index++;
57.              //新图片淡入
58.              $("li:eq("+index+")").fadeIn(1500);
59.          }
60.          //切换上一张图片
61.          function last() {
62.              //当前图片淡出
63.              $("li:eq("+index+")").fadeOut(1500);
64.              //判断当前图片是否为第一张
65.              if (index==0)
66.                  //如果是第一张，序号跳转到最后
67.                  index=2;
68.              else
69.                  //否则图片序号自减1
70.                  index--;
71.              //新图片淡入
72.              $("li:eq("+index+")").fadeIn(1500);
73.          }
74.      </script>
75.    </body>
76. </html>
```

CSS 完整代码如下。

```
1.  /*图片轮播区域样式设置*/
2.  div {
3.      width:500px;
4.      height:270px;
5.      background-color:lightblue;
6.      margin:20px;
7.      padding:0px;
8.      position:relative;
9.  }
10. /*图片样式设置*/
11. .ppt-container img {
12.     width:100%;
13.     height:100%;
14. }
```

```
15.  /*按钮总体样式设置*/
16.  button {
17.      position:absolute;
18.      margin:10px;
19.      border:none;
20.      outline:none;
21.      background-color:transparent;
22.      width:50px;
23.      height:100px;
24.  }
25.  /*按钮 1 位置设置*/
26.  #btn01 {
27.      top:30%;
28.      left:0%;
29.  }
30.  /*按钮 2 位置设置*/
31.  #btn02 {
32.      top:30%;
33.      left:85%;
34.  }
35.  /*隐藏效果设置*/
36.  .hide {
37.      display:none;
38.  }
39.  /*列表元素样式设置*/
40.  ul {
41.      list-style:none;
42.      position:relative;
43.  }
44.  /*列表选项元素样式设置*/
45.  li {
46.      position:absolute;
47.      top:0px;
48.      left:0px;
49.      float:left;
50.      text-align:center;
51.  }
52.  /*段落元素样式设置*/
53.  p {
54.      position:absolute;
55.      top:75%;
56.      left:0%;
57.      width:100%;
58.      background-color:rgba(255,255,255,0.8);
59.      padding:10px;
```

```
60.    font-family:"微软雅黑 Light";
61. }
```

13.2 jQuery 手动切换图片的设计与实现

【例 13-2】 jQuery 手动切换图片的设计与实现

背景介绍：手动切换图片特效是用户通过鼠标选择来显示指定图片内容，该版块常用于网站首页，例如商品展示、旅游景点介绍等。

功能要求：使用 jQuery 实现手动切换图片特效，如图 13-7 所示。当用户将鼠标悬浮于左侧的文字上时文字变成红色，并且右侧图片自动切换到对应的画面。

（a）切换第一张图片　　　　　　　　　　　　　　（b）切换第三张图片

图 13-7　jQuery 手动切换图片的最终效果图

13.2.1　界面设计

本项目的主要内容分为两个版块：左侧的列表标签<ul>用于显示文字标题，右侧的<img>标签用于显示图片。其结构如图 13-8 所示。

图 13-8　整体样式结构设计图

在 HTML5 中使用<div>元素将这两个版块嵌套在内部，相关代码如下。

```
<body>
    <!--标题-->
    <h3>jQuery 手动切换图片特效的设计与实现</h3>
    <!--水平线-->
    <hr>
    <!--图片轮播区域-->
```

```
    <div class="ppt-container">
      <ul>
          <li>意大利威尼斯</li>
          <hr>
          <li>希腊爱琴海</li>
          <hr>
          <li>巴黎卢浮宫</li>
          <hr>
          <li>印度泰姬陵</li>
          <hr>
          <li>英国巨石阵</li>
          <hr>
      </ul>
      <img src="image/ppt2/3.jpg" />
    </div>
</body>
```

在<ul>标签内部将列表选项标签<li>与水平线标签<hr>交替使用，形成带有水平线修饰效果的文字标题。在<img>标签上设置初始显示的图片来源为本地 image 中 pp2 下的 3.jpg。

本例使用 CSS 外部样式表规定页面样式。在本地 css 文件夹中创建 ppt2.css 文件，并在<head>首尾标签中声明对 CSS 文件的引用。相关 HTML5 代码片段如下。

```
<head>
    <meta charset="utf-8">
    <title>jQuery 手动切换图片特效的设计与实现</title>
    <link rel="stylesheet" href="css/ppt2.css">
</head>
```

在 CSS 外部样式表中为 class="ppt-container"的<div>标签设置样式，具体样式要求如下。

- 尺寸：宽度为 800 像素，高度为 400 像素；
- 边距：各边的外边距为 auto，各边的内边距为 0 像素。

相关 CSS 代码片段如下。

```
/*图片轮播区域样式设置*/
.ppt-container {
    width:800px;
    height:400px;
    padding:0px;
    margin:auto;
}
```

在 CSS 外部样式表中为列表元素<ul>设置样式效果，具体样式要求如下。

- 列表样式：取消列表选项前端的黑点标识符；
- 浮动：向左浮动；
- 尺寸：高度为 100%，宽度为 20%；
- 背景颜色：透明度为 0.8 的白色；
- 边距：各边的内、外边距均为 0 像素。

相关 CSS 代码如下。

```
/*列表元素样式设置*/
ul {
    list-style:none;
    float:left;
    height:100%;
    width:20%;
    background-color:rgba(255,255,255,0.8);
    margin:0;
    padding:0;
}
```

在 CSS 外部样式表中为列表选项元素<li>设置样式效果，具体样式要求如下。

- 边距：上外边距为 25%，左外边距为 10 像素，左内边距为 10 像素；
- 文本：左对齐显示，字体风格为"微软雅黑 Light"；
- 鼠标悬浮：将文字变为红色。

相关 CSS 代码如下。

```
/*列表选项元素样式设置*/
li {
    margin-top:25%;
    margin-left:10px;
    padding-left:10px;
    font-family:"微软雅黑 Light";
    text-align:left;
}
li:hover{
    color:red;
}
```

为了使标题之间的水平线不顶格显示，在 CSS 外部样式表中设置其宽度为 80%，相关 CSS 代码如下。

```
/*水平线样式设置*/
hr{
    width:80%;
}
```

接下来设置页面上展示的图片样式，具体要求如下。

- 浮动：向左浮动；
- 尺寸：宽度为 70%，高度为 100%；
- 垂直方向：居中显示。

相关 CSS 代码如下。

```
/*图片样式设置*/
.ppt-container img {
    float:left;
    height:100%;
    width:70%;
    vertical-align:middle;
}
```

最后为\<body\>标签设置总体样式：背景为银色，文本居中显示。相关 CSS 代码如下。

```
body{
    background-color:silver;
    text-align:center;
}
```

此时 CSS 样式设置就全部完成了，运行效果如图 13-9 所示。

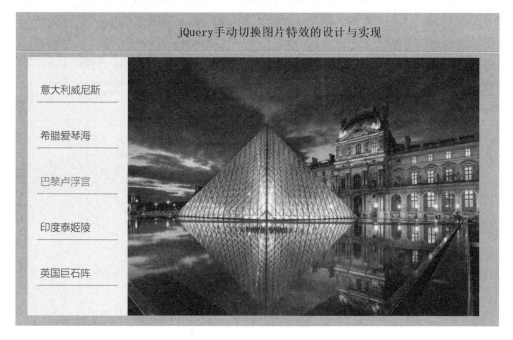

图 13-9　整体样式设计图

13.2.2　图片切换特效的实现

图片切换效果需要用到 jQuery 的相关功能，因此首先在\<head\>标签中添加对 jQuery 的调用。相关 HTML5 代码修改后如下。

```html
<head>
    <meta charset="utf-8">
    <title>jQuery 手动切换图片特效的设计与实现</title>
    <link rel="stylesheet" href="css/ppt2.css">
    <script src="js/jquery-1.12.3.min.js"></script>
</head>
```

在 HTML5 中为用于展示图片的<img>标签添加自定义 id 名称 pptImage，以便可以通过 id 选择器获得图片对象，然后进行图片内容的更换。相关代码片段修改后如下。

```html
<img id="pptImage" src="image/ppt2/3.jpg" />
```

在 JavaScript 中创建自定义函数 showImage()用于显示指定名称的图片。相关 JavaScript 代码如下。

```html
<script>
    function showImage(name) {
        $("#pptImage").attr("src", "image/ppt2/"+name+".jpg");
    }
</script>
```

上述代码表示，当 showImage()函数被调用时更换 id="pptImage"的图片来源。其中，图片文件位于本地 image 的 pp2 中，文件名称由参数 name 传递。

最后修改列表中的所有选项标签<li>，为它们添加 onmouseover 事件，并在事件触发时调用 showImage()函数，填入指定的图片文件名称。相关 HTML5 代码修改后如下。

```html
<!--图片轮播区域-->
<div class="ppt-container">
    <ul>
        <li onmouseover="showImage(1)">意大利威尼斯</li>
        <hr>
        <li onmouseover="showImage(2)">希腊爱琴海</li>
        <hr>
        <li onmouseover="showImage(3)">巴黎卢浮宫</li>
        <hr>
        <li onmouseover="showImage(4)">印度泰姬陵</li>
        <hr>
        <li onmouseover="showImage(5)">英国巨石阵</li>
        <hr>
    </ul>
    <img id="pptImage" src="image/ppt2/3.jpg" />
</div>
```

此时本项目就全部完成了，运行效果如图 13-10 所示。由于第三张图片为默认初始显示效果，这里不再重复展示。

（a）手动切换第一张图片

（b）手动切换第二张图片

（c）手动切换第四张图片

（d）手动切换第五张图片

图 13-10　jQuery 手动切换图片的效果图

13.2.3　完整代码展示

HTML 完整代码如下。

```
1.   <!DOCTYPE html>
2.   <html>
3.     <head>
4.       <meta charset="utf-8">
5.       <title>jQuery 手动切换图片特效的设计与实现</title>
6.       <link rel="stylesheet" href="css/ppt2.css">
7.       <script src="js/jquery-1.12.3.min.js"></script>
8.     </head>
9.     <body>
10.       <!--标题-->
11.       <h3>jQuery 手动切换图片特效的设计与实现</h3>
12.       <!--水平线-->
13.       <hr>
14.       <!--图片轮播区域-->
15.       <div class="ppt-container">
16.         <ul>
17.           <li onmouseover="showImage(1)">意大利威尼斯</li>
18.           <hr>
```

```
19.                <li onmouseover="showImage(2)">希腊爱琴海</li>
20.                <hr>
21.                <li onmouseover="showImage(3)">巴黎卢浮宫</li>
22.                <hr>
23.                <li onmouseover="showImage(4)">印度泰姬陵</li>
24.                <hr>
25.                <li onmouseover="showImage(5)">英国巨石阵</li>
26.                <hr>
27.            </ul>
28.                <img id="pptImage" src="image/ppt2/3.jpg" />
29.        </div>
30.        <script>
31.            function showImage(name){
32.                $("#pptImage").attr("src","image/ppt2/"+name+".jpg");
33.            }
34.        </script>
35.    </body>
36. </html>
```

CSS 完整代码如下。

```
1.  body{
2.      background-color:silver;
3.      text-align:center;
4.  }
5.
6.  /*图片轮播区域样式设置*/
7.  .ppt-container {
8.      width:800px;
9.      height:400px;
10.     padding:0px;
11.     margin:auto;
12. }
13.
14. /*图片样式设置*/
15. .ppt-container img {
16.    float:left;
17.    height:100%;
18.    width:70%;
19.    vertical-align:middle;
20. }
21.
22. /*列表元素样式设置*/
23. ul {
24.    list-style:none;
25.     float:left;
26.     height:100%;
27.     width:20%;
```

```
28.        background-color:rgba(255,255,255,0.8);
29.        margin:0;
30.        padding:0;
31.    }
32.    /*列表选项元素样式设置*/
33.    li {
34.        margin-top:25%;
35.        margin-left:10px;
36.        padding-left:10px;
37.        font-family:"微软雅黑 Light";
38.        text-align:left;
39.    }
40.    li:hover{
41.        color:red;
42.    }
43.    /*水平线样式设置*/
44.    hr{
45.        width:80%;46.    }
```

13.3 jQuery AJAX 天气预报查询的设计与实现

【**例 13-3**】 jQuery AJAX 天气预报查询页面的设计与实现

背景介绍：本节将综合应用 jQuery AJAX 技术开发一个天气预报查询页面，用户通过指定城市名称可以查询该地区当天的天气情况。为达到真实效果，本示例将选用一款具有气象数据服务的免费开源 API 作为 AJAX 请求接口。

功能要求：用户可以使用下拉菜单切换城市，利用 jQuery AJAX 技术获取当前城市的一系列气象数据，最后将数据展现在界面上。本示例节选了四个直辖市（北京、重庆、上海和天津）的天气数据，具体效果如图 13-11 所示。

（a）北京市实时气象数据展示　　　　　　　（b）重庆市实时气象数据展示

（c）上海市实时气象数据展示　　　　　（d）天津市实时气象数据展示

图 13-11　jQueryAJAX 天气预报查询的最终效果图

13.3.1　准备工作

1．API 密钥申请

本小节主要介绍如何申请获得开源 API 的密钥。由于百度 API Store 目前已经不再提供服务，因此这里选择了可以提供全球气象数据服务接口的和风天气 API，其官方网址为 https://dev.qweather.com/（如图 13-12 所示）。

图 13-12　"和风天气"开发平台主页（访问时间：2021.03.22 20:37）

用户使用邮箱进行注册并激活后每次使用都可以免费获取未来三天之内全球各地区的实时天气，免费接口调用流量为 1000 次/天、频率为 200 次/分钟，该数据基本可以满足读者的开发学习需求。

注册完毕之后可以访问 https://console.qweather.com/#/console 来查看账号信息，用户登陆后即可看到开发者申请到的个人认证 key，如图 13-13 所示。

开发者需记录上述页面中的个人认证 key，该信息在 AJAX 请求时会作为身份识别的标识一并发送给服务器。至此，开源 API 的密钥申请就已经顺利完成，读者可以进行下一节的学习，了解如何调用 API 获取气象数据。

图 13-13　个人认证 key 查询页面（访问时间：2017.07.31 17:29）

2．API 调用方法

免费用户可以调用的接口地址为：https://devapi.qweather.com/v7/，其服务器节点在中国境内。该接口地址后面追加不同的关键词将获取不同的气象数据信息，例如 alarm 为天气自然灾害预警，读者可以访问官方文档 https://dev.qweather.com/docs/api/ 了解各类关键词的使用方法。

本示例将选用关键词 weather/now 进行实况天气数据的获取。实况天气即为当前时间点的天气状况以及温湿风压等气象指数，具体包含的数据：体感温度、实测温度、天气状况、风力、风速、风向、相对湿度、大气压强、降水量、能见度等。目前该接口允许查询的城市覆盖范围为全球任意一个城市。

基于关键词 weather/now 的接口具有 2 个必填参数和 3 个可选参数，如表 13-1 所示。

表 13-1　weather 接口参数一览表

参数名称	参数类型	解　　释
location	必填参数	用于规定需要查询的地区。可以填入查询地区的 LocationID 或经纬度坐标（十进制）。 例如： location=101010100（查询地区的 LocationID） location=120.343,36.088（经纬度）
key	必填参数	需要填入用户的个人认证 key 字符串。接口将通过该数据判断是否为授权用户，并可以进一步判断是否为付费用户。 例如：key=123abc456dfg
gzip	可选参数	对接口进行压缩，可大幅节省网络消耗、减少接口获取延迟。参数的默认值是 y，表示开启 gzip。参数值改成 n 表示不使用压缩。
lang	可选参数	用于指定数据的语言版本，不添加 lang 参数则默认为简体中文。 例如：lang=en 需要注意的是，国内某些特定数据（例如生活指数、空气质量等）不支持多语言版。
unit	可选参数	单位选择，公制（m）或英制（i），默认为公制单位。 例如：unit=i 详见表 13-2 度量衡单位一览表。

其中与 unit 参数相关公制和英制单位对比如表 13-2 所示。

表 13-2　度量衡单位一览表

数据项	公制单位	英制单位
温度	摄氏度 ℃	华氏度 ℉
风速	公里/小时 km/h	英里/小时 mile/h
能见度	公里 km	英里 mile
大气压强	百帕 hPa	百帕 hPa
降水量	毫米 mm	毫米 mm
PM2.5	微克/立方米 $\mu g/m^3$	微克/立方米 $\mu g/m^3$
PM10	微克/立方米 $\mu g/m^3$	微克/立方米 $\mu g/m^3$
O_3	微克/立方米 $\mu g/m^3$	微克/立方米 $\mu g/m^3$
SO_2	微克/立方米 $\mu g/m^3$	微克/立方米 $\mu g/m^3$
CO	毫克/立方米 mg/m^3	毫克/立方米 mg/m^3
NO_2	微克/立方米 $\mu g/m^3$	微克/立方米 $\mu g/m^3$

注：部分数据项无论选择何种单位均会使用公制单位。

免费用户调用接口的常见语法格式如下：

```
https://devapi.qweather.com/v7/weather/now?[parameters]
```

其中[parameters]需要替换成使用到的参数，多个参数之间使用&符号隔开。

例如，使用 LocationID 查询上海市天气数据的写法如下：

```
https://devapi.qweather.com/v7/weather/now?location=101020100&key=1234abcd
```

注：其中 key 的值 1234abcd 为随机填写的内容，请在实际开发中将其替换为真实的个人认证 key，否则接口将无法获取数据。

可以直接将这段地址输入到浏览器地址栏中测试数据返回结果，如图 13-14 所示。

{"code":"200","updateTime":"2021-01-12T20:36+08:00","fxLink":"http://hfx.link/2bc1","now":{"obsTime":"2021-01-12T20:04+08:00","temp":"5","feelsLike":"3","icon":"150","text":"晴","wind360":"270","windDir":"西风","windScale":"0","windSpeed":"0","humidity":"33","precip":"0.0","pressure":"1017","vis":"15","cloud":"0","dew":"-9"},"refer":{"sources":["Weather China"],"license":["no commercial use"]}}

图 13-14　免费天气查询接口返回结果页面（访问时间：2021.01.12 20:49）

由上图可见，指定城市的天气数据返回结果是 json 数据格式的文本内容，其中包含的数据是以"名称:值"的形式存放。本示例将节选实况天气 now 中的部分内容进行处理和使用。

为方便用户查看，将图 13-14 返回的数据内容整理格式后节选如下：

```
{
    "code":"200",
    "updateTime":"2021-01-12T20:36+08:00",
    "fxLink":"http://hfx.link/2bc1",
    "now":{
        "obsTime":"2021-01-12T20:04+08:00",
        "temp":"5",
```

```
        "feelsLike":"3",
        "icon":"150",
        "text":"晴",
        "wind360":"270",
        "windDir":"西风",
        "windScale":"0",
        "windSpeed":"0",
        "humidity":"33",
        "precip":"0.0",
        "pressure":"1017",
        "vis":"15",
        "cloud":"0",
        "dew":"-9"
    },
    "refer":{
        "sources":["Weather China"],
        "license":["no commercial use"]
    }
}
```

返回的字段说明如表 13-3 所示。

表 13-3　实况天气返回字段说明

参　　数	描　　述	示　例　值
code	接口请求状态码，例如 200 表示请求成功。	200
updateTime	当前 API 的最新更新时间	2021-01-12T20:36+08:00
fxLink	该城市的天气预报和实况自适应网页，可嵌入网站或应用	http://hfx.link/2bc1

now 实况天气

参　　数	描　　述	示　例　值
obsTime	实况观测时间	2021-01-12T20:04+08:00
temp	温度，默认单位：摄氏度	5
feelsLike	体感温度，默认单位：摄氏度	3
icon	实况天气状况的图标代码。	150
text	实况天气状况的文字描述	晴
wind360	风向 360 角度	270
windDir	风向	西风
windScale	风力	0
windSpeed	风速，公里/小时	0
humidity	相对湿度	33
precip	降水量	0.0
pressure	大气压强	1017
vis	能见度，默认单位：公里	15
cloud	云量	0
dew	实况露点温度	-9

续表

refer 数据来源		
参　　数	描　　述	示　例　值
sources	原始数据来源，该值有可能为空值	Weather China
license	数据许可证（例如是免费版、商业版）	no commercial use

其中参数 code 的状态码及错误码如表 13-4 所示。

表 13-4　接口状态码及错误码说明

代　　码	说　　明
200	请求成功
204	请求成功，但所查询的地区暂时没有你需要的数据。
400	请求错误，可能包含错误的请求参数或缺少必选的请求参数。
401	认证失败，可能使用了错误的 KEY、数字签名错误、KEY 的类型错误。
402	超过访问次数或余额不足以支持继续访问服务，你可以充值、升级访问量或等待访问量重置。
403	无访问权限，可能是绑定的 PackageName、BundleID、域名 IP 地址不一致，或者是需要额外付费的数据。
404	查询的数据或地区不存在。
429	超过限定的 QPM（每分钟访问次数）
500	无响应或超时。

如果接口无法正确获取数据可以根据状态码对比上表查询原因。

用户可以根据指定的名称找到对应的数据值，例如在实况天气数据 now 可以查到当前城市的温度，对应的字段节选如下：

```
"temp":"5"
```

上述代码表示当前城市的温度为 5 摄氏度，用户也可以自行选用其他数据（例如空气质量指数 air/now 等）完成开发练习。下一节将介绍天气查询界面的设计方案。

13.3.2　界面设计

1．整体布局设计

本项目的主要内容分为三个板块：切换城市、天气状况、实况气象数据。其界面结构设计效果如图 13-15 所示。

图 13-15　整体样式结构设计图

上图中的三个板块内容具体解释如下：

- 切换城市：使用<div>元素完成，主要包含下拉菜单元素，用户可以自行切换城市。
- 图标与天气状况：使用<div>元素完成，主要包含当前城市的天气图标、气温以及天气状况描述（例如晴、多云、雷阵雨等）
- 实况气候数据：使用<table>元素完成，主要包含体感温度、相对湿度、降水量、气压、能见度和风力共计 6 种实时气象数据，在<table>中形成三行四列表格内容。

在 HTML5 中使用<div>元素将这三个版块嵌套在内部，相关代码如下：

```
1.   <body>
2.       <!--标题-->
3.       <h3>jQuery AJAX 天气预报查询的设计与实现</h3>
4.       <!--水平线-->
5.       <hr>
6.       <!--天气查询版块-->
7.       <div id="content">
8.           <!--切换城市-->
9.           <div id="location">
10.              切换城市（下拉菜单）
11.          </div>
12.
13.          <!--气候温度-->
14.          <div id="weather">
15.              图标 气温 天气状况
16.          </div>
17.
18.          <!--实况数据-->
19.          <table id="now">
20.              <tr id="line01">
21.                  <td>1-1</td>
22.                  <td>1-2</td>
23.                  <td>1-3</td>
24.              </tr>
25.              <tr id="line02">
26.                  <td>2-1</td><td>2-2</td><td>2-3</td>
27.              </tr>
28.              <tr id="line03">
29.                  <td>3-1</td>
30.                  <td>3-2</td>
31.                  <td>3-3</td>
32.              </tr>
33.              <tr id="line04">
34.                  <td>4-1</td><td>4-2</td><td>4-3</td>
35.              </tr>
36.          </table>
37.      </div>
38.  </body>
```

在上述代码中，首先使用了 id="content"的<div>元素包括整个天气预报查询版块，在其中继续使用<div>元素拆分成上下三个模块，其 id 名称分别为 location（城市位置）、weather（天气状况）和 now（实况气象数据）。

本示例使用 CSS 外部样式表规定页面样式。在本地 css 文件夹中创建 weather.css 文件，并在<head>首尾标签中声明对 CSS 文件的引用。相关 HTML5 代码片段如下：

```
<head>
    <meta charset="utf-8">
    <title>jQuery AJAX 天气预报查询的设计与实现</title>
    <link rel="stylesheet" href="css/weather.css">
</head>
```

在 CSS 外部样式表中首先为页面设置整体样式，即为<body>标签设置样式，具体样式要求如下：

- 文字对齐：居中显示；
- 背景颜色：银色。

相关 CSS 代码片段如下：

```
body {
    text-align: center;
    background: silver;
}
```

接下来在 CSS 外部样式表中为<div>元素设置统一样式，具体样式要求如下：

- 边距：上下边距为 10px、左右边距为 20px；
- 边框：1px 宽的红色实线边框效果（该效果仅为设计时使用，最终将去掉）。

相关 CSS 代码片段如下：

```
div {
    padding: 10px 20px;
    border: 1px solid red;
}
```

然后在 CSS 外部样式表中继续为 id="content"的<div>元素设置样式，具体样式要求如下：

- 边距：上下外边距为 0px，左右外边距为 auto，已达到居中对齐效果；
- 宽度：最大宽度值为 480px；
- 背景颜色：白色；
- 阴影效果：右下方形成 10px 宽的黑色阴影。

相关 CSS 代码片段如下：

```
#content {
    margin: 0px auto;
    max-width: 480px;
    background: white;
```

```
    box-shadow: 15px 15px 10px black;
}
```

其中 box-shadow 属性可以实现边框投影效果，4 个参数分别代表水平方向的偏移（向右偏移 15 像素）、垂直方向的偏移（向下偏移 15 像素）、阴影宽度（10 像素）和阴影颜色（黑色），均可自定义成其他值。该属性属于 CSS3 新特性中的一种，在这里仅为美化页面作简单使用。

继续在 CSS 外部样式表中为 id="weather" 的 <div> 元素以及内部即将出现的天气图标设置统一样式，具体样式要求如下：

- 字体：大小为 2em（2 个浏览器默认字符宽）；
- 边框：1px 宽的红色实线边框效果（该效果仅为设计时使用，最终将去掉）；
- 图标素材：垂直方向居中。

相关 CSS 代码片段如下：

```
#weather {
    font-size: 2em;
    border: 1px solid red;
}
#weather img {
    vertical-align: middle;
}
```

在 CSS 外部样式表中为 <table> 及其内部子元素设置样式效果，具体样式要求如下：

- 表格元素 <table>：外边距为上下 15px、左右 auto，以达到自动居中效果；
- 单元格元素 <td>：内边距为上下 5px、左右 20px，并为其临时设置 1px 宽的红色实线边框效果；
- 第 1、3 行 <tr>：字体大小为 1.3em，用于显示数据；
- 第 2、4 行 <tr>：字体颜色为灰色，用于显示数据对应的描述。

相关 CSS 代码如下：

```
table {
    margin: 15px auto;
}
td {
    padding: 5px 20px;
    border: 1px solid red;
}
#line01, #line03 {
    font-size: 1.3em;
}
#line02, #line04 {
    color: gray;
}
```

图 13-16 整体样式效果图

接下来将分别填充每个版块中的具体内容。

2. 城市切换版块设计

该版块是 id="location"的<div>元素内部内容，包含一个下拉菜单<select>元素。

本项目以四个直辖市为例，相关 HTML5 代码片段如下：

```
<div id="location">
   切换城市：
   <!--注：和风天气 s7 版仅支持使用城市 ID 来查找天气数据了-->
   <select id="city">
      <option value="101010100" selected>北京市</option>
      <option value="101040100">重庆市</option>
      <option value="101020100">上海市</option>
      <option value="101030100">天津市</option>
   </select>
</div>
```

其中第一个<option>使用了关键词 selected 使其处于默认被选中状态。开发者后续也可以根据实际需要追加更多的城市选项。

此时城市切换模块的界面设计已完成，效果如图 13-17 所示。

图 13-17 城市切换版块样式效果图

3. 天气描述版块设计

该版块是 id="weather"的<div>元素内部内容，从左往右依次包含图标、气温数据以及气候描述。相关 HTML5 代码片段如下：

```
<div id="weather">
    <img id="icon"></img>
    <span id="temp">0</span>℃
    <span id="text">Unknown</span>
</div>
```

其中三个元素分别解释如下：

- <img id="icon">元素：用于显示气候描述对应的天气图标。图标素材可以自行准备，也可以从和风天气官网下载（https://dev.qweather.com/docs/start/icons/）；
- <span id="temp">元素：用于显示当前城市的气温（单位：摄氏度℃）；
- <span id="text">元素：用于显示当前城市的气候描述，例如多云、晴等。

此时天气描述模块的界面设计已完成，效果如图 13-18 所示。

图 13-18 天气描述版块样式效果图

当前由于尚未使用 jQuery AJAX 技术获取数据，因此当前显示的仅为样式效果。

4. 实况气象数据版块设计

该版块是 id="now"的<table>元素内部内容，主要包含体感温度、相对湿度、降水量、气压、能见度和风力共计 6 种实时气象数据。相关 HTML5 代码片段如下：

```
<table id="now">
    <tr id="line01">
        <td><span id="feelsLike">0</span>℃</td>
        <td><span id="humidity">0</span>%</td>
        <td><span id="precip">0</span>mm</td>
    </tr>
    <tr id="line02">
        <td>体感温度</td><td>相对湿度</td><td>降水量</td>
```

```
    </tr>
    <tr id="line03">
        <td><span id="pressure">0</span> hPa</td>
        <td><span id="vis">0</span>km</td>
        <td><span id="windScale">0</span><span id="windDir">0</span></td>
    </tr>
    <tr id="line04">
        <td>气压</td><td>能见度</td><td>风力</td>
    </tr>
</table>
```

表格共计四行三列，其中第 1、3 两行为实况气象数据，第 2、4 两行为上一行数据对应的文字描述。此时天气描述模块的界面设计已完成，效果如图 13-19 所示。

图 13-19 天气描述版块样式效果图

当前由于尚未使用 jQuery AJAX 技术获取数据，因此当前显示的仅为样式效果。

最后整理一下 CSS 外部样式表，去掉代码中所有设置的红色实线边框（border:1px solid red）效果。此时界面设计就正式完成，最终样式效果如图 13-20 所示。

图 13-20 最终样式效果图

当前由于尚未使用 jQuery AJAX 技术获取数据，因此当前显示的仅为样式效果。

下一节将介绍如何使用 jQuery AJAX 技术调用气象数据 API 并从获取到的数据内容中筛选出指定的数据值。

13.3.3　天气预报查询的实现

1．jQuery AJAX 请求接口的实现

本示例使用外部 JS 文件 weather.js 实现 jQuery 相关代码。在本地 js 文件夹中创建 weather.js 文件，并在<head>首尾标签中声明对 JS 文件的引用。相关 HTML5 代码片段如下：

```
<head>
    <meta charset="utf-8">
    <title>jQuery AJAX 天气预报查询的设计与实现</title>
    <link rel="stylesheet" href="css/weather.css">
    <script src="js/jquery-1.12.3.min.js"></script>
    <script src="js/weather.js"></script>
</head>
```

本示例选用了 jQuery $.getJSON()方法进行接口请求，并检测是否获取到了数据内容。由于城市 ID 是动态变化，因此声明自定义函数 getWeather(cityID)，根据参数 cityID 的不同，获取对应城市的气象数据。

在 weather.js 中使用 jQuery $.getJSON()方法调用免费 API 获取数据的代码如下：

```
//换成您自己的密钥
var key = '请输入您申请的密钥';

//获取指定城市的天气预报数据
function getWeather(cityID) {
    $.getJSON(
        "https://devapi.qweather.com/v7/weather/now?key=" + key +
        "&location=" + cityID, function (data) {
            //获取失败
            if (data.code != "200") return;

            //当前气候
            var now = data.now;
            console.log(now);

            //更新当前气候相关数据
            $("#icon").attr("src", "image/icons/" + now.icon + ".png"); //图标
            $("#temp").text(now.temp); //气温
            $("#text").text(now.text); //气候（晴、多云等描述）
            $("#feelsLike").text(now.feelsLike); //体感温度
            $("#humidity").text(now.humidity); //湿度
```

```
        $("#precip").text(now.precip); //降水量
        $("#pressure").text(now.pressure); //气压
        $("#vis").text(now.vis); //能见度
        $("#windScale").text(now.windScale); //风力等级
        $("#windDir").text(now.windDir); //风力方向
    });
}
```

上述方法的返回值即为从服务器端获取到的完整气象数据，后续需要进行筛选使用。

2. 根据城市查询天气数据的实现

在 weather.js 中添加自定义函数 updateInfo()用于更新页面上的气象数据，具体 jQuery
代码如下：

```
//更新页面数据
function updateInfo() {
    //获取当前城市名称
    var cityID = $("#city").val();
    //获取当前城市的全部天气数据
    getWeather(cityID);
}
```

然后对下拉菜单进行监听，一旦发生变化就执行 updateInfo()方法更新页面数据内容。
具体 jQuery 代码如下：

```
$(document).ready(function () {
    $("#city").change(function () {
        updateInfo();
    });
});
```

最后在页面准备就绪时也执行 updateInfo()函数，使得默认城市的气象数据也可以正常
显示出来。具体 jQuery 代码如下：

```
$(document).ready(function () {
    //页面准备就绪时更新天气数据
    updateInfo();
    //监听下拉菜单变化
    $("#city").change(function () {
        updateInfo();
    });
});
```

此时本项目就已全部完成，最终效果如图 13-21 所示。

（a）北京市实时气象数据展示

（b）重庆市实时气象数据展示

（c）上海市实时气象数据展示

（d）天津市实时气象数据展示

图 13-21　jQueryAJAX 天气预报查询的实现（访问时间：2020.07.26）

　　由于篇幅有限，本示例在下拉菜单选项中仅添加了四个直辖市作为测试用例。开发者未来可以尝试追加新的城市、自定义天气图标、或者更改需要展示的数据内容。

13.3.4　完整代码展示

　　HTML 完整代码如下：

```
1.  <!DOCTYPE html>
2.  <html>
3.     <head>
4.        <meta charset="utf-8">
5.        <title>jQuery AJAX 天气预报查询的设计与实现</title>
6.        <link rel="stylesheet" href="css/weather.css">
7.        <script src="js/jquery-1.12.3.min.js"></script>
8.        <script src="js/weather.js"></script>
9.     </head>
10.    <body>
11.       <!--标题-->
12.       <h3>jQuery AJAX 天气预报查询的设计与实现</h3>
13.       <!--水平线-->
```

```
14.           <hr>
15.           <!--天气查询版块-->
16.           <div id="content">
17.              <!--切换城市-->
18.              <div id="location">
19.                  切换城市：
20.                  <!--注：和风天气 s7 版仅支持使用城市 id 来查找天气数据了-->
21.                  <select id="city">
22.                      <option value="101010100" selected>北京市</option>
23.                      <option value="101040100">重庆市</option>
24.                      <option value="101020100">上海市</option>
25.                      <option value="101030100">天津市</option>
26.                  </select>
27.              </div>
28.
29.              <!--气候温度-->
30.              <div id="weather">
31.                  <img id="icon"></img>
32.                  <span id="temp">0</span>℃
33.                  <span id="text">Unknown</span>
34.              </div>
35.
36.              <!--实况数据-->
37.              <table id="now">
38.                  <tr id="line01">
39.                      <td><span id="feelsLike">0</span>℃</td>
40.                      <td><span id="humidity">0</span>%</td>
41.                      <td><span id="precip">0</span>mm</td>
42.                  </tr>
43.                  <tr id="line02">
44.                      <td>体感温度</td><td>相对湿度</td><td>降水量</td>
45.                  </tr>
46.                  <tr id="line03">
47.                      <td><span id="pressure">0</span> hPa</td>
48.                      <td><span id="vis">0</span>km</td>
49.                      <td><span id="windScale">0</span><span
                              id="windDir">0</span></td>
50.                  </tr>
51.                  <tr id="line04">
52.                      <td>气压</td><td>能见度</td><td>风力</td>
53.                  </tr>
54.              </table>
55.          </div>
56.      </body>
57. </html>
```

CSS 完整代码如下：

```
1.   body {
2.       text-align: center;
3.       background: silver;
4.   }
5.   div {
6.       padding: 10px 20px;
7.   }
8.   #content {
9.       margin: 0px auto;
10.      max-width: 480px;
11.      background: white;
12.      box-shadow: 15px 15px 10px black;
13.  }
14.  #weather {
15.      font-size: 2em;
16.  }
17.  #weather img {
18.      vertical-align: middle;
19.  }
20.  table {
21.      margin: 15px auto;
22.  }
23.  td {
24.      padding: 5px 20px;
25.  }
26.  #line01, #line03 {
27.       font-size: 1.3em;
28.  }
29.  #line02, #line04 {
30.      color: gray;
31.  }
```

jQuery 完整代码如下：

```
1.   $(document).ready(function () {
2.       //页面准备就绪时更新天气数据
3.       updateInfo();
4.       //监听下拉菜单变化
5.       $("#city").change(function () {
6.           updateInfo();
7.       });
8.   });
9.
10.  //换成您自己的密钥
```

```
11. var key = '请输入您申请的密钥';
12. //获取指定城市的天气预报数据
13. function getWeather(cityID) {
14.     $.getJSON(
15.         "https://devapi.qweather.com/v7/weather/now?key=" + key +
        "&location=" + cityID,
16.         function (data) {
17.             //获取失败
18.             if (data.code != "200") return;
19.
20.             //当前气候
21.             var now = data.now;
22.             console.log(now);
23.
24.             //更新当前气候相关数据
25.             $("#icon").attr("src", "image/icons/" + now.icon + ".png");//图标
26.             $("#temp").text(now.temp); //气温
27.             $("#text").text(now.text); //气候（晴、多云等描述）
28.
29.             $("#feelsLike").text(now.feelsLike); //体感温度
30.             $("#humidity").text(now.humidity); //湿度
31.             $("#precip").text(now.precip); //降水量
32.             $("#pressure").text(now.pressure); //气压
33.             $("#vis").text(now.vis); //能见度
34.             $("#windScale").text(now.windScale); //风力等级
35.             $("#windDir").text(now.windDir); //风力方向
36.         });
37. }
38.
39. //更新页面数据
40. function updateInfo() {
41.     //获取当前城市名称
42.     var cityID = $("#city").val();
43.     //获取当前城市的全部天气数据
44.     getWeather(cityID);
45. }
```

本章小结

　　本章主要包含三个综合应用实例的设计与实现过程，分别是图片轮播特效、手动切换图片以及天气预报查询项目的设计与实现。通过本章的学习，读者可以提高 HTML、CSS、JavaScript 与 jQuery 的综合应用能力，熟悉 jQuery 特效中常用的方法以及 AJAX 技术的使用。

附录

课后习题参考答案

第1章

1. 什么是 JavaScript？它有哪些特点？

答：JavaScript 是一种轻量级的直译式编程语言，基于 ECMAScript 标准（注：一种由 ECMA 国际组织通过 ECMA-262 标准化的脚本程序语言）。通常在 HTML 网页中使用 JavaScript 为页面增加动态效果和功能。其特点是脚本语言、简单性、弱类型、跨平台性、大小写敏感。

2. JavaScript 与哪两个技术被称为"Web 前端开发的三大技术"？

答：HTML 和 CSS。

3. 什么是 jQuery？它有哪些特点？

答：jQuery 这个名称来源于 JavaScript 和 Query（查询）的组合，是一个轻量级的跨平台 JavaScript 函数库，拥有 MIT 软件许可协议。jQuery 的语法能让用户更方便地选取和操作 HTML 元素、处理各类事件、实现 JavaScript 特效与动画，并且能为不同类型的浏览器提供更便捷的 API 用于 AJAX 交互。jQuery 也能让开发者基于 JavaScript 函数库开发新的插件。其特点是轻量级封装、化简 JavaScript、兼容 CSS3、跨浏览器支持。

4. jQuery 有哪几个版本？如果需要兼容旧版本浏览器（例如 IE6～IE8），选择哪个版本更好？

答：分别是 jQuery 1.x、2.x 和 3.x 版本。如果需要兼容旧版浏览器，官方建议选择 jQuery 1.12.x 版本。

第2章

1. 在 HTML 页面中直接插入 JavaScript 代码的正确做法是使用何种标签？

答：<script></script>标签。

2. 说出引用 JavaScript 外部脚本的正确写法。

答：<script src="JavaScript 文件 URL"></script>

3. 以下哪一个属于 JavaScript 注释的正确写法？

（1）<!--被注释掉的内容-->

（2）//被注释掉的内容

（3）"被注释掉的内容"

答：2 正确。

4. 以下哪些变量的声明是不正确的？

（1）var test;

（2）var 123test;

（3）var $test;

（4）var _test;

（5）var double;

答：（2）不正确，不可以用数字开头；（5）不正确，不可以使用关键字 double 作为变量名。

第 3 章

1. JavaScript 的基本数据类型有哪些？

答：有 5 种，分别是 Undefined、Null、String、Number 和 Boolean。

2. 试举出 5 种水果的名称，并使用 Array 数组对象进行存储。

答：

```
var fruit=new Array("苹果", "香蕉", "橘子", "柠檬", "葡萄");
```

3. 请使用 Date 对象获取今天的年月日。

答：

```
var date=new Date();
var year=date.getFullYear();   //获取年份
var month=date.getMonth()+1;   //获取月份
var day=date.getDate();        //获取天数
```

4. 已知 "var msg = "Merry Christ mas";"，请分别解答以下内容。

（1）试获取字符串长度。

（2）试获取字符串中的第 5 个字符。

（3）试分别使用 indexOf() 和 exec() 方法判断字符串中是否包含字母 a。

答：

```
//(1)获取字符串长度
var length=msg.length;
```

```
//(2)获取第 5 个字符
var c=msg.charAt(4);

//(3-1)indexOf()方法
var firstA=msg.indexOf("a"); //返回值为 12，表示包含。如果不包含，则会返回-1

//(3-2)exec()方法
var pattern=new RegExp("a"); //检索文本中是否包含小写字母 a 的正则表达式
var result=pattern.exec(msg);//返回值为 a，表示包含。如果不包含，则会返回 null
```

5. 请分别说出下列内容中变量 x 的运算结果。

（1）var x = 9+9;

（2）var x = 9+"9";

（3）var x = "9"+"9";

答：（1）18　　（2）99　　（3）99

6. 请分别说出下列数据类型转换的结果。

（1）parseInt("100plus101")

（2）parseInt("010")

（3）parseInt("3.99")

（4）parseFloat("3.14.15.926")

（5）parseFloat("A",16)

答：

（1）100

（2）8

（3）3

（4）3.14

（5）10

7. 请分别说出下列布尔表达式的返回值。

（1）("100" > "99") && ("100" > 99)

（2）("100" == 100) && ("100" === 100)

（3）(!0) && (!100)

（4）("hello" > "javascript") || ("hello" > "HELLO")

答：

（1）(false) && (true) = false

（2）(true) && (false) = false

（3）(true) && (false) = false

（4）(false) || (true) = true

8. 转义字符\n 的作用是什么？怎样使用转义字符输出双引号？

答：转义字符\n 的作用是换行，可以使用\"输出双引号。

第 4 章

1. 已知学生成绩 60 分及以上为及格，试用 if 语句判断某学生成绩是否及格。

答：

```
var score=99; //以 99 分为例，也可更换为其他分数进行测试
if(score>=60)
   alert("及格！");
else
   alert("不及格！");
```

2. 已知 1900 年为鼠年，试用 switch 语句判断 1900～2017 年的任意年份是十二生肖中的哪一年。

答：已知 1900 年为鼠年，那么每隔 12 年还是鼠年。因此，如果当前年份与 1900 年相差的年份能被 12 整除，就是鼠年；如果不能整除，余数为 1 就是牛年，余数为 2 就是虎年，以此类推就可以得出所有年份的生肖。

```
var year=2017; //以 2017 年为例，也可更换为其他年份进行测试
var x=(year-1900)%12;//求余数
switch(x){
  case 0: alert(year+"年是鼠年！"); break;
  case 1: alert(year+"年是牛年！"); break;
  case 2: alert(year+"年是虎年！"); break;
  case 3: alert(year+"年是兔年！"); break;
  case 4: alert(year+"年是龙年！"); break;
  case 5: alert(year+"年是蛇年！"); break;
  case 6: alert(year+"年是马年！"); break;
  case 7: alert(year+"年是羊年！"); break;
  case 8: alert(year+"年是猴年！"); break;
  case 9: alert(year+"年是鸡年！"); break;
  case 10: alert(year+"年是狗年！"); break;
  case 11: alert(year+"年是猪年！"); break;
}
```

3. while 循环与 do-while 循环的区别是什么？

答：

（1）while 循环又称为前测试循环，必须先检测表达式的条件是否满足，如果符合条件才开始执行循环内部的代码块。

（2）do-while 循环又称为后测试循环，不论是否符合条件都先执行一次循环内的代码

块，然后再判断是否满足表达式的条件，如果符合条件则进入下一次循环，否则将终止循环。

4. break 和 continue 的区别是什么？

答：break 语句可以用于终止全部循环，continue 语句用于中断本次循环，但是会继续运行下一个循环语句。

5. 试创建一个名称为 max(x,y,z)的 JavaScript 函数，其返回值为 x、y、z 中的最大值。

答：

```
function max(x,y,z){
  var max=x;
  if(y>max) max=y;
  if(z>max) max=z;
  return max;
}
```

6. 调用上一题中的函数，并使用 alert 语句显示 2、30、99 这 3 个数中的最大值。

答：

```
var result=max(2,30,99);
alert("最大值是"+result);
```

第 5 章

1. 已知某页面中有唯一段落元素\<p id="test01" class="style01"\>测试段落\</p\>，怎样分别通过 id 和标签名查找该元素？

答：

（1）通过 id 查找：var p = document.getElementById("test01");

（2）通过标签名查找：var test = document.getElementByTagName ("p"); var p = test[0];

2. 怎样在空白 Web 页面上动态输出字符串"Hello JavaScript"？

答：

```
document.write("Hello JavaScript");
```

3. 怎样修改 HTML 元素的内容、属性以及 CSS 样式？

答：

（1）修改元素内容：元素对象.innerHTML = 新的内容;

（2）修改元素属性：元素对象.attribute = 新的属性值;

或　元素对象.setAttribute("属性名称","新的属性值");

（3）修改元素 CSS 样式：元素对象.style.属性 = 新的值;

4. 已知有 id="test"的<div>元素，怎样创建一个段落元素<p>并将其追加到<div>元素中？

答：

```
var p=document.createElement("p");              //创建段落元素<p>
var test=document.getElementById("test");    //获取<div>元素
test.appendChild(p);                            //添加子元素
```

5. 已知父元素的 id 名称是"parent01"，怎样删除其中 id="p01"的子元素？

答：

```
var parent=document.getElementById("parent01");//获取父元素
var child=document.getElementById("p01");       //获取子元素
parent.removeChild(child);                       //删除子元素
```

6. 浏览器对象模型 BOM 中有哪些常用对象？

答：BOM 中的常用对象如下。

（1）Window：浏览器窗口对象，其成员包括所有的全局变量、函数和对象。

（2）Screen：屏幕对象，通常用于获取用户可用屏幕的宽和高。

（3）Location：位置对象，用于获取当前页面的 URL 地址，还可以把浏览器重定向到新的指定页面。

（4）History：历史记录对象，其中包含了浏览器的浏览历史记录。

（5）Navigator：浏览器对象，通常用于获取用户浏览器的相关信息。

7. 怎样获得当前浏览器的名称与版本？

答：

（1）浏览器名称：navigator.appName;

（2）浏览器版本：navigator.appVersion;

第 6 章

1. 怎样在文档中引用 jQuery？

答：以 jquery-1.12.3.min.js 为例，代码如下。

```
<script src="js/jquery-1.12.3.min.js"></script>
```

2. 请使用文档就绪函数弹出 alert 提示框，并显示"Hello jQuery!"。

答：

```
$(document).ready(function() {
    alert ("Hello jQuery!");
});
```

3. 怎样使用别名 demo 代替可能产生冲突的$符号？

答：

```
var demo=jQuery.noConflict();
```

第7章

1. jQuery 基础选择器主要包括哪几种分类？

答：全局、元素、ID、类以及多重选择器。

2. jQuery 层次选择器主要包括哪几种分类？

答：子元素、后代、后相邻、后兄弟选择器。

3. jQuery 中的哪个过滤器可以用于筛选第一个符合条件的元素？

答：:first 过滤器。

4. jQuery 中的哪个过滤器可以用于筛选页面上每个父元素中的最后一个子元素？

答：:last-child 过滤器。

5. jQuery 中的哪个过滤器可以用于选择未包含子节点（子元素和文本）的元素？

答：:empty 过滤器。

6. jQuery 中的哪个过滤器可以用于筛选所有处于隐藏状态的元素？

答：:hide 过滤器。

第8章

1. 常用的 jQuery 事件根据其性质可以分成哪几类？

答：文档/窗口事件、键盘事件、鼠标事件、表单事件。

2. 试列举常用的 jQuery 键盘事件。

答：keydown()、keyup()、keypress()。

3. 试列举常用的 jQuery 鼠标事件。

答：click()、dblclick()、hover()、mousexxx()系列（xxx 可以替换成 down、up、move、enter、leave、out、over 中的任意一种）、toggle()。

4. jQuery 常用的事件绑定函数有哪些？

答：bind()、delegate()和 on()。

5. jQuery 常用的事件解除函数有哪些？

答：unbind()、undelegate()和 off()。

6. 试用 jQuery 临时事件 one()为按钮元素<button>绑定一次性的单击事件。

答：参考代码如下。

```
$("button").one("click", function(){
      alert("按钮的单击事件被触发！");
})
```

第 9 章

1. jQuery 特效中的哪两个函数分别用于元素的隐藏和显示？

答：隐藏是 hide()，显示是 show()。

2. jQuery 特效中的哪两个函数分别用于元素的淡入和淡出？

答：淡入是 fadeIn()，淡出是 fadeOut()。

3. jQuery 特效中的哪两个函数分别用于元素的向上和向下滑动？

答：向上滑动是 slideUp()，向下滑动是 slideDown()。

4. 试用 jQuery 方法链接对段落元素<p>依次执行隐藏-显示-淡入-淡出的系列动作，每个动作均要求持续 3 秒。

答：参考代码如下。

```
$("p").hide(3000).show(3000).fadeIn(3000).fadeOut(3000);
```

5. stop(true, false)停止的是哪些状态的动画效果？

答：该方法立即停止当前正在执行的动画片段，并且会立即停止后续的所有动画。

第 10 章

1. jQuery 用何种函数可以获取或重置元素的文本内容？

答：text()函数。

2. jQuery 用何种函数可以获取或重置元素的 CSS 属性？

答：css()函数。

3. 在 jQuery 添加功能中 append()和 prepend()函数有何不同？

答：append()用于在所有符合条件的元素内部的结尾处追加内容；prepend()用于在所有

符合条件的元素内部的开头处追加内容。

4. 在 jQuery 删除功能中 remove()和 empty()函数有何不同？

答：remove()用于删除指定元素及其子元素（指定元素本身也会被删除）；empty()用于清空元素，即从指定元素中删除其子元素和文本内容（指定元素本身会被保留）。

5. jQuery 用何种函数可以获取元素的宽度（包括内边距和边框的尺寸）？

答：outerWidth()函数。

第 11 章

1. 什么是 HTML 家族树？试将下列代码转换为 HTML 家族树结构图。

```
<div>
    <ul>
        <li>item01</li>
        <li>item02</li>
    </ul>
    <ul>
        <li>item03</li>
        <li>item04</li>
    </ul>
</div>
```

答：同一个 HTML 页面上的所有元素按照层次关系可以形成树状结构，这种结构称为家族树（Family Tree）。

结构图如图 A-1 所示。

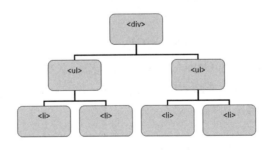

图 A-1　结构图

2. 什么是 jQuery 后代遍历？其中 children()和 find()函数的作用分别是什么？

答：jQuery 后代遍历指的是以指定元素为出发点，遍历该元素内部包含的子、孙、曾孙等后代元素，直到全部查找完毕。

其常用的方法如下。

- children()：查找元素的直接子元素。
- find()：查找元素的所有后代，直到查找到最后一层元素。

3. 什么是 jQuery 同胞遍历？其中 siblings()、next()以及 prev()函数的作用分别是什么？

答：jQuery 同胞遍历指的是以指定元素为出发点，遍历与该元素具有相同父元素的同胞元素，直到全部查找完毕。

其常用的方法如下。
- siblings()：查找指定元素的所有同胞元素。
- next()：查找指定元素的下一个同胞元素。
- prev()：查找指定元素的前一个同胞元素。

4. 什么是 jQuery 祖先遍历？其中 parent()、parents()、parentsUntil()函数的作用分别是什么？

答：jQuery 祖先遍历指的是以指定元素为出发点，遍历该元素的父、祖父、曾祖父元素等，直到全部查找完毕。

其常用的方法如下。
- parent()：查找指定元素的直接父元素。
- parents()：查找指定元素的所有祖先元素。
- parentsUntil()：查找指定元素向上指定范围的所有祖先元素。

第 12 章

1. AJAX 的全称是什么？其中包含了哪些技术？

答：AJAX 是英文词组 Asynchronous JavaScript and XML（异步 JavaScript 和 XML）的首字母缩写，是一种可以与服务器异步交互数据的网页开发技术。

其包含的内容如下。
- 使用 XTHML 和 CSS 进行标准化表达；
- 使用 DOM（Document Object Model）实现动态展示和交互；
- 使用 XMLHttpRequest 实现异步数据获取；
- 使用 JavaScript 绑定所有技术综合应用。

2. jQuery AJAX 的常用方法有哪些？

答：load()、post()、get()和 ajax()方法。

3. 有哪些事件属于 AJAX 局部事件？说出它们触发的先后顺序。

答：按照先后顺序如表 A-1 所示。

表 A-1 局部事件的触发顺序

事 件 名 称	事 件 类 型	解　释
beforeSend	局部事件	该事件在 AJAX 请求开始之前被触发
success	局部事件	该事件只有在 AJAX 请求成功时才被触发
error	局部事件	该事件只有在 AJAX 请求发生错误时才被触发，它与 success 事件不能够同时发生
complete	局部事件	该事件在 AJAX 请求完成时被触发，无论该请求成功与否

4. 有哪些事件属于 AJAX 全局事件？说出它们触发的先后顺序。

答：按照先后顺序如表 A-2 所示。

表 A-2 全局事件的触发顺序

事 件 名 称	事 件 类 型	解　释
ajaxStart	全局事件	该事件会在新的 AJAX 请求开始时被触发，并且此时没有其他 AJAX 请求正在被处理
ajaxSend	全局事件	该事件也是在 AJAX 请求执行之前被触发
ajaxSuccess	全局事件	该事件与 success 局部事件的解释相同
ajaxError	全局事件	该事件与 error 局部事件的解释相同
ajaxComplete	全局事件	该事件在每一次 AJAX 请求完成时均被触发
ajaxStop	全局事件	该事件在当前所有的 AJAX 请求都已完成时触发

5. AJAX 全局事件可以通过何种方式进行事件绑定与解除？

答：绑定使用 bind()函数；解除绑定使用 unbind()函数。

参 考 文 献

[1] 周文洁. HTML5 网页前端设计[M]. 北京：清华大学出版社，2017.

[2] 周文洁. HTML5 网页前端设计实战[M]. 北京：清华大学出版社，2017.